中国国土景观研究书系

王向荣 主编

温州滨海丘陵平原
传统地域景观

任维 王向荣 著

『十四五』国家重点图书出版规划项目

中国建筑工业出版社

审图号：GS（2023）834号

图书在版编目（CIP）数据

温州滨海丘陵平原传统地域景观 / 任维，王向荣著
. — 北京：中国建筑工业出版社，2022.12
（中国国土景观研究书系 / 王向荣主编）
ISBN 978-7-112-28252-4

Ⅰ.①温… Ⅱ.①任… ②王… Ⅲ.①景观设计－研
究－温州 Ⅳ.①TU983

中国版本图书馆CIP数据核字（2022）第240680号

责任编辑：杜　洁　李玲洁
责任校对：张　颖

中国国土景观研究书系
王向荣　主编

温州滨海丘陵平原传统地域景观
任　维　王向荣　著

＊

中国建筑工业出版社出版、发行（北京海淀三里河路9号）
各地新华书店、建筑书店经销
北京锋尚制版有限公司制版
北京富诚彩色印刷有限公司印刷

＊

开本：787毫米×1092毫米　1/16　印张：18¼　字数：267千字
2023年5月第一版　　2023年5月第一次印刷
定价：**99.00**元
ISBN 978-7-112-28252-4
（40000）

总序

国土视野下的中国景观

　　地球的表面有两种类型的景观。一种是天然的景观（Landscape of Nature），包括山脉、峡谷、河流、湖泊、沼泽、森林、草原、戈壁、荒漠、冰原等，它们是各种自然要素相互联系形成的自然综合体。这类景观是天然形成的，并基于地质、水文、气候、植物生长和动物活动等自然因素而演变。另一种是人类的景观（Landscape of Man），是人类为了生产、生活、精神、宗教和审美等需要不断改造自然，对自然施加影响，或者建造各种设施和构筑物后形成的景观，包括人工与自然相互依托、互相影响、互相叠加形成的农田、果园、牧场、水库、运河、园林绿地等景观，也包括完全人工建造的景观，如城市和一些基础设施等。

　　一个国家领土范围内地表景观的综合构成了国土景观。中国幅员辽阔、历史悠久，多样的自然条件与源远流长的人文历史共同塑造了中国的国土景观，使得中国成为世界上景观极为独特的国家，也是景观多样性最为丰富的国家之一。这样的国土景观不仅代表了丰富多样的栖居环境和地域文化，也影响了中国人的哲学、思想、文化、艺术、行为和价值观。

　　对于任何从事国土景观的规划、设计和建设行为的人来说，本应如医者了解人体结构组织一般对国土景观有充分的认知，并以此作为执业的基本前提。然而遗憾的是，迄今国内对于这一议题的关注只局限于少数的学术团体之内，并且未能形成系统的和有说服力的研究成果，而人数众多的从业者大多对此茫然不知，甚至没有意识到有了解的必要。自多年前在大量不同尺度的规划设计实践中，不断地接触到不同地区独特的水网格局、水利系统、农田肌理、聚落形态和城镇结构，我们逐渐意识到这些土地上的肌理并非天然产生，而是与不同地区的自然环境和该地区人们不同的土地利用方式相关。我们持续地进行了一系列探索性的研究，在不断的思考中逐渐梳理出该课题大致的研究方向和思路：中国的国土被开发了几千年，只要有生存条件的地方，都有人们居住。因此人类开发、改造后的景观，体现了人类活动在自然之上的叠加，更具有地域性和文化的独特性，比起纯粹的自然景观，更能代表中国国土景观的历史和特征。

中国人对土地的开发利用是从农业开始的。农业最早在河洛地区、关中平原、汾河平原和成都平原得到发展。及汉代，黄河下游、汉水和淮河流域亦成为重要的农业区。隋唐以后，农业的中心从黄河流域转移到了长江流域，此时，江南水网低地和沿海三角洲得到开发。宋朝尤其是南宋时期，大量北方移民南迁，不仅巩固了江南的经济地位，还促进了南方河谷盆地和丘陵梯田的开发。从总的趋势来看，中国国土的大规模农业开发是从位于二级阶地上的河谷盆地发源，逐渐向低海拔的一级阶地上的冲积平原发展，最后扩展到滨海地区，与此同时还伴随着偏远边疆地区的局部开发；从流域来看，是从大河的主要支流流域，发展到河流的主干周边，然后迫于人口的压力，又深入到各细小支流的上游地区，进行山地农业的开发。

古代农业的发展离不开水利的支撑。中国的自然降水过程与农作物生长需水周期并不合拍，依靠自然降水无法满足农业生产的需要。此外，广泛采用的稻作农业需要人工的水分管理。因此，伴随着不同地区的农业开发，人们垦荒耕种，改变了地表的形态和植被的类型；修筑堤坝，蓄水引流，调整了大地上水流的方向和水面的大小。不同的自然环境由此被改造成半自然半人工的环境，以适应农业发展和人类定居的需要，国土景观也随之演变。

中国的主要农业区域具有不同的地理环境。几千年来，中国人运用智慧，针对各自的自然条件，因地制宜，通过人工改造，尤其是修建各种水利设施，将其建设为富饶的土地。如在河谷盆地采用堰渠灌溉系统，利用水的重力，自流灌溉河谷肥沃的土地；在山前平原修建陂塘汇集山间溪流和汇水，调蓄水资源并引渠为低处农田灌溉；在低地沼泽采用圩田和塘浦系统，于水泽之中开辟出万顷良田；在滨海冲积平原，拒咸蓄淡的堰闸与灌渠系统，以及抵御海潮的海塘系统共同保证了农业的顺利开展和人居环境的安全。

农业的开发促进了经济的发展，带来商品流通和物资运输的需求。在军事、政治和经济目的的驱使下，古代中国开挖了大量人工运河。这些运河以南北方向为主，沟通了东西向不同的自然水系，以减少航程，提供更安全的航道。除了交通功能，这些运河普遍也具有灌溉的作用。运河的开凿改变了国土上的自然河流系统，形成了一个水运网络。同时，运河沿途的闸坝、管理机构、转运仓库的设置也催生出了大量新的城镇，运河带来的商机也使得一些城市发展为当时的繁华都会。为保证漕运的稳定，运河有时会从附近的自然河流或湖泊调水，还有就是修建运河水柜，即用于调节运河用水、解决运河水量不均等问题的蓄水库。这些又都需要一整套渠、闸系统来实现。

并非所有的地区都能依靠水路联系起来，陆上交通仍然是大部分地区人员往来和商品交换的主要方式，为此建立了四通八达的驿道网络，而这些驿道网络和沿途的驿站同时也承担着经济、军事和邮政的功能。驿道穿山越岭，占据了地理环境中的咽喉要道，串联起城邑、关隘、军堡、津渡等重要节点。

农业的繁荣带来了人口的增加，促进了聚落的发展，作为地区政治、经济和管理机构的城邑也随之设立。大多数城市都位于农业发达的河谷、平原和浅丘陵地区。这些地区原有的山水环境、农业格局和水利系统就成为城市建立的基础，并影响了交通路线以及市镇体系的布局及发展。

中国古代的营城实践始终是在广阔的区域视野下进行的。古人将山水环境视为城市营造的基础，并以风水学说为山水建立起一定的秩序，统领人工与自然的关系。风水学说也影响了城邑选址、城市结构和建筑方位。有时为了满足风水的要求，还通过人工处理，譬如挖湖和堆山，在一定程度上改善了城市山水结构，密切了城市与山水之间的联系；或者通过在自然山水环境的关键地段营建标志性构筑物，强化山水形势。这些都使城市与区域山水环境更紧密地融合在一起。

在城市尺度上，古代每一座城市的格局都受到了区域水利设施的巨大影响。穿城而过的运河和塘河为城市提供了便捷的水运通道，也维系着城市的繁荣和发展；城市内外的陂塘和渠系闸坝成为城市供水、蓄水及排水的基础设施，也形成了宜人的风景。水利设施不仅保障了城市的安全，还在一定程度上构建了贯穿城市内外的完整的自然系统，将城内的山水与区域的山水体系连为一体，并提供了可供游憩的风景资源。在此基础上的城市景观体系营建，进一步塑造了每个城市的鲜明个性，加上文人墨客的人文点染，外化的物质景观获得了内在的诗情画意，城市景观得以升华。

在过去的几千年中，在广袤的国土空间上，从区域尺度的基于实用目的的土地开发，到城市尺度的基于经济、社会、文化基础的人工营建和景观提升，中国不同地区的景观一直以相似但又有差别的方式不断地被塑造、被改变，形成了独特而多样的国土景观。它是我们国家的自然与文化特质的体现，是自然与文化演变的反映，同时也是国土生态安全的基础。

工业革命以后，在自然力和人力的作用下，全球地表景观的演变呈现出日益加速的趋势。天然景观的比重不断减少，人类景观的比重不断增加；低强度人工影响的景观不断减少，高强度人工影响的景观不断增加。由于工业化、现代化带来的技术手段和实施方式的趋同，在全球范围内景观的异质性在不断减弱，景观的多样性在不断降低。

这些趋势在中国国土景观的演变中表现得更加突出。近30年来，在经济高速发展和快速城市化过程中，中国大量的土地已经或正在改变原有的使用方式，景观面貌也随之变化。以"现代化"的名义实施的大规模工程化整治和相似的土地利用模式使不同地区丰富多样的国土景观逐步陷入趋同的窘境。如果这一趋势得不到有效控制，必然导致中国国土景观地域性、独特性和时空连续性的消失以及地域文化的断裂，甚至中国独特的哲学、文化和艺术也会失去依托的载体。

景观在不同的尺度上，赋予了个人、地方、区域和国家以身份感和认同感。如何协调好城乡快速发展与国土景观多样性维护之间的矛盾是我们必须面对的重要课题。而首先，我们应该搞明白中国的国土景观是怎样形成的，不同地区的特征是什么，又是如何演变的，地区差异性的原因是什么……这也是我们这一代与土地规划和设计相关的学人的责任和使命。

经过多年的努力，我们在这个方向上终于有了一些初步的成果，并会以丛书的形式不断奉献在读者面前。这套丛书命名为"中国国土景观研究书系"，研究团队成员包括北京林业大学园林学院的几位教师和历年的一些博士及硕士研究生。其中有些书稿是在博士论文基础上修改而成，有些是基于硕博论文和其他研究成果综合而成。无论是基于怎样的研究基础，都是大家日积月累埋首钻研的成果，代表了我们试图从国土的角度探究中国景观的地域独特性和差异性的研究方向。

虽然我们有一个总体和宏观的关于中国国土景观的研究思路和研究计划，但是我们也清醒地认识到，要达成这样的目标并避免流于浅薄，最佳的方法是从区域入手，着眼于不同类型的典型区域，采取多学科融合的研究方法，从不同地区自然环境、农业发展、水利设施、城邑营建等方面，深入探究特定区域的国土景观形成、发展、演变的历史及动因，并以此形成对该地区景观的总体认知。整体只能通过区域而存在，通过区域来表达，现阶段对不同区域的深入研究，在未来终将逐渐汇聚成中国国土景观的整体轮廓。当然，在对个案的具体研究中，我们仍然保持着对于国土景观的整体认知和宏观视野，在比较中保持客观的判断和有深度的思考。

这套丛书最引人注目的特点之一，就是大量的田野考察、古代文献研究和现代图像学分析方法的综合。这样的工作，不仅是对地区景观遗产和文化线索的抢救，并且，我们相信，在此基础上建立并发展起来的卓有成效的国土景观研究思路和方法，是中国国土景观研究区别于其他国家相关研究的重要的学术基础。这也是这套丛书在学术上的创新所在。

希望这套丛书的出版，能够成为风景园林视野的一次新的扩展，并引发对中国本土景观的关注和重视；同时，也希望我们的工作能够参与到一个更大的学术共同体共同关注的问题中去。本套丛书所反映的研究方向和研究方法，实际上从许多不同学科的前辈学者的研究成果中获益良多，同时，研究的内容与历史地理、城市史、农业史、水利史等相关学科交叉颇多，这令我们意识到，无论现在还是将来，多学科共同合作，应该是更加深刻地解读中国国土景观的关键所在。

2021年7月

前言

　　人类一直在改变地表，目的在于不断地改善生产和生活的条件，其结果也塑造了不同区域的景观系统。区域的社会变革、经济发展和技术进步会带来土地利用方式的改变，也会影响不同区域的景观。区域景观系统是一个地区人类文化在自然系统上的投射和积淀，反过来也会对人的思想和文化产生深刻的影响。

　　作为农耕民族，中国人千百年来不断地依据自然条件开垦土地、兴修水利，发展农业，持续塑造着地表景观。农耕的不断发展改变着大地景观，形成区域景观系统的基础结构，而城市就在这样的基础上建造、发展和演变，并成为景观系统中最重要和最复杂的部分。尽管我国每个地理单元的自然条件各不相同，发展农耕的途径也不一致，但是在顺应自然的宗旨下，对土地的整体梳理与综合利用使得不同区域的景观体系都具有一个共同的特征，即将区域的山水、农田、村落和城镇融为一体。古代温州被称为"山水斗城"，是公认的"山—水—田—居"统筹一体的传统人居环境建设典范，集中展示了沿海地区适应自然、改造自然、塑造风景的特色人文自然生态系统。

　　本书是"中国国土景观研究书系"中的一册，在我们持续开展的国土景观研究的大框架下，多层级、多尺度、系统性地探讨了古代温州"山—水—田—城—卫—乡"一体的传统人居环境营建历程及其传统地域景观体系。全书分为五个部分：导论将地域景观视作自然与文化耦合发展的结果，明确了"山—水—田—城—卫—乡"一体的国土景观研究方法，并确定了研究对象的时空范围；上篇从秦汉及以前、魏晋南北朝、隋唐五代、宋元时期、明清时期五个历史阶段，梳理了温州滨海丘陵平原地区人居环境发展的历史，剖析了各历史阶段的时代背景特征及人居发展的驱动因素；中篇借鉴景观层状体系研究方法，从自然山水、水利建设、农业生产、城乡营建四个方面对温州滨海丘陵平原地区地域景观展开了分层解析，总结了温州滨海丘陵平原地区区域景观的总体格局及四邑的传统地域景观体系；下篇针对现代社会转型背景之下地域景观之变局，从保护为先、择要修复、解译调适与古今相承四个方面，探讨了温州滨海丘陵平原地区地域景观的保护与发展途径；结语从自然禀赋、人居发展历程、景观形成机制、地域景观体系、保护发展展望五方面对温州滨海丘陵平原地区地域景观加以总结。

景观是自然与文化耦合发展的时空连续体，独特的土地整理与利用方式造就了我国丰富多样的地域景观。过去的经验证明，任何有悖于自然规律的地表塑造都难以成功，也无法持续。区域景观体系的保护与发展不仅关乎各地区自身地域特色的保持、历史文脉的延续与区域认同感的维系，更是维护中国国土景观多样性与独特性的重要基础。解读地域景观所承载与记录的传统人居智慧，对解决当下城乡发展中的诸多问题裨益良多。希望关于国土景观的研究能够让我们重新审视脚下这片诗意的土地，重寻崇尚人与自然相互依存、尊重土地、山水相依的人居环境存续与发展之道。

目录

山水以形媚道，国必依山水[1]。中国文化源远流长，有博大精深的独立人居体系，在广袤的国土上造就了丰富多样的地域景观。但近百年汹涌而来的西方文明，正使我们逐步丧失对本土人居的认知与自信，并习惯于在西方体系模式下思考、认识和解决问题[2]4。全球化过程中，在吸纳西方先进科学技术的同时，更应对本土文化有文化自觉意识、文化自尊态度与文化自强精神[3]。毋庸置疑，解读地域景观所承载与记录的传统人居智慧，重拾本土文化的自觉与自信，传承与发展具有本土特征的人居科学体系，对解决当下城乡发展中的诸多问题裨益良多。

当前，开展各地区乃至整个国土范围内的地域景观研究迫在眉睫。温州地处浙江东南沿海地区，以"山水斗城"著称，是公认的传统人居环境建设典型代表。本书从四个方面阐释立论基础：其一，以温州作为浙闽沿海地区地域景观的典型样本，有助于完善国土层面各区域地域景观的普查性研究；其二，以人居环境史为主线，研究区域内地域景观的动态演变及影响因素，梳理与归纳其历史发展脉络；其三，将地域景观视为自然山水、水利建设、农业生产与城乡营建四个层面相互影响而耦合叠加的动态时空综合体，开展多尺度分层解析与详细研究，以明确研究区域地域景观的构成与特征；
其四，直面当代城乡发展问题，尝试提出地区地域景观保护与发展
展望。

第一节　地域景观作为自然与文化耦合发展的结果

维护并发展中国国土景观的多样性，是人居环境学、人文地理
学、景观生态学等多学科密切关注的重要课题。各学科聚焦"东方
蕴藏"[4]，致力于从具体地域之上人地长期互动形成的景观中获取
有价值的信息[5]，衍生出诸如文化景观、乡土景观、地域景观、风
土景观、人类聚居环境、人地关系地域系统等许多概念与思路。

文化景观（Cultural Landscape）体现在地表上的视觉环境和对
视觉环境的体验过程[6, 7]，反映了文化与自然、时间和空间、物质
和非物质的相互影响、相互作用。其研究方法可以大致分为三种：
一是在特定空间内讨论景观演变的过程；二是在一个时间点上划
分文化景观的类型，多侧重于分析土地利用类型及其对应空间模
型，与生态学理论有较深入的联系[8, 9]；三是从文化景观的感知行
为切入，探讨不同身份的景观参与者对文化景观的感知差异[10]。此
后，文化地理学在对具体地域进行研究时，形成了地域文化景观概
念（Territorial Cultural Landscape）[11-14]。文化景观从原始自然景观中
分离出来，强调人与自然的相互作用，包括自发性的自下而上的景
观形成过程，以及由行政力量控制的自上而下的景观干预。以地域
或者以人地互动关系为边界开展工作，是推动"文化景观"研究的
可行方案。

乡土景观（Vernacular Landscape）作为生态、生产、生活的集合
已经得到学术界的基本认同，但不同学科对乡土景观的研究对象与
研究方法有着一定差异[15, 16]。从概念与研究价值上界定，乡土景观
是人们不断干预、改造和利用土地而形成的，体现了人与自然和谐
共处的关系，具有文化、历史和生态的价值[17, 18]。在不同的尺度上，
乡土景观赋予个人、地域和国家身份感和认同感[19]。在具体研究方

法上，从古代图籍中梳理景观发展脉络，以田野调研考证景观遗存，并广泛借鉴国外乡土景观研究经验，在特定地域内尝试建立乡土景观的研究范式[20-22]，印证了乡土景观研究思路对于以农田水利为基础的中国国土景观研究具有广泛适用性。

地域景观（Regional/Local Landscape）相对于乡土景观，更加强调其研究范围的量定[23]；相对于文化景观，更侧重于可见、可察觉的景观，强调的是自然和人文长期干预的结果，并不排斥现代的技术、材料和建造方式[16]。地域景观内部以连续性和相似性为主，地域景观之间则有明显差异。地域景观的魅力更多地在于其反映出的人对自然的利用管理方式[24]。对地域特征的维护和发展有助于延续当地的乡土景观[18]。

除此之外，还有风土景观（Scenery and Fengtu/Fudo）[25-27]、人类聚居环境[28]、人地关系地域系统[29]等其他具有参考意义的研究概念。

综上所述，选取"地域景观"为切入点，有三个主要原因：其一，研究范围为浙江温州地区的沿海平原，是一个相对独立的地理单元，自然地域特征明显；其二，在自然地域的影响下，人类活动对景观的塑造行为体现在水利、农业、聚落、军事、商贸等多方面，包括以水利建设向海争地，以农业生产支撑城乡发展，以海防部署决定卫所建设等，景观的形成、发展过程受多因素主导；其三，研究对象包括城邑、卫所、乡村在内的景观实体，是基于统筹城乡视角下的地域性景观研究，并侧重于视觉所见和心理感知。

第二节　综合地域人类活动的人居环境学与国土景观研究方法

开展地域景观研究，离不开科学的认识论与方法论。在长期深入研究中国城市和乡村景观风貌的基础上，建筑学、城乡规划学与风景园林学开始转变思路，基于人居环境学的综合视野探寻我国国土景观形成、发展的独特性。

吴良镛先生基于道萨迪亚斯（C. A. Doxiadis）的"人类聚居学"
（The Science of Human Settlements）理论，提出人居环境学，极大地
推动了建筑学、城乡规划学与风景园林学的共同发展[30, 31]。地理学
领域也从不同尺度上探讨人居环境的要素及其特征[32]，并通过文献
整理、考证，建立理想人居模型等方法复原古代人居环境景观格局
与景观风貌，对本书有着重要的参考价值[33, 34]。

风景园林学的关注对象与地理、生态、建筑、艺术、哲学等
领域颇有重叠[16]，能够很好地适应以人居环境学为代表的学科群研
究。我们从实际应用价值出发，探讨自然与文化视野下中国国土
景观的产生与发展，整合相似概念，提出国土景观作为地域上景
观单元的集合，是中国自然系统和文化体系独特性和多样性的体
现，具有唯一性和遗产价值，进而提出风景园林应当认识、维护、
顺应、延续中国国土景观的学术思想[17]。在具体地域上，其研究思
路与方法源自乡土景观研究的"自然—水利—农业—聚落"层状
叠加体系[20, 21, 35]。

由此可见，人居环境学视野下国土景观的研究思路有如下三个
要点：一是综合地域上的人类活动，强调景观是自然与文化耦合发
展的动态结果；二是将景观视为自然、水利、农业和聚落等子系统
在时空上叠加演变的有机整体，借助层状叠加模型解析景观的构成
与特征；三是景观作为时空连续体，其研究的区域性有必要加以限
定。本书正是继承人居环境学与国土景观的研究思路，结合乡土景
观与地域景观的研究方法，综合地域之上的人类活动，通过细致的
考证与推演工作，让人们对研究范围内地域景观的典型特征有一个
更加完整的认识。

第三节　挖掘舆图与"八景"在地域景观意象构建中的重要
价值

"意象（Mental Images）"是以知觉经验为基础，但又超越知觉
经验[36]，是一种介于感性认识和理性认识之间的取象[37]。空间意象

既是地理空间的信息组织方式，又是地理空间的表达方式[38]。空间意象的研究，对于了解地域景观的组织有着重要意义。国内空间意象的研究长期以来效仿凯文·林奇（Kevin Lynch）的城市意象[39, 40]、克里斯托弗·亚历山大（Christopher Alexander）的建筑意象提取，以及城市形态学理论[41, 42]等西方理论，注重量化和轴线整合。然而，东西方文化起源与发展存在差异，中国注重整体体验，运用西方理论探讨中国地域景观特征具有一定的局限性。因此，本书试图重新发掘中国古代志书中舆图的实用价值，以期通过对舆图与"八景"的整理与整合，了解古人对于地域景观意象的认识和组织方式。

舆图包含大量历史地理信息，涵盖丰富的文化内涵[43]，以"经营位置"作为主要原则，着重表现地理要素的相对关系[44]。通过对舆图所蕴含的主观意图的分析，能够直接探寻古人在理解城乡营造时心中的理想格局以及对地域景观中各种空间意象的价值判断[45]。"八景"是集称文化在景观上的体现[46]，指代某个区域内景观的集成，往往符合古代文人"诗画一体"的精神追求，是特定历史时期、特定地域文化积淀的结果。"八景"作为文化记载的珍贵历史价值[47]，蕴含自然与文化的交融，展现地域特色的本质，促使人们主动融入赏景、造景的过程中。作为人化的自然，其形成与所在地域景观的发展演变息息相关，是一种地域性的文化现象，在保护和发展传统景观特色方面有着较高的研究价值[11, 48, 49]。

再度挖掘历史舆图在地域景观意象构建中的重要价值，在地方志中整理有代表性的城乡"八景"，能够更加贴近古人选址、营城、塑景的基本思维过程，有助于提纲挈领地解析与领会地域景观之要义。

第四节 "山—水—田—城—卫—乡"一体的研究视野

温州地处中国东南沿海的浙闽丘陵地区，自古便是一个南、西、北三面山丘环绕、东面与海相望的独立地理单元。其滨海丘陵平原由河流及海水所携带的泥沙堆积而成，是我国东南沿海小平原之一。先民在此顺应自然、兴修水利、围海造田、发展农业、建设城乡、营建海防、积淀文化的过程，是当地人改造原始自然环境、趋利避害、赋予当地文化形态的具体体现。长期以来，历史地理学、城乡规划学、建筑学、风景园林学、旅游学、社会学等学科从海陆变迁、农田水利、农业生产、城市发展、海防建设、传统村镇、园林景观等单一层面出发，对温州平原开展了诸多研究，但尚无统筹"山—水—田—城—卫—乡"的体系化研究。

历史地理学的学者们持续关注区域层面人地互动历史过程的考证研究，最早开始的研究是海陆变迁过程还原及其图示分析，随着研究的时空尺度不断聚焦，图示分析精度持续提升，引发了农田水利、农业生产等方面的研究。黄兆清[50]、曹沛奎[51]、张叶春[52]等学者率先关注滨海岸线变迁过程的回溯与图示，初步还原了宋代以来温州滨海堤岸与岸线的历史外推过程。吴松弟详细考证并用图示还原了唐代以来温州地区沿海平原的成陆过程，总结了成陆范围、成陆顺序、成陆速度三方面主要特点，梳理了主要海塘的兴修及主要塘河的演变发展，探讨了宋元以来人稠地狭状态对地区经济与地域观念的深刻影响[53-55]。康武刚[56]、吴松弟[57]从各类水利设施的修筑活动探寻温州滨海平原水利开发的历史进程，凸显了水利建设过程对平原开发与社会发展的重要驱动作用。秦欢聚焦水利建设中各阶层之间的互动关系，探讨了水利建设与滨海涂田开发、区域人口变化等区域社会发展问题[58]。陈桥驿以古代粮食种植为切入点，探讨温台平原、杭嘉湖平原与宁绍平原在围垦湖田、开垦山地和利用海涂河滩等荒地上的特殊性[59]。殷小霞、陈传等人考述了柑橘这一温州特色农作物的种植史，强调柑橘种植产业在温州地区农业生产开发中的重要作用[60, 61]。这些研究初步揭示了滨海平原人稠地狭状态下特殊的农田开垦建设形式与地域性农作物。

城乡规划学、建筑学与风景园林学的学者们侧重于关注聚落的发展历程、空间营建与地域特征，涵盖城市发展、海防建设、传统村镇等方面。城乡规划学引领了城市发展方面的研究。吴良镛强调，温州作为象天法地、因借山水的山水斗城，是公认的传统人居环境建设典型代表[2]489-490。吴庆洲较早关注了温州城水关系的研究，基于方志考据与舆图发掘初步梳理了温州"斗城""水城"两方面空间特征[62]。单国方聚焦古城水利建设，考证了古城水系布局和城市格局，初步总结了古城规划格局和河网水系布局特点和风格[63]。有关城市、自然山水及风水文化上的互动关系已有不少研究，围绕历史图文资料初步梳理了温州府城"山水斗城"的空间特征、城水互动关系及"山—水—城"一体的空间关系营建逻辑。石宏超[64]、丁康乐[65]、陈饶[66]对温州其他三邑的城市营建发展做了部分梳理，并注意到其受海洋文化与农业文化的双重作用。对温州山水地域特征存续的多样化策略探讨也颇受关注，主要从国家园林城市、山水城市、历史文化名城建设、"温州模式"的示范性等角度出发，强调在新的社会背景下对温州城市规划的思考[67]，维护并发展其"山—水—城"的空间关系[68-71]，保护温州历史文化遗产的重要性等[72]。城乡规划学、建筑学与风景园林学共同推动了海防建设与传统村镇方面的研究。海防建设方面的相关研究着重关注卫所的制度沿革、选址布局、空间构成、军民关系等内容。卫所制度作为明代军事制度的核心，于清代裁撤[73]，但卫所城镇的基本形制仍得以较好保留。施剑从军事防御角度研究明代卫所的建置沿革，揭示了卫所布局深受地理人文环境、海运情况和海防形势等多因素的综合影响[74]。尹泽凯探讨了卫所聚落在城池总体规模和内部布局两个层面的"模数制"[75]。李帅通过归纳平面形态特征，分析选址布局影响要素与城市基本构成元素，探求浙江沿海卫所营建的一般布局模式，并类型化分析探索其可能的变体[76]。周思源通过对蒲壮、金乡等卫所的志书记载以及平面复原，探讨《周易》中阴阳五行思想对卫所的选址、布局的影响[77]。林昌丈侧重研究卫所作为异质"社会实体"的地方化过程[78]。传统村镇方面的研究关注区域集中于楠溪江流域、雁荡山等地。中国建筑设计研究院建筑历史研究所率先对浙江民居开展了初步的普查式研究，但涉及的温州样本数量十分有限[79]。丁俊清较为全面地整理研究了山地丘陵与河谷平原地区的传统村镇与乡土建筑，总结其生成条件、地方特色、传统精神、公共建筑、典型大屋与文化寻踪，并形成了丰富的测绘图集与实景照片集[80, 81]。陈志华[82]、李秋香[83]聚焦楠溪江中游的古村落，从典型样本入手系统归纳整理了河谷平原地区传统村镇的历史文化脉络、空间格局特征、空间组成要素、社会组织模式等图文成果。林箐运用图解分析的方式，对楠溪江流域传统聚落不同层面的景观形态、景观类型和特点展开研究，深入探讨其自然和人文的成因，为相关空间实践探寻传统人居营建智慧[84]。黄琴诗由景观基因视角切入，从景观基因的基本单位、内部结构及演变机制三个层面探究其乡土景观的历史演变过程，构建了楠溪江古村落群的景观基因模型，探寻空间实践领域文化传承与时代发展的结合点[85]。

　　旅游学与社会学的学者们聚焦于地区历史文化形象与景观单体的研究。方长山通过对历史碑刻的整理和内容归类，发掘纸本文献之外的温州山水城市形象，提出通过碑刻了解地区历史文化形象这一重要途径[86]。周玉苹从竹枝词这一地方民俗文学出发，形象化地还原了古代温州的地方风俗[87]。景观单体研究以单一景观类型与散点式景观类型为主，主要侧重于与城市生活较为紧密的自然山水[88, 89]、古塔[90, 91]、寺观[92, 93]、书院[94]、历史园林[95, 96]等，初步梳理了历史文化价值较高的单一景观类型与景观单体典型样本的图文资料。

　　我国古人的人居环境营造实践总是在广阔的区域视野下进行，并始终将山水环境视为基础，寻求人居环境与山水的呼应关系。因此，我国传统的城乡面貌大多呈现出与周围地理环境和自然特征深度融合、和谐共生的共同特征，这造就了人工与自然融合的国土景观，形成了山、水、田、城一体的景观系统，满足了古人的生存需要以及对生活的艺术追求[97]。该景观系统中的"城"，其实可引申为聚落，包括多类型、多尺度的各类城邑、卫所与村镇。

　　针对当前温州滨海丘陵平原地区的相关研究较为零散、不成体系的现状，本书立足"山—水—田—城—卫—乡"一体的研究视野，对已有研究成果进行初步梳理与整合，进而开展地区地域景观的多层级、多尺度系统性研究。

第五节　研究对象与可行性

　　空间范围方面，将研究对象界定为浙江省温州市滨海四地——温州（永嘉）、瑞安、平阳、乐清滨海丘陵平原地区的地域景观（图0-1）。

　　时间跨度方面，主要集中于地域景观在大规模工业化与城市化以前较为稳定的发展状态，原因包括以下三个方面：

　　（1）与大规模工业化与城市化之后相比，该时期之内中国以延续自身农业文明背景下的文化脉络发展为主，受外来文化的影响较少。农业为主的社会，传统地域景观是农业文明的结果，稳定发展、一脉相承，其演变发展连贯平稳，是本土文化主导下人地互动的动态产物。

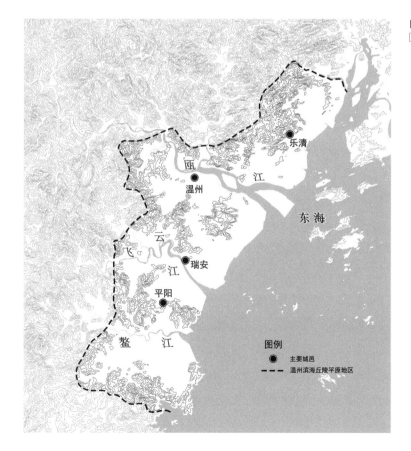

图0-1　温州滨海丘陵平原地区
［图片来源：作者根据资料改绘］

（2）该时期内，国家经济社会与城乡建设的发展都相对缓慢，正如希腊学者道萨迪亚斯在《人类聚居学》中以工业革命为分界点将城市划分为静态城市与动态城市一样，温州滨海丘陵平原地区在大规模工业化与城市化以前的城乡发展缓慢而稳定，相对"静态"，地域景观具有传承性和稳定性，风格与特征显著。但该时期之后，当代城市化采用完全不同的土地利用方式，对传统地域景观改变较大。正如吴良镛先生在《中国人居史》中所提及的："从古代进入近现代，中国社会经历数千年未有之变局。一个长期处于领先地位的古老农业文明大国，在向现代工业社会转变的一个半世纪左右的历程中，人居建设的外部环境与条件发生了剧烈变迁，在西方现代工业文明的强烈冲击下，中国人居史上发生了深刻的变革[2]523。"

（3）中国古代地图历来沿袭舆图绘制的传统，重于抽象、概括与重组主要的城乡意象而不够精准，这为研究工作带来了一定难度。较为精确的测绘图、卫星影像与珍贵的历史照片大多源自清末之后，是极具研究价值的重要资料，能保证研究的严谨与准确。综合以上三方面原因，将研究的时间跨度界定于大规模工业化与城市化以前。

资料来源方面，收集并整理了各类古代、近代与现代图文资料2大类4小类13子类近100项（表0-1），以支撑本研究。肌理留存方面，区域的山水结构与水网农田肌理，城市、卫所与乡村的历史空间肌理在遥感影像、地图及田野调查中仍依稀可辨。有了这两方面的基础性支撑，加之文献综合、田野调查、图解分析、归纳整理等研究方法的综合运用，显著增强了研究的可行性。

通过上述的梳理，也就基本明确了温州滨海丘陵平原地区传统地域景观的研究思路。

首先，将地域景观作为自然与文化耦合发展的结果，借助综合地域人类活动的人居环境学与国土景观研究思路，对温州滨海丘陵平原地区的人居环境发展史进行历时性分析，以梳理与把握地区地域景观整体性演变的大致历程，并初步探寻其影响因素。

主要资料来源   表0-1

大类	小类	子类	资料来源
古代、近代资料	文本资料	文献著作	（宋）吴泳《鹤林集》、（宋）韩彦直《橘录》、（宋）李心传《建炎以来系年要录》、（宋）欧阳修《新唐书》、（宋）叶适《水心先生文集》、（明）胡宗宪《筹海图编》、（清）吴任臣《十国春秋》、清末民初的西方传教士回忆录
		方志	（唐）元和《元和郡县图志》、（宋）乐史《太平寰宇记》、（宋）祝穆《方舆胜览》、（明）永乐《温州府乐清县志》、（明）弘治《温州府志》、（明）嘉靖《温州府志》、（明）隆庆《乐清县志》、（明）万历《温州府志》、（清）同治《温州府志》、（清）康熙《浙江通志》、（清）康熙《温州府志》、（清）康熙《永嘉县志》、（清）乾隆《敕修两浙海塘通志》、（清）乾隆《平阳县志》、（清）乾隆《温州府志》、（清）嘉庆《孤屿志》、（清）嘉庆《海塘新志》、（清）嘉庆《瑞安县志》、（清）道光《乐清县志》、（清）同治《温州府志》、（清）光绪《永嘉县志》、（清）光绪《乐清县志》、（清）金兆珍《集云山志》、（清）王殿金《瑞安县志》、（清）张宝琳《永嘉县志》、（民国）《金乡镇志》、（民国）《平阳县志》、（民国）《仙岩山志》、（民国）《乐清县志》、（民国）《瑞安县志稿》
	图像资料	舆图	上述文本资料中的各类舆图、（清）顺治《浙江温州府属地理舆图》
		附图	上述文本资料中的各类附图
		测绘图	台湾"内政部"典藏地图数位化影像制作专案计划[98]
		照片	西方传教士、政客与商人拍摄的老照片
现代资料	文本资料	文献著作	《中国城市人居环境历史图典（浙江卷）》《浙江民居（2007、2009）》《温州乡土建筑》《2012年温州创建国家历史文化名城进展报告》《温州史话》《温州古塔》《温州佛寺》《温州古桥梁》《温州历代碑刻二集》《温瑞塘河文化史料专辑》《温瑞塘河历代诗词选》《温州竹枝词》《温州古代经济史料汇编》《塘河2016散文卷》
		地方志	《浙江分县简志》（1984）、《温州市志》（1998）、《瑞安市志》（2003）、《平阳县志》（1993）、《永嘉县志》（2003）、《乐清县志》（2000）、《温州市鹿城区志》（2010）、《蒲岐镇志》（1993）
		专业志	《浙江地理》（2013）、《浙江省区域地质志》（1989）、《浙江省人口志》（2008）、《浙江省水利志》（1998）、《浙江省农业志》（2004）、《浙江八大水系》（2009）、《瓯江志》（1995）、《飞云江志》（2000）、《鳌江志》（1999）、《温州地理》（2015）、《温州土壤》（1991）、《温州市土地志》（2001）、《温州市水利志》（1998）、《瑞安市水利志》（2000）、《平阳县水利志》（2001）、《苍南县水利志》（1999）、《乐清市水利志》（1998）、《苍南农业志》（2006）、《乐清市农业志》（2005）、《龙湾农业志》（2011）、《温州市鹿城区水利志》（2007）
	图像资料	地图	钟翀《温州古旧地图集》、Google Earth地图、百度地图、各类官方地图
		卫星图	Google Earth卫星图、地理空间数据云[99]中的各类遥感卫星图
		附图	上述文本资料中的各类附图
		照片	李震《温州老照片：1897—1949》、李震《温州老照片：1949—1978》、田野调查照片与小型无人机倾斜摄影照片（含视频）、网络照片、文献中的各类照片

其次，将地域景观视作多层耦合叠加的动态结果。先基于"山—水—田—城—卫—乡"一体的研究视野，结合地方志、舆图、测绘图、卫星影像等历史图文资料，从自然山水、水利建设、农业生产、城乡营建四个层面开展温州滨海丘陵平原地区区域景观维度的地域景观分层解析，明晰其景观形成机制，以形成对地区地域景观的整体性认知。再以城邑为核心统筹卫所与村镇，分层叠加以图解分析、总结各邑地域景观体系，挖掘四邑城乡"八景"，运用舆图、测绘图、历代辞翰艺文梳理、归纳与解读四邑主要景观意象，完成温州滨海丘陵平原地区城市景观维度的传统地域景观体系的归纳总结。

最后，梳理大规模工业化与城市化以来的城乡发展状况，分析传统地域景观所遭受的时代冲击，探讨其保护与发展的存续性策略。

参考文献：

[1] 孟兆祯. 把建设中国特色城市落实到山水城市[J]. 中国园林, 2016, 32 (12): 42-43.

[2] 吴良镛. 中国人居史[M]. 北京: 中国建筑工业出版社, 2014.

[3] 吴良镛. 广义建筑学[M]. 北京: 清华大学出版社, 1989: 49-68.

[4] 吴良镛. 建筑·城市·人居环境[M]. 石家庄: 河北教育出版社, 2003: 446.

[5] 王向荣. 地域之上的景观[N]. 中国建设报, 2006-02-07 (007).

[6] Whittlesey D.. Sequent Occupance[J]. Annals of Association of American Geographers, 1929, 19: 162-165.

[7] 侯仁之. 历史地理学的视野[M]. 北京: 生活·读书·新知三联书店, 2009: 309-448.

[8] 马晓冬, 李全林, 沈一. 江苏省乡村聚落的形态分异及地域类型[J].

地理学报, 2012, 67 (04): 516-525.

[9] 刘沛林. 家园的景观与基因[M]. 北京: 商务印书馆, 2014: 223-229.

[10] Kevin Lynch. The Image of the City[M]. Cambridge: The MIT Press, 1960: 14-45.

[11] 吴水田, 游细斌. 地域文化景观的起源、传播与演变研究——以赣南八景为例[J]. 热带地理, 2009, (02): 188-193.

[12] 王云才, 石忆邵, 陈田. 传统地域文化景观研究进展与展望[J]. 同济大学学报（社会科学版）, 2009, (01): 18-24+51.

[13] 王云才. 传统地域文化景观之图式语言及其传承[J]. 中国园林, 2009, (10): 73-76.

[14] 王云才. 风景园林的地方性——解读传统地域文化景观[J]. 建筑学报, 2009, (12): 94-96.

[15] 岳邦瑞, 郎小龙, 张婷婷, 等. 我

国乡土景观研究的发展历程、学科
领域及其评述[J]. 中国生态农业学
报, 2012, (12): 1563-1570.

[16] 钱云, 庄子莹. 乡土景观研究视野
与方法及风景园林学实践[J]. 中国
园林, 2014, (12): 31-35.

[17] 王向荣. 自然与文化视野下的中
国国土景观多样性[J]. 中国园林,
2016, (09): 33-42.

[18] 林箐, 王向荣. 地域特征与景观
形式[J]. 中国园林, 2005, (06):
16-24.

[19] [英]伊恩·D·怀特著. 王思思译. 16
世纪以来的景观与历史[M]. 北京:
中国建筑工业出版社, 2011: 1-5.

[20] 蒋雨婷, 郑曦. 基于《富春山居图》
图像学分析的富春江流域乡土景观
探究[J]. 中国园林, 2015, (09):
115-119.

[21] 侯晓蕾, 郭巍. 场所与乡愁——风
景园林视野中的乡土景观研究方法
探析[J]. 城市发展研究, 2015, 22
(4): 80-85.

[22] 刘通, 王向荣. 以农业景观为主体
的太湖流域水网平原区域景观研究
[J]. 风景园林, 2015, (08): 23-28.

[23] 杨鑫. 地域性景观设计理论研究[D].
北京: 北京林业大学, 2009: 11.

[24] 朱建宁. 展现地域自然景观特征的
风景园林文化[J]. 中国园林, 2011,
(11): 1-4.

[25] 耿子洁. 和辻哲郎"风土论"与
"伦理学"内在关系探析[J]. 日本问
题研究, 2017, (01): 10-15.

[26] 张在元. 风土城市与风土建筑[J].
建筑学报, 1996, (10): 32-34.

[27] 李树华. 景观十年、风景百年、风
土千年——从景观、风景与风土的
关系探讨我国园林发展的大方向[J].
中国园林, 2004, (12): 32-35.

[28] 刘滨谊, 吴珂, 温全平. 人类聚居
环境学理论为指导的城郊景观生态
整治规划探析——以滹沱河石家庄
市区段生态整治规划为例[J]. 中国
园林, 2003, (02): 31-34+82.

[29] 方创琳. 中国人地关系研究的新进
展与展望[J]. 地理学报, 2004, (S1):
21-32.

[30] 吴良镛. 人居环境科学导论[M]. 北
京: 中国建筑工业出版社, 2001:
70-75.

[31] 张文忠, 谌丽, 杨翌朝. 人居环境
演变研究进展[J]. 地理科学进展,
2013, (05): 710-721.

[32] 李雪铭, 田深圳. 中国人居环境的
地理尺度研究[J]. 地理科学, 2015,
(12): 1495-1501.

[33] 李雪铭, 夏春光, 张英佳. 近10年来
我国地理学视角的人居环境研究[J].
城市发展研究, 2014, (02): 6-13.

[34] 马仁锋, 张文忠, 余建辉, 等. 中
国地理学界人居环境研究回顾与
展望[J]. 地理科学, 2014, (12):
1470-1479.

[35] 刘通, 吴丹子. 风景园林学视角下
的乡土景观研究——以太湖流域水
网平原为例[J]. 中国园林, 2014,
(12): 40-43.

[36] 章士嵘. 认知科学导论[M]. 北京:
人民出版社, 1992: 18-143.

[37] [美]理查德·哈特向著. 叶光庭译.
地理学的性质——当前地理学思想
述评[M]. 北京: 商务印书馆, 1996:
226-236.

[38] 鲁学军, 周成虎, 龚建华. 论地理空
间形象思维——空间意象的发展[J].
地理学报, 1999, (05): 401-408.

[39] Kevin Lynch. Good City Form[M].
Cambridge: The MIT Press, 1984.

[40] Kevin Lynch. Site Planning[M].
Cambridge: The MIT Press,1984.

[41] Hofmeister B. The study of urban form in
Germany[J]. Urban Morphology, 2004,
8(1): 3-12.

[42] Marzot N. The study of urban form in
Italy[J]. Urban Morphology, 2002, 6(2):
59-73.

[43] 汪前进. 地图在中国古籍中的分布
及其社会功能[J]. 中国科技史料,
1998, (03): 4-23.

[44] 奚雪松, 秦建明, 俞孔坚. 历史舆
图与现代空间信息技术在大运河遗
产判别中的运用——以大运河明清
清口枢纽为例[J]. 地域研究与开发,
2010, (05): 123-131.

[45] 尹舜. 舆图解析[D]. 杭州: 中国美
术学院, 2009: 5.

[46] 吴庆洲. 中国景观集称文化[J]. 华
中建筑, 1994, (02): 23-25.

[47] 何林福. 论中国地方八景的起源、
发展和旅游文化开发[J]. 地理学与
国土研究, 1994, (02): 56-60.

[48]　耿欣, 李雄, 章俊华. 从中国"八景"看中国园林的文化意识[J]. 中国园林, 2009, (05): 34-39.

[49]　张廷银. 地方志中"八景"的文化意义及史料价值[J]. 文献, 2003, (04): 36-47.

[50]　黄兆清. 温州近岸沉积物的来源[J]. 应用海洋学学报, 1984 (2): 43-49.

[51]　曹沛奎, 董永发. 浙南淤泥质海岸冲淤变化和泥沙运动[J]. 地理研究, 1984, 3 (03): 53-64.

[52]　张叶春. 浙江瓯江口地区平原形成过程[J]. 西北师范大学学报 (自然科学版), 1990 (04): 70-75.

[53]　吴松弟. 浙江温州地区沿海平原的成陆过程[J]. 地理科学, 1988, 8 (02): 173-180.

[54]　吴松弟. 温州沿海平原的成陆过程和主要海塘、塘河的形成[J]. 中国历史地理论丛, 2007, (02): 5-13.

[55]　吴松弟. 宋元以后温州山麓平原的生存环境与地域观念[J]. 历史地理, 2016 (01): 62-75.

[56]　康武刚. 宋代浙南温州滨海平原堤的修筑活动[J]. 农业考古, 2016, (04): 135-139.

[57]　吴松弟. 塘河岁月长 千年流到今[N]. 温州日报, 2006-03-21 (009).

[58]　秦欢. 元代温台沿海平原水利建设与区域社会发展研究[D]. 金华: 浙江师范大学, 2016: 6.

[59]　陈桥驿. 浙江古代粮食种植业的发展[J]. 中国农史, 1981, (00): 39-47+103.

[60]　殷小霞, 曾京. 历史时期温州柑种植兴衰考述[J]. 古今农业, 2011, (04): 38-46.

[61]　陈传. 温州种植柑桔的历史考证[J]. 浙江柑桔, 1990, (03): 6-7.

[62]　吴庆洲. 斗城与水城——古温州城选址规划探微[J]. 城市规划, 2005, (02): 66-69.

[63]　单国方. 温州古城水系和治水探微[J]. 中国水利, 2014, (11): 62-64.

[64]　石宏超. 地方小城市历史信息的整合与活化研究——以温州平阳古城为例[J]. 中国名城, 2014, (12): 42-46.

[65]　丁康乐. "温州模式"背景下瑞安市城市空间结构演变研究[D]. 浙江大学, 2006.

[66]　陈饶. 基于"宅基明晰"视角的乐清老城保护研究[C]. 中国城市规划学会. 城乡治理与规划改革——2014中国城市规划年会论文集 (08 城市文化). 中国城市规划学会: 中国城市规划学会, 2014: 191-204.

[67]　杨伟锋. 温州市城市化和城市规划的思考与对策[J]. 现代城市研究, 2001 (1): 26-32.

[68]　胡念望. 关于温州创建国家园林城市的几点想法[N]. 中国旅游报, 2011-11-16 (023).

[69]　程庆国. 关于温州建设"山水城市·家园城市·网络城市"的思考[J]. 现代城市研究, 2001, (01): 35-37.

[70]　郑晓东. 温州山水城市空间初探[J]. 现代城市研究, 2001, (01): 29-32.

[71]　童宗煌, 林飞. 温州城市水空间的演变与发展[J]. 规划师, 2004, 20 (8): 86-89.

[72]　王晓岚. 温州市历史文化遗产保护对策研究[D]. 上海: 同济大学, 2005.

[73]　宫凌海. 明清东南沿海卫所信仰空间的形成与演化——以浙东乐清地区为例[J]. 浙江师范大学学报 (社会科学版), 2016, (05): 42-49.

[74]　施剑. 试论明代浙江沿海卫所之布局[J]. 军事历史, 2012, (05): 23-28.

[75]　尹泽凯, 张玉坤, 谭立峰. 中国古代城市规划"模数制"探析——以明代海防卫所聚落为例[J]. 城市规划学刊, 2014, (04): 111-117.

[76]　李帅, 刘旭, 郭巍. 明代浙江沿海地区卫所布局与形态特征研究[J]. 风景园林, 2018, 25 (11): 73-77.

[77]　周思源. 《周易》与明代沿海卫所城堡建设[J]. 东南文化, 1993, (04): 165-170.

[78]　林昌丈. 明清东南沿海卫所军户的地方化——以温州金乡卫为中心[J]. 中国历史地理论丛, 2009, (04): 115-125.

[79]　中国建筑设计研究院建筑历史研究所编. 浙江民居[M]. 北京: 中国建筑工业出版社, 2007.

[80]　丁俊清, 肖健雄著. 温州乡土建筑[M]. 上海: 同济大学出版社, 2000.

[81]　丁俊清, 杨新平著. 浙江民居[M].

北京：中国建筑工业出版社，2009：217-231.

[82] 陈志华，李玉祥著. 乡土中国：楠溪江中游古村落[M]. 北京：生活·读书·新知三联书店，2005.

[83] 李秋香，罗德胤，陈志华，等著. 浙江民居[M]. 北京：清华大学出版社，2010：2-56.

[84] 林箐，任蓉. 楠溪江流域传统聚落景观研究[J]. 中国园林，2011，27（11）：5-13.

[85] 黄琴诗，朱喜钢，陈楚文. 传统聚落景观基因编码与派生模型研究——以楠溪江风景名胜区为例[J]. 中国园林，2016，32（10）：89-93.

[86] 方长山. 温州碑刻著录研究的回顾与反思[J]. 温州文物，2015（01）：1-27.

[87] 周玉苹. 从温州竹枝词看清末民初温州的民俗[D]. 温州：温州大学，2013.

[88] 高永兴. 江心孤屿双塔溯源[J]. 浙江建筑，2004，（01）：8-9.

[89] 黄兴龙. 鹿城九山传记——积谷山[J]. 温州人，2010，（21）：56-57.

[90] 汤章虹，林城银. 温州古塔探秘[J].

城建档案，2008，（11）：36-38.

[91] 陈耀辉. 寻访温州古塔[J]. 温州人，2010，（09）：58-61.

[92] 马丛丛. 妙果寺志[D]. 上海：上海师范大学，2014.

[93] 郑加忠，高益登. 乐清的道教中心——紫芝观[J]. 中国道教，1989，（03）：56.

[94] 张宪文. 清代温州东山、中山书院史事考录[J]. 温州师专学报（社会科学版），1985，（01）：77-88+92.

[95] 赵鸣，张洁. 试论我国古代的衙署园林[J]. 中国园林，2003，（04）：73-76.

[96] 杨克明，陈武. 历史园林复建方法探索——以墨池公园规划为例[J]. 规划师，2008，（03）：42-45.

[97] 王向荣，林箐. 国土景观视野下的中国传统山—水—田—城体系[J]. 风景园林，2018，25（09）：10-20.

[98] 台湾"内政部"典藏地图数位化影像制作专案计划[EB/OL]. [2017-1-3]. http://webgis.sinica.edu.tw/map_moi/default.asp.

[99] 地理空间数据云[EB/OL]. [2017-1-3]. http://www.gscloud.cn/.

上篇

温州滨海丘陵平原地区
人居环境发展史

作为人类社会与自然环境长期互动的产物，地域景观受各历史时期自然、社会、政治、经济、文化、军事、生产生活等各类因素相互作用的综合影响，表现为一个随历史延续而不断动态叠加发展的时空连续体。其历时性发展过程，构成了本地区的人居环境发展史。

本篇中，将结合史料尽可能翔实地呈现温州滨海丘陵平原地区人居环境发展史。所谓"治史所以明变"[1]，以下将从秦汉以前、魏晋南北朝、隋唐五代、宋元、明清五个阶段，梳理地区人居环境发展的大致过程。正如方志所载：

"东南滨海大郡，山川雄秀，左台右宁，当浙闽之极冲。东瓯王国于汉登列传，自东晋置郡永嘉，唐改温州，宋时人文兴盛，称小邹鲁。至元为路，至明为府。统领永嘉、乐清、平阳、瑞安。防海巨镇则有磐石金乡领诸城堡"[2]。

各历史阶段，都有其显著的时代背景特征及主要影响因素，它们在人居环境发展与地域景观演变的过程中或多或少起到了重要的驱动作用，并留下了相应的历史烙印。

参考文献：

[1]　钱穆. 中国历史研究法[M]. 北京：生活·读书·新知三联书店，2001：4.
[2]　（清）乾隆《温州府志·卷首·序》.

第一章

源起与孕育：秦汉及以前

第一节　瓯人原始氏族社会

温州历史悠久，远在5000—6000年以前的新石器时代晚期，就已有先民在这一带生息与繁衍。相关考古发现与研究成果表明，当良渚文化处于晚期时，在瓯江流域出现了以遂昌好川遗址与温州老鼠山遗址为代表的好川文化[1]25。此后，陆续在温州境内瓯江、飞云江、鳌江各流域考古发现的鹿城区仰义—双屿—海滨一带[2]2、永嘉县正门山—屿门山—塘头一带、乐清市四方山—白鹭屿—小群山一带[1]69、瑞安市岱石山一带、平阳县龙山一带[3]等一系列新石器时代遗址，也印证了这一区域当时有为数不少的先民栖居。

当地氏族社会的先民们选择临近江流的滨海丘陵山麓地区聚居，开始运用石矛、石镞、石网垂等工具开展迁徙渔猎活动[2]2-3。他们还运用诸如石斧、石刀、石犁等工具在山间河谷盆地等平坦区域刀耕火种，进行少量的农业生产。简单原始的生产生活方式，使其社会取得了初步的发展。但就其发展程度而言，与同时期兴盛发展的中原地区相比，还是较为落后的[4]8。当地族人善于制作绘有图纹

① "瓯"在远古时为一类盛器及饮器，亦作为祭祀用具。

的彩色陶器，并以"瓯"器①居多，这也是温州一带被称作"瓯"的由来，后又因其地处东南区域，便命名为"东瓯"。

这一时期，尚无温州地区的相关史料记载。直至周代《逸周书》内《王会解》中所提及的"东越海蛤，瓯人蝉蛇……故于越纳……且瓯文蜃"[5]等描述，记载了周成王（公元前1132年—前1083年）接见各处部族（包括瓯人）并纳贡的场景[6]，温州才始见于史籍资料。此外，《山海经·海内南经》中也有关于温州的少量记载，如"瓯居海中，闽在海中"。郭璞对此句加注曰："今临海永宁县②，即东瓯，在岐海中。"浙闽丘陵地区的崇山峻岭将瓯人与中原文化相隔绝，彼时的温州尚未开化且相对落后，族人依山面海、向海而生，从事原始渔猎与简单的农业生产。

② 晋代的永宁县即为如今的温州及永嘉一带，隶属于临海郡。

第二节　东瓯国的兴衰

周元王三年（公元前473年），吴为越所灭，今日的温州区域开始被纳入越国的版图。次年，越王勾践立其子为东瓯王，并令范蠡筑东瓯城（见《越绝书》），彼时东瓯王国与其南部的闽越接壤，所辖区域大致相当于现在的温州、台州与丽水一带[7]。越相范蠡南下筑城的同时，也带来了先进的技术与文化，这在一定程度上促进了东瓯的发展。周赧王九年（公元前306年）至秦始皇三十七年（公元前210年）期间，东瓯相继经历了越被楚灭、楚被秦灭、秦置闽中郡而瓯越属之的时局变化，其经济社会状况在动荡的时局之中缓慢发展。

③ 除此一说之外，还另有两种说法：一说在今温州西郊瓯浦一带，又一说在今温岭县大溪镇的唐岭脚。因对永宁江北岸一说持认同观点的学者占多数，且东瓯王墓在今温州鹿城境内的瓯浦山东麓，故采纳。

西汉高祖五年（公元前202年），汉高祖刘邦立东瓯的越王勾践第七世孙驺摇为海阳侯。之后，驺摇率领族人助刘邦亡秦灭楚，战功赫赫。后于西汉惠帝三年（公元前192年）被惠帝刘盈立为东海王，以东瓯为都邑，建都地点大致位于永宁江（今瓯江）北岸今永嘉县境内③，又称"东瓯王"，辖如今浙南一带的广大区域。在东瓯王驺摇的统治期间，东瓯族人开始学会了使用"火耕水耨"的耕作方式，使得大量土地被开垦为农田[2]3。考古出土的各类青铜耕作工具也表明，当时用于农业耕作的金属生产工具已较为普及，这极大地提高了生产力水平[4]9。随着农业生产方式的转变以及生产工具的更新，族人的物质生活更为稳定，百姓安居乐业，东瓯国自此开始逐渐兴起。

尔后，南方的闽越王于西汉武帝建元三年（公元前138年）出兵伐东瓯。东瓯虽依仗汉武帝所遣救兵成功解围，但东瓯王驺望以闽越不时还会再来讨伐为由，请武帝准其率部族全体迁徙北上，前往江淮流域的庐江郡（今安徽西南部地区舒城一带）居住。长期在东瓯生息的近四万民众被迫全部迁居北上，东瓯国自此解体，前后仅经历55年，闽越部族遂乘虚迁入原东瓯国之地聚居繁衍。三年之后，汉武帝立余善为东越王，以旧东瓯之地封之，区域内的生产生活状况稍有恢复。但仅20余年后的西汉武帝元封元年（公元前110年），武帝以东越峡谷险阻难管，闽越强悍多变无常为由令东越与闽越举国北迁至江淮一带，使东瓯之地再度空虚[7]1-2。这"两立两虚"的近80年间，东瓯国经历了短暂的兴起与惨烈的消亡，东瓯大地上所发生的两次大规模部族迁徙活动彻底扰乱了区域内社会民生的平稳发展，对该区域的人居环境发展有着毁灭性的打击。直至250年后东汉永和三年（138年）析扬州会稽郡章安县东瓯乡，置永宁县，县治设于瓯江北岸的贤宰乡（今永嘉瓯北镇）之时，境内仍没有完全恢复往日的元气，人口稀少，社会发展缓慢。据《太平御览》引《天地志》的记载，当时境内"地广人稀、户不满万[7]2"。东汉末年，中原战乱导致部分北人开始南迁，使境内人口稍有增加。

先秦至秦汉时期是温州滨海丘陵平原地区人居环境发展的源起与孕育阶段。这期间，境内没有详细的人口统计资料，具体数量难以估算[1]140-142。广袤的东瓯大地初步融合了瓯越、中原、闽越等多元文化，也积淀了部分生产生活与城乡营建的重要经验。

参考文献：

[1]　《浙江省人口志》编纂委员会编．浙江省人口志[M]．北京：中华书局，2008．

[2]　叶大兵．温州史话[M]．杭州：浙江人民出版社，1982．

[3]　《浙江分县简志》编纂组编纂．浙江分县简志[M]．杭州：浙江人民出版社，1984．

[4]　孙晓丹．历史时期温州城市的形成与发展[D]．杭州：浙江大学，2006．

[5]　黄怀信等撰，李学勤审定．《逸周书会校集释·卷七·王会解第五十九》[M]．上海：上海古籍出版社，1994．

[6]　钟翀．温州城的早期筑城史及其原初形态初探[J]．都市文化研究，2015（01）：162 -176．

[7]　鹿城区地方志编纂委员会．温州市鹿城区志上册[M]．北京：中华书局，2010．

第二章

萌芽与奠基：魏晋南北朝

第一节　三国纷争、北人南下

东汉末年至三国时期，中原大地征战不断，战火连天导致生灵涂炭、民不聊生。与纷乱的中原之地相比，崇山峻岭以南原本穷山恶水、交通不便的温州地区反而成为当时不错的避世之处，大批中原人士为躲避乱世兵祸纷纷南迁。北人南下促进了地区的人口增长与田地开垦。孙吴政权也适时推动开发江南的政策，在一定程度上刺激了区域的建设发展。

东汉永宁县设县治于瓯江北岸的百年之后，三国吴大帝孙权赤乌二年（239年）析永宁县大罗山（泉山）以南之地，置罗阳县（瑞安市的前身），县治设于集云山南麓鲁岙（今瑞安市西岙村一带），这是瑞安的建县之始[1]。晋武帝太康四年（283年），析安固（原为罗阳县）南横屿船屯地，置始阳县（后改为罗阳、横阳），成为平阳单独建县之始[2]。罗阳、始阳两地的析出置县，从侧面反映出境内人口正在稳步增多，生产生活与人居建设也在逐渐恢复。

第二节　首次衣冠南渡与永嘉郡的设立

西晋惠帝元康元年（291年）至西晋愍帝建兴四年（316年），皇室八王之乱引发"五胡乱华"，北方战乱、西晋灭亡。晋室皇族携大批豪门士族南迁，于建康建都为东晋。大量普通百姓为躲避游牧部族入侵，纷纷随之避乱南下，出现了我国历史上首次大规模北人南迁，是首次衣冠南渡，全国政治中心与经济中心南移。不少望族随家族与乡党进入永嘉县境，被称为"侨人"，随之而来的中原文化与先进生产技术带动了当地的人居环境发展。战乱对百姓内心造成了巨大的创伤，人们开始转向佛教以求得内心的平静与安宁，佛教也随之开始在永嘉境内有所传播。西晋惠帝元康五年（295年），位于瓯江北岸蛇山、龟山之上的罗浮龟蛇双塔开始建造（图2-1）。这是温州境内最早的古塔，也是见诸史料的浙江省境内最早的古塔[3]。罗浮龟蛇双塔经历代重建与修复，至今仍屹立在瓯江北岸。

东晋明帝太宁元年（323年），析临海郡温峤岭以南之地置永嘉郡，属扬州，治所设于永宁峤南（今温州），辖永宁、安固、横阳、松阳四县，以缓解衣冠南渡所引发的永嘉县境内的人口膨胀压力。新郡城建于瓯江南岸，为永嘉建郡之始[4]2，之后温州城一直在此不断发展。据明嘉靖《温州府志》[5]与宋《方舆胜览》[6]所载，营城时称土尝水、象天法地，连郭公山、海坛山、华盖山、积谷山、松台山五山为城，通伏龟潭、蜃川浣沙潭、雁池、潦波潭、冰壶潭五水，并于城内凿井二十八口，奠定了温州延续千年的山

图2-1　罗浮龟蛇双塔——始建于西晋，现存塔建于明朝

［图片来源：作者根据资料改绘：汤章虹. 温州古塔[M]. 北京：中国戏剧出版社，2009.］

龟山塔

蛇山塔

水斗城格局，城内初步形成了"东庙、南市、西居、北埠"的基本布局。

　　同年，安固（今瑞安）县治由原集云山南麓鲁岙迁至邵公屿一带，不断发展并一直延续至今，明弘治《温州府志》[7]与清嘉庆《瑞安县志》[8]对此事均有记载。同年，横阳（今平阳）县治开浚河道，疏浚河道之后"可济枯旱，可泄淹涝，可濯可烹，出郭外引溉民田数十里。"东晋太元十年至隆安四年（385—400年），横阳县民开浚北塘河（今瑞平塘河）[9]11，成为后世瑞平塘河雏形的重要开端。东晋孝武宁康二年（374年），析永嘉郡永宁县置乐成县（今乐清），成为乐清的建县之始[10]。自此，研究范围内的永嘉、瑞安、平阳、乐清相继置郡、置县，区域人居环境建设开启了萌芽之势（图2-2）。

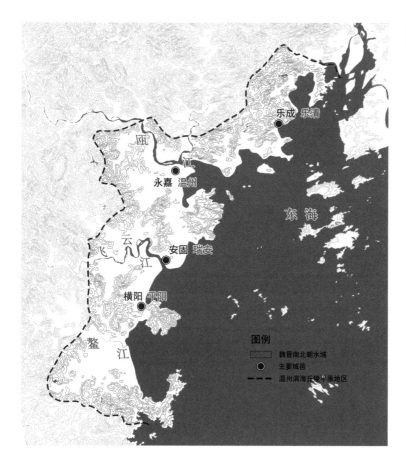

图2-2　魏晋南北朝水陆环境与永嘉四邑
[图片来源：作者根据资料改绘[11, 12]]

第三节　文人太守兴教化

随晋室南下的文人氏族，大多具有优良的儒家教育背景，为区域文化发展注入了新活力。东晋太宁二年（324年），置永嘉郡学于华盖山麓，为温州地区立学之始[4]2。郡学被有意地安排在环境清雅而充满山水灵气的华盖山下，使读书人常年浸润于自然山水与星宿斗城间，内化于心、外化于行，悄然孕育着后世的永嘉学派。

魏晋南北朝期间，世人厌战避世、寄情山水。之后近300年间，孙绰、王羲之①、谢灵运、裴松之、颜延之、檀道鸾、丘迟等著名文人、书法家、山水诗人、史学家历任永嘉郡守。他们鼓励生产、广兴教化，一时间文风高涨，山水斗城的山水人文之情愈加浓厚。书圣王羲之于东晋穆帝永和年间（345—361年）到五马上任时，民众喜出相迎[13]。后世城内的五马坊、墨池坊、衙署园林与私家花园内的墨池，都是王羲之留下的胜迹。南朝宋武帝永初三年（422年），山水诗鼻祖谢灵运被贬来任永嘉郡守，他在任期间鼓励农桑、兴修水利，发展城乡建设。此外，他还恣意遨游于永嘉的灵秀山水，足迹遍布雁荡山、岭门山、石门洞等地，写下了众多脍炙人口的山水诗篇[4]3。城北瓯江之中的孤屿，正因谢灵运《登江中孤屿》的优美诗篇而入诗传世，逐渐成为城外最为重要的景致，至今犹存。李白、杜甫、孟浩然、陆游等文人骚客，都著诗赞美永嘉山水，甚至慕名游历，使永嘉山水人居美景名闻天下[14]19。南朝宋文帝元嘉中期（439年前后），颜延之任永嘉太守，于城内凿井通气[5]，以便民生。期间，安固县（今瑞安）扩建城墙，新修城南县前河、午堤河和城西西河，导县北北湖之水引灌郭外农田[9]11。

之后的太守也多为文人能吏，他们在永嘉广施良政、化民成俗，使百姓安居乐业。此外，当地农渔业、手工业与交通运输业也有不同程度的发展[14]15-18，北人南下极大地扩充了荒地开垦与农业耕作的劳动力，加之水利兴修，改善了原本"田多恶秽、且少陂渠"的不良条件。牛耕与粪肥等农业生产技术开始推广，促进了农业的发展。作物的种类也更为丰富，水稻开始由一年一熟向一年两熟发

① 一说东晋永和三年（347年），大书法家王羲之曾在罢会稽内史之后遍游东中诸郡时游历过永嘉。

展[15]，冬季也有麦类作物种植，柑橘种植较为普遍。在谢灵运《游赤石进帆海》一诗中，还描绘了当时渔业采集捕捞的场景。永嘉郡城内河渠通达，水路成为重要交通廊道，各类物资的水上运输络绎不绝[7]。

魏晋南北朝期间，衣冠南渡直接促进了地区的快速发展。人口数量波动较大，南朝刘宋大明八年（464年）时，境内人口约为29344人（全省占比2.46%）[16]。永嘉（温州）、瑞安、平阳与乐清相继建置，郡城山水斗城初现。文人太守施良政、兴教化，农渔、水利、城建、交通等各项事业稳步发展，佛教开始传播，百姓安居乐业，民间文风高涨，这是温州滨海丘陵平原地区人居环境发展的萌芽与奠基阶段。

参考文献：

[1]　宋维远主编. 瑞安市地方志编纂委员会编. 瑞安市志[M]. 北京：中华书局，2003：11.

[2]　郑立于主编.《平阳县志》编纂委员会编纂. 平阳县志[M]. 上海：汉语大词典出版社，1993：1.

[3]　张科. 浙江古塔景观艺术研究[D]. 杭州：浙江农林大学，2014：12.

[4]　鹿城区地方志编纂委员会. 温州市鹿城区志上册[M]. 北京：中华书局，2010.

[5]　（明）嘉靖《温州府志·卷一·城池》.

[6]　（宋）祝穆.《方舆胜览·卷九·瑞安府·形胜》.

[7]　（明）王瓒，（明）蔡芳编纂. 胡珠生校注. 弘治温州府志[M]. 上海：上海社会科学院出版社，2006：20.

[8]　（清）王殿金，（清）黄徵乂总修. 宋维远点校. 瑞安县志[M]. 北京：中华书局，2010：57.

[9]　浙江省《飞云江志》编纂委员会编. 飞云江志[M]. 北京：中华书局，2000.

[10]　（明）永乐《温州府乐清县志·卷一·建制沿革》.

[11]　吴松弟. 温州沿海平原的成陆过程和主要海塘、塘河的形成[J]. 中国历史地理论丛，2007，22（02）：5-13.

[12]　姜竺卿. 温州地理（人文地理分册·上）[M]. 上海：上海三联书店，2015：138-151.

[13]　胡珠生. 王羲之曾任永嘉郡守考[J]. 临沂师专学报，1998，20（1）：32-35.

[14]　孙晓丹. 历史时期温州城市的形成与发展[D]. 杭州：浙江大学，2006.

[15]　（清）光绪《永嘉县志·卷六·风土·物产》.

[16]　《浙江省人口志》编纂委员会编. 浙江省人口志[M]. 北京：中华书局，2008：199.

第三章

融合与发展：隋唐五代

第一节　得名温州、政区趋稳

　　唐高宗上元二年（675年）之前，温州境内的政区范围与名称一直都处于不断变化之中，从东汉永和三年（138年）县治设于瓯江北岸贤宰的扬州会稽郡永宁县，到东晋明帝太宁元年（323年）郡治设于永宁峤南的扬州永嘉郡，到隋开皇九年（589年）的处州（今丽水）永嘉县，再到唐武德四年（621年）的括州永嘉县[1]，使境内人居环境的稳定发展受到了一定影响。唐高宗上元二年（675年），析括州（处州，今丽水）之永嘉、安固两县置温州，以其地处温峤岭南，"虽隆冬而恒燠"而得名为温州[2]3，后一直沿用至今。自此，温州独立自成一州，所辖的行政区划也趋于稳定，经历代至今而一直未有明显调整，为区域后世的城乡发展奠定了稳定的政治基础。

第二节　安史之乱、士庶南迁

　　隋唐时期终结了魏晋南北朝南北分裂近300年的整体格局，是

"五胡乱华"之后重新完成大一统的强盛时期。但唐中期至五代期间，中原政权再次动荡。安史之乱引发兵戈之祸，导致晋室南迁之后又一次大范围的北人南下，温州境内人口由隋大业年间（605—618年）的13626人（全省占比3.16%）猛增至唐天宝年间（742—756年）的241694人（全省占比5.46%）[3]。李白在其《为宋中丞请都金陵表》中对安史之乱后北人南下有这样的描述："天下衣冠士庶，避地东吴，永嘉南迁，未盛于此"[4]。此外，躲避闽北地区战乱的闽人也纷纷北上迁居于温州[5、6]，围垦海涂、开垦农田、定居繁衍[7]12。外来人口的又一次大量输入为温州人居环境建设发展注入了新的活力，促进了农渔业、手工业与商业的发展。

第三节　佛法普渡、寺塔兴盛

隋唐时期，佛教传播渐达鼎盛之势。温州地区寺院兴建颇多，出现了一次佛寺与古塔的建设高潮，鼎盛时期曾一度作为江浙区域的禅学中心：唐代温州滨海丘陵平原地区新建与修葺的寺院共计18座，其中鹿城一带有江心寺、妙果寺、国安寺等4座，瑞安有护国寺、仙岩圣寿禅寺、景福禅寺等7座，乐清有法华寺、白鹤寺等3座，平阳有仙坛寺、碧泉寺等4座。此外，也有部分古塔的兴建[8]，如鹿城的江心寺东塔、净光塔，乐清的重石真如寺石塔等。

温州境内佛教鼎盛及寺院、古塔的广为兴建，体现了隋唐时期社会经济发展的良好状况。唐中后期至五代期间的战乱纷争，使佛家思想成为安抚慰藉百姓的重要精神寄托。

第四节　外罗城、中子城

在隋唐五代人丁兴旺、经济社会稳步发展的背景之下，温州的城建、水利、农业等各类人居环境建设有序发展（图3-1）。唐玄宗天宝三年（744年），乐清县治围墙由原来的"木栅"改为夯土墙[11]，御敌与防洪能力大为增强。自此，温州、瑞安、平阳与乐清四地均

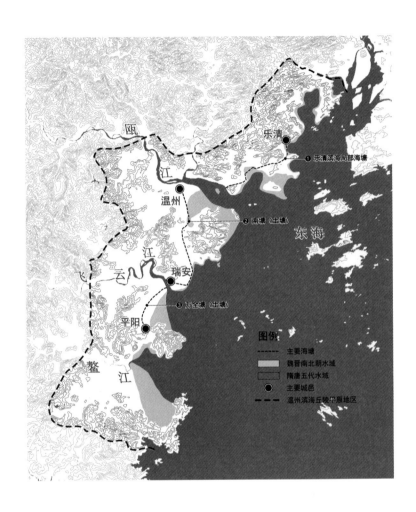

图3-1　隋唐五代水陆环境与温州四邑
［图片来源：作者根据资料改绘[9、10]］

具备了完整的城墙体系。唐德宗贞元年间（785—805年），刺史路
应修茸横阳堤防，"得上田、除水害"，汉晋至隋唐期间的万全塘为
土堤，使横阳耕地免于水患[12]1。唐文宗大和九年（835年），永嘉至
安固的塘河（今温瑞塘河）全线贯通（图3-2）[7]12。唐武宗会昌四
年（844年），刺史韦庸梳理城西南的雄溪、瞿溪、郭溪三水汇于会
昌湖，开河筑堤，分南北而通水，解决长期威胁温州城的水患问题。
会昌湖包括西湖与南湖，堤称作"韦公堤"。

五代梁太祖开平元年（907年），吴越王钱镠之子钱元璙在温州
原有山水斗城的基础上，加固外城，又增筑"旁通壕堑"的内城，
既加强了城池的御敌能力，又确立了郡城内部"外罗城、中子城、
东庙、南市、西居、北埠"的基本格局（图3-3）。吴越统治时期，

图3-2　民国初年的温瑞塘河
［图片来源：李震主编. 温州老照片：
1897—1949[M]. 北京：中国对外翻译
出版公司，2011］

温州地区地方平靖、佛教盛行，再次掀起了大兴佛寺的浪潮，境内寺院增至60多处[2]4，蔚为壮观。后梁乾化四年（914年），吴越王钱镠于平阳大兴水利，开凿江南南北运河①，使其水系得以进一步完善，利于灌溉及水上交通[12]2。后汉乾祐二年（949年），国家推行垦荒可不纳税的"募民能垦荒者，勿取其税"[13]政策，百姓垦荒耕作积极性高涨，促进了农业的发展。

　　隋唐至五代期间，温州人口增长迅猛，北人南下的大量人口输入是其主因，南北文化进一步融合。期间温州得名置州、政区趋稳，境内城建、水利、农业等稳步发展，佛教盛行，寺院与古塔不断兴建，这是温州滨海丘陵平原地区人居环境发展的融合与发展阶段。

①　后称为江南运河
西渠。

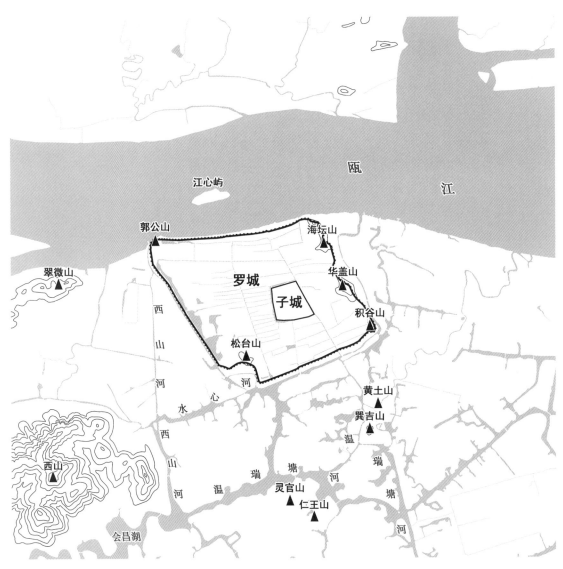

图3-3 五代温州城基本格局示意图
［图片来源：作者自绘，底图改绘自钟翀.
温州古旧地图集[M]. 上海：上海书店出
版社，2014］

参考文献：

[1] 章志诚主编.《温州市志》编纂委员会编. 温州市志[M]. 北京：中华书局，1998：12-15.

[2] 鹿城区地方志编纂委员会. 温州市鹿城区志上册[M]. 北京：中华书局，2010.

[3] 《浙江省人口志》编纂委员会编. 浙江省人口志[M]. 北京：中华书局，2008：201-208.

[4] （唐）李白著. 瞿蜕园，朱金城校注. 李白集校注[M]. 上海：上海古籍出版社，1980.

[5] 孙晓丹. 历史时期温州城市的形成与发展[D]. 杭州：浙江大学，2006：20.

[6] 徐顺旗主编. 永嘉县地方志编纂委员会编. 永嘉县志[M]. 北京：方志出版社，2003.

[7] 浙江省《飞云江志》编纂委员会编. 飞云江志[M]. 北京：中华书局，2000.

[8] 汤章虹. 温州古塔[M]. 北京：中国戏剧出版社，2009：3.

[9] 吴松弟. 温州沿海平原的成陆过程和主要海塘、塘河的形成[J]. 中国历史地理论丛，2007，22（02）：5-13.

[10] 姜竺卿. 温州地理（人文地理分册·上）[M]. 上海：上海三联书店，2015：138-151.

[11] （清）光绪《乐清县志·卷三·规制·城池》.

[12] 《鳌江志》编纂委员会编. 鳌江志[M]. 北京：中华书局，1999.

[13] （清）吴任臣撰. 徐敏霞，周莹点校. 十国春秋[M]. 北京：中华书局，2010.

第四章

转型与创新：宋元时期

第一节　纳土归宋

　　宋太宗太平兴国三年（978年），吴越王钱俶纳土归宋，实现了政权的和平过渡。此后，北宋政府又多次下诏免除两浙诸州的租赋杂税。在此背景下，温州经济社会与城乡建设继续良性发展。其中，造船业、学术文化的发展尤为突出：北宋期间，温州造船业实现了跨越式发展，年造船600艘，居全国之首[1]4，为后世温州港的兴盛与繁荣奠定了重要基础。宋仁宗至和元年（1054年），永嘉学派鼻祖王开祖于华盖山麓讲学，他注重理论与实践相结合，对之后的永嘉学者产生了巨大而深远的影响，后人在此设立东山书院[1]4。本土文化发展壮大，中原文化也被士人不断引入。宋神宗元丰年间（1078—1086年），永嘉元丰九先生将中原的洛学与关学带入温州[2]，使中原文化得以在温州广泛传播。

　　此外，北宋年间温州的城建、水利、农业等各类城乡建设也在稳步发展。城市街坊得以整饬，内部格局进一步完善。宋哲宗绍圣二年（1095年），杨蟠在任温州知州期间大力整修温州城内各处街坊，将其分为三十六坊并重定坊名，并写诗称赞城内景致："一片

图4-1　新中国成立初期的城北白莲塘
（邵家业拍摄）
［图片来源：李震主编．温州老照片：
1949—1978 [M]．北京：中国对外翻译出
版有限公司，2012］

繁华海上头，从来唤作小杭州。水如棋局分街陌，山似屏帏绕画楼
（图4-1）"[3]。一系列惠泽百姓的水利工程也陆续开展。宋太宗端拱
年间（988—989年），平阳横阳支江三峰寺前开始拦江筑埭[4]2，用以
抵御海潮，保障埭内平原地区的农业生产。宋神宗熙宁元年（1068
年）前后，瑞安县南起东山、北抵石冈的第二道古海塘建成。宋哲
宗元祐三年（1088年），永嘉（今温州）在子城谯楼之前的五福桥
柱设立陡门水则①[5]13，据此控制温瑞塘河诸乡各处水闸的启闭蓄泄，
是瓯江流域最早的陡门测水设施。宋绍兴二年（1132年），乐清县令
刘默整修乐琯塘河，改泥塘为石塘，通县治，原本的涸溢之患得以
解决，并于柳市、白象开凿支河[6]7，用以灌溉两侧农田。乐琯塘河
汇金、银二溪之水，并白石诸溪流至琯头，河口筑埭堰、建水闸，
沟通柳、乐水系，舟楫往来如织。邑人为记其功绩，将堤塘命名为
"刘公塘"。

　　塘河、海塘、陡门等各类水利设施的修筑，有力地促进了农业
的进一步发展。河岸荒地、滨海滩涂与沙淤地都被开垦为农田，可

①　"水则"是中国古
代的水尺，又叫
水志，用于水位
观测与综合水利
调度。

谓"海滨广斥，其耕择泽……弥川布埠，其亩檬檬"[7]。新的农作物品种也陆续出现，据清乾隆《温州府志》等资料的相关记载，境内屡有嘉禾出现，产量高、适应性强、八月即熟的占城稻也开始在境内广泛推广。

第二节　二次衣冠南渡与人居环境的全面发展

宋钦宗靖康年间（1126—1127年），金灭北宋，宋室南迁定都临安（今杭州），建立了偏安江南的南宋政权。大批豪门士族随宋室政权一同南下，数百万中原百姓也南下谋生。这是西晋永嘉之乱及唐代安史之乱后的又一次大规模北人南下，是中国历史上第二次衣冠南渡，人口迁移数量数倍于以往，可谓"中原士民，扶携南渡，不知几千万人""四方之民，云集两浙，百倍常时"[8]。南宋建都临安后，温州毗邻京畿，城市地位显著提升，加之稳定的社会环境，人居环境建设迎来了前所未有的快速发展机遇。在此背景下，温州地狭人稠的状况愈演愈烈，人口由宋徽宗崇宁元年（1102年）的162710人（全省占比5.92%）[9]214，骤增至宋孝宗淳熙年间（1174—1189年）的910657人（全省占比6.54%）[10]，在近80年的时间内翻了两番，人地关系面临前所未有的紧张局面。

随之而来的中原文化与先进生产技术也极大地促进了温州的城建更新、水利兴建与农业生产（图4-2）。宋徽宗宣和三年（1121年），方腊起义军兵临温州城下，因郡城"东负山，北倚江"，州学教授刘士英加筑西南城墙，撤绿野桥以却敌。后于宋高宗建炎年间（1127—1130年）"增置楼橹马面"，又于宋宁宗嘉定年间（1208—1224年）由知州留元刚重修城墙，并设置十门[13]。宋高宗建炎四年（1130年），高宗赵构为避金兵迁居江心屿普寂寺（后为"龙翔寺"），书"清辉""浴光"四字，一个月后回銮，期间改州治为行宫，州治住宅为宫禁[14]。宋高宗绍兴七年（1137年），蜀僧青了率众填平江中孤屿的中川，于其上建中川寺（后称"江心寺"），高宗赐名"龙翔兴庆禅寺"。宋恭宗德祐二年（1276年），益王（后即帝位，

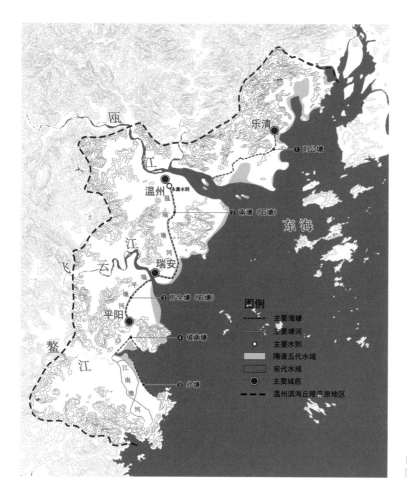

图4-2　宋代水陆环境与温州四邑
［图片来源：作者根据资料改绘[11，12]］

为宋端宗）、广王（南宋末代皇帝）为躲避元军逃至温州，驻江心屿。数月后，文天祥自元营脱险，来温州江心屿寻王未遇，遂于寺壁之上题《北归宿中川》。自此，江心屿继谢灵运泛舟赋诗及其上设东、西二塔之后，又增添了更多的文化底蕴。

　　内河、塘埭、壕池、陡门、海塘、塘河等水利设施的兴建与修葺，使区域水利系统日趋完善。宋高宗建炎年间（1127—1130年），南北两线的江南运河东渠开始开凿，增强了金乡至鳌江口的水上运输能力，使平阳经平鳌塘河渡鳌江南下至金乡的水道直接贯通，兼利于沿岸的农业灌溉与水路交通。宋孝宗淳熙四年（1177年），知州韩彦直全面疏浚永嘉郡城的环城河[6]8，募民浚河73.60km²，完善

②　原数据为2.3万余丈，按宋尺1丈＝3.09～3.29m换算。

城内外水系网络。宋孝宗淳熙十三至十四年（1186—1187年），知州沈枢主持民众修葺温瑞塘河，重修塘路，筑百里石堤[5]114，在保障两侧农田灌溉的同时，增强了永嘉至瑞安的水路交通，陈傅良著有《温州重修南塘记》记录此事。宋宁宗嘉定五年（1212年），郡守杨简修葺凰浦埭，新筑原三峰寺前老埭于横阳支江，并筑"嘉定六陡"，保障平阳境内的农田灌溉。宋理宗宝祐年间（1253—1258年），鳌江南岸增筑内塘白沙，外塘东、西二塘等数道堤塘[4]3，抵御咸潮入侵。

城建更新与水利兴修为农业生产提供了充分保障，北人南下的人口激增，更刺激了田地的大规模开垦，温州境内新辟的圩田、沙田、涂田等不断出现，正可谓田畴广辟的鱼米之乡。宋神宗年间（1067—1085年），温处两州共查出沙田一千余顷，足见沙田开垦的规模之大。瑞安陶山湖被围垦成田，在低山丘陵上开垦的梯田也不在少数。正如当时目睹了农田开垦浪潮的叶适所言："土以寸辟，稻以参种……一州之壤日以狭矣"[14]27。

第三节　港口城市的确立

宋代是中国历史上对外贸易最为繁盛的朝代，但自宋室偏安江南之后，西北方向陆路贸易线路受阻，海上贸易的依赖度不断上升。温州作为全国性的造船中心之一，造船数量与造船技术在国内遥遥领先，加之设有市舶务，同东南亚各地的海上贸易更加频繁[1]4，成为南宋重要的港口城市（图4-3）。温州作为浙南地区最大的海港，

图4-3　新中国成立初期的温州港一带（朱家兴拍摄）

[图片来源：李震主编. 温州老照片：1949～1978 [M]. 北京：中国对外翻译出版有限公司，2012]

依仗瓯江流域的广大腹地，是温州和处州（今丽水）商品对外贸易的重要出口。两宋期间，温州的漆器、瓷器、蠲纸等手工业产品早已闻名国内外[14]29-30。

对外贸易驱动工农产品的商品化与市场化，商品交换愈加频繁，温州的城市形态也随着城市性质向商贸港口的逐步转化而发生变化。城内空间格局突破里坊制的束缚，向分散、开放的商业街道转变。街头店铺林立，夜间宵禁制度瓦解，繁华的夜市开始出现，百姓的世俗生活更为丰富。临近贸易码头的区域，逐渐发展为以工商业为主的物资集散区，部分民众也开始在各处城门外筑舍居住。

第四节 重文抑武、文化繁荣

两宋期间"重文教，轻武事"，积极推行文治政策，文教事业蓬勃发展。加之二次衣冠南渡使大量豪门士族南下，推动了温州地区南北文化的进一步融合。华盖山麓的县学、松台山边的浮沚书院、书堂巷的永嘉书院等也相继设立，促进了文化教育发展。宋孝宗淳熙五年（1178年），知州韩彦直撰《橘录》[15]三卷，是世界上最早的柑橘专著，详细记载了柑橘的品种、种植、养护、贮藏、加工、运输等一整套经验与方法，极大地推动了区域内柑橘种植业的发展。以叶适、陈傅良、薛季宣为代表的永嘉学派日益发展壮大，主张"事功致用""义利并重"，与当时朱熹的"道学"、陆九渊的"心学"鼎足而立。永嘉学派集中体现了务实精神与反传统思想，是外来中原文化与本土地域社会相结合的产物，推动了工商业发展以及产业分化，对缓解人稠地狭的现实问题意义重大[16]。此外，宋宁宗庆元、嘉泰、开禧年间（1195—1207年），温州诗坛出现"永嘉四灵"③的诗歌流派，诗风平易近人、简约清淡，在南宋诗坛上独树一帜[1]5。

③ "四灵"即徐照（字灵晖）、徐玑（字灵渊）、翁卷（字灵舒）、赵师秀（字灵秀）。因四人字中均有"灵"字，故称"四灵"。

第五节 蒙汉矛盾、城市变迁

宋元过渡时期的政权动荡与兵戈之祸，使温州人口骤减，从宋孝宗淳熙年间（1174—1189年）的910657人（全省占比6.54%）[10]，锐减至元世祖至元二十七年（1290年）的497848人（全省占比4.83%）[9]221-222，于百年间折减近一半，经济社会与城乡发展状况逐渐衰落。

　　元朝统治者一方面推行"四等人制"的民族分化政策，将原南宋统治区域的百姓划入地位最低下的第四等人（南人）；另一方面对民众实行严厉军事镇压与残酷剥削掠夺，蒙汉民族矛盾日益尖锐。元朝前期，因防备汉人据城抵抗造反，令各处州县拆除城墙，后又因元末抵抗地方农民起义的防御需要而大规模重建[17]。温州各地的城墙也都经历了被拆或被废的状况。元仁宗至正十三年（1353年），温州永嘉郡子城（内城）被拆除，仅存谯楼，罗城外城墙也被禁止修葺，逐渐圮废到不置城门，外置军营列守[13]。乐清筑于唐天宝年间的城墙在元朝被废[18]。平阳城墙于元朝前期被废，后于元惠宗至正年间（1341—1367年）重建[19]。瑞安城墙也于元惠宗至正二十四年（1364年）得以改拓[20]。在蒙汉民族矛盾不断激化的背景下，温州各城经历了不小的变迁，区域氛围开始由开放转向封闭。

　　宋元期间，温州人口经历了先增后减的过程。两宋时期是经济社会与城乡建设的良性快速发展期。南宋政权偏安江南重塑了温州的城市定位，使其向商贸港口城市转型发展。在重文抑武的时代背景下，二次衣冠南渡使地区人口激增，工农业产品也日趋商品化与市场化，促进了城建、水利、农业、港口贸易、学术文化等多方面的创新协同发展。元朝时期蒙汉民族矛盾日益尖锐，城乡景观风貌受到一定程度的破坏与重塑，社会氛围由开放转向封闭。总而言之，宋元时期是温州滨海丘陵平原地区人居环境发展的转型与创新阶段。

参考文献：

[1] 鹿城区地方志编纂委员会. 温州市鹿城区志上册[M]. 北京：中华书局，2010.

[2] 章志诚主编.《温州市志》编纂委员会编. 温州市志[M]. 北京：中华书局，1998：2459-2462.

[3] 林家骊，杨东春. 杨蟠生平与诗歌考论[J]. 文学遗产，2006（06）：131-134.

[4] 鳌江志编纂委员会编. 鳌江志[M]. 北京：中华书局，1999.

[5] 浙江省《飞云江志》编纂委员会编. 飞云江志[M]. 北京：中华书局，2000.

[6] 吴松涛主编.《瓯江志》编纂委员会编. 瓯江志[M]. 北京：水利电力出版社，1995.

[7] （宋）吴泳.《鹤林集·卷十六·知温州到任谢表》.

[8] （宋）李心传. 建炎以来系年要录[M]. 北京：中华书局，1988.

[9] 《浙江省人口志》编纂委员会编. 浙江省人口志[M]. 北京：中华书局，2008.

[10] （明）万历《温州府志·卷五·食货·户口》.

[11] 吴松弟. 温州沿海平原的成陆过程和主要海塘、塘河的形成[J]. 中国历史地理论丛，2007，22（02）：5-13.

[12] 姜竺卿. 温州地理（人文地理分册·上）[M]. 上海：上海三联书店，2015：138-151.

[13] （明）嘉靖《温州府志·卷一·城池》.

[14] 孙晓丹. 历史时期温州城市的形成与发展[D]. 杭州：浙江大学，2006.

[15] （宋）韩彦直撰. 彭世奖校注. 橘录校注[M]. 北京：中国农业出版社，2010.

[16] 陈丽霞. 温州人地关系研究：960—1840[D]. 杭州：浙江大学，2005：117.

[17] 党宝海. 元代城墙的拆毁与重建——马可波罗来华的一个新证据[A]. 元史论丛·第八辑[M]. 南昌：江西教育出版社，2001.

[18] （清）光绪《乐清县志·卷三·规制·城池》.

[19] （清）乾隆《平阳县志·卷三·建制上·城池》.

[20] （清）王殿金,（清）黄徵乂总修. 宋维远点校. 瑞安县志[M]. 北京：中华书局，2010：60.

第五章

曲折与成熟：明清时期

第一节　明代海禁与港口城市的没落

明朝建立之后，温州的经济社会与城乡建设重回正轨。明太祖洪武二十四年（1391年），温州人口由元世祖至元年间的497848人（全省占比4.83%）回升至599068人（全省占比5.71%）[1]221-225，邑人开始重建家园。

曾经繁荣的温州港，自明代海禁以后开始衰落。明太祖洪武十四年（1381年），朱元璋逐步推行愈发严格的"海禁"政策，相继发布了由"禁私通海外诸国""禁私自出海"，到"与倭贸易者监禁""禁入海捕鱼"，再到"禁民间造二桅以上大船"等多条禁令，并于浙、闽、粤三地施行迁界政策，滨海岛民悉数迁回内陆[2]，地区城乡建设与生产生活受到严重冲击，海外贸易停滞。

第二节　倭寇袭扰与海防卫所的设立

明代倭寇侵犯日益频繁[3]，起于明太祖洪武二年（1369年），终于明神宗万历四十五年（1617年），对温州的稳定发展及百姓的生产生活造成了极大破坏。为了保境安民、抵御倭寇，海防卫所得以兴建。

　　明太祖洪武十九年（1386年），汤和奉命巡视东南沿海地区，在浙江沿海开展大规模卫所建设，历时近两年，共筑59城，其中沿海卫所32处[4-5]。温州滨海地区有金乡、磐石2卫，下辖蒲门、沙园、宁村、蒲岐等8所，共10处。其中，滨海丘陵平原地区有2卫5所。卫所营建特别强调军事防御性，多选址于滨海地区的地理要害之处，依山环水、建城设防。卫所居民多为从其他沿海州县抽调而来的异地军户，实行战时戍守、闲时耕种的军屯制[6]。海防卫所作为一类军事特征显著的地理单元，建造年代接近、规模等级明确、结构布局类似、构成人员特殊，明显有别于区域内自然产生与发展的城镇与乡村，是一类特殊的地域景观类型。海防卫所编织起一张强有力的军事防御网，为温州地区的城乡建设与经济社会发展提供重要保障（图5-1）。

图5-1　海防卫所设立之后的温州府境图
［图片来源：（明）胡宗宪，郑若曾撰《筹海图编·卷五·温州府境图》］

第三节　巩固城防、恢复生产

明朝倭寇袭扰增多，元朝期间被拆除与改建的温州各地城墙与城防系统均得以重筑、加固。明朝初年，永嘉郡城初步重筑罗城（外城）城墙，又于明太祖洪武十七年（1384年）由温州指挥使王铭主持增筑，疏浚环城四濠，设7处城门并筑有月城、敌楼等防御设施[7]。明太祖洪武六年（1373年），乐清以东西二塔为界重筑石城，周围辅设4寨[8]。明太祖洪武七年（1374年），守御千户缪美主持增筑平阳城墙，设4处城门、3处水门并筑有谯楼、敌台等防御设施[9]。如此一来，一方面增强了御敌能力，保境安民；另一方面也重塑了城镇地域景观。

兴建水利、发展农业、鼓励垦荒成为恢复生产、巩固政权的头等要务（图5-2）。明太祖洪武元年（1368年）至明神宗万历二十三年（1595年）间，"海禁"使得内河航运变得尤为重要，境内各处水利建设全面开展。永嘉县修筑西郭陡门，开浚府城内河与府城外东、西二濠河，修建瞿溪何公埭，重修蒲州埭等[12]14-16；平阳县修筑阴均埭、阴均陡门、和尚埭、钱仓鹅颈埭、九都海塘等[13]3-4，重筑万全塘与沿线的堤埭、陡门与陂浦[14, 15]；乐清县新开护城壕河、凿密溪河、丁字河等河道共计37条，并修筑蒲岐海塘、石陈塘、徐公埭等[16]；瑞安县修筑沿飞云江两岸圩岸塘，疏浚瑞安东湖与城东河塘[17]，重修石岗陡门，修建沙园海塘，新筑龟山陡门等[12]14-16。全面而系统的水利兴修为百姓生产生活奠定了良好基础，区域水路交通网络也日趋完善。

农田水利设施的兴建促进了农业生产的进一步发展，军屯制的推行也使大量荒地得以开垦为良田。双季稻乃至三季稻的种植面积不断扩大[18]40。谷物种类也日益增多，由明孝宗弘治年间（1488—1505年）的48种[19]增至明神宗万历年间（1573—1620年）的79种[20]。此外，无地不宜、产量颇高的甘薯也在万历年间自安南（今越南）与吕宋（今菲律宾）经福建传入温州境内而大为推广。除粮食作物大幅增加外，茶叶、柑橘、桑树、棉花等经济作物的种植面积也日益扩大，促进工商业的进一步发展[18]40-41。

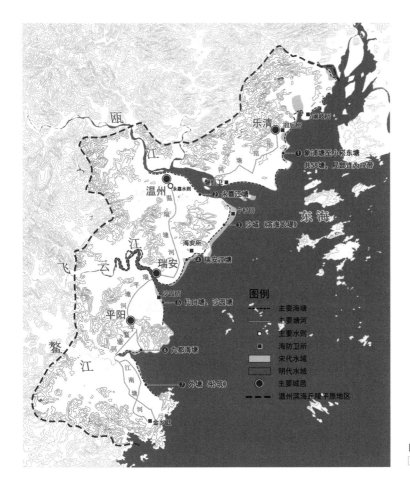

图5-2 明代水陆环境与温州四邑
[图片来源：作者根据资料改绘[10, 11]]

第四节 迁界禁海、民生凋敝

迁界禁海是清初顺治年间与康熙年间，政府为彻底切断郑成功等反清势力物资来源而强迫滨海百姓回迁内陆的一项国家政策。清世祖顺治年间（1644—1661年），郑成功起兵抗清，东南沿海兵祸连年，政府下令江、浙、闽、粤等地开始海禁，但尚未迁界。清世祖顺治十八年（1661年），政府下令江、浙、闽、粤等地的滨海百姓回迁至距海30里以上的内陆地区生活，界外房舍屋篷等生产生活设施一律焚毁，且严格禁止百姓到界外生产生活，直至清圣祖康熙二十二年（1683年）才完全解禁。迁界禁海政策实施近23年之久，对滨海地区城乡建设造成了毁灭性的破坏。各省之

图5-3　迁界禁海期间的温州海防图
［图片来源：（清）康熙《浙江通志·卷首·图·海防图·温州》］

① 原文中的数据为"原额地1512顷79亩，内徙后974顷55亩。原额田11313顷67亩，内徙后7735顷6亩。原额田地园12786顷70亩，内徙后7790顷29亩。"依照清朝旧制，1顷=100亩，15亩=1公顷（即1hm²）。文中的面积数据是依照该换算标准计算所得。

中，闽受破坏最大，浙、粤次之。就浙江省而言，温州是重灾区[21]（图5-3）。

迁界禁海期间，温州滨海区域沦为无人区。永嘉以茅竹岭为界，界外百姓悉数内迁；乐清将县署移至大荆，并弃滨海之地94里，仅剩42里；瑞安内迁34里（初迁28里，后又迁6里）。据康熙《温州府志》所载[18]43推算：温州府境之地由10085hm²减至6497hm²，减少35.6%；田由75424hm²减至51567hm²，减少31.6%；田地园由85245hm²减至51935hm²，减少39.1%①。界外屋舍良田尽毁，膏腴之地变为废墟，渔盐之利尽失。界内人多田少，诸多百姓生计顿绝、无以为生[21]。温州港的海上贸易也严重受阻。总而言之，这一时期温州滨海地区日渐萧条、民生凋敝，曾经的地域景观遭受严重破坏。

第五节　康乾盛世、百废俱兴

清圣祖康熙二十二年（1683年），清政府收复台湾，解除迁界禁海政令，推行重新展界、滋生人丁、减免赋税、兴修水利、鼓励农业生产等一系列政策。温州滨海地区的城乡建设与经济社会发展

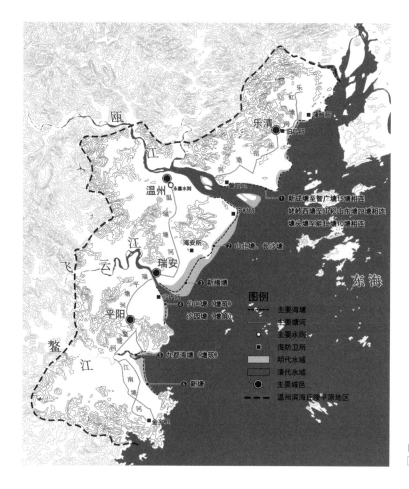

图5-4　清代水陆环境与温州四邑
［图片来源：作者根据资料改绘[10, 11]］

逐步恢复，并于康乾盛世期间为之后长期稳定发展奠定了良好基础
（图5-4）。

　　历经明朝倭寇袭扰与清初迁界禁海的破坏之后，温州各地城池
于康乾期间多次修葺与加筑。温州府城于清世祖顺治十五年（1658
年）、清世宗雍正七年（1729年）得以倍加浚筑与重修[22]，后又于清
高宗乾隆二十八年（1763年）、清宣宗道光二十年（1840年）、清穆
宗同治十年（1871年）数次重修与增修[23]；平阳县城于清高宗乾隆
三十一年（1766年）重修，又于清宣宗道光十七年（1837年）、清穆
宗同治十二年（1873年）、清德宗光绪三年（1877年）数次再修[24]；
乐清县城于清世宗雍正四年（1726年）重筑城垛与北门城桥，后

于清仁宗嘉庆元年（1796年）重修[8]；瑞安县城先后于清世祖顺治
十五年（1658年）、清高宗乾隆二十二年（1757年）增筑[25]。城池的
修葺与完善既保障了百姓生产生活的安全，又巩固强化了地域景观
的基本骨架与本土记忆。

　　水利建设作为兴农之本再次得到充分的重视。清世祖顺治元年
（1644年）至清宣统三年（1911年）期间，永嘉重修谢婆埭、海坛
陡门、长沙塘、北山塘、莲花埭、蒲州埭，疏浚温瑞塘河；瑞安重
筑鱼渎角埭，新筑新横塘，疏浚城内河与温瑞塘河[26]；平阳修筑马
站防洪石堤、渡龙陡门、宋埠陡门，扩建万全塘角陡门，新建永安
湫，疏浚平鳌塘河[13]4-5；乐清开浚乐虹塘河、东乡河，重筑扬溪
塘[12]17-19。水利设施的修葺与新筑，完善了城乡内外的水系网络，为
百姓的日常生活与农业生产提供了重要的水源保障。水利的兴修极
大地促进了农田的开垦与建设，加之政府的奖免措施，温州田地面
积不断增长。百姓生产积极性显著提升，各类粮食及棉油、柑橘等
经济作物产量大幅提高，进一步促进了手工业与商业的发展。没落
已久的港口也因手工业、商业的复苏及温州官营船厂的设立而逐渐
回暖，商品经济发展迅速，成为"闽浙商贾丛集之地"[18]43。温州人
口持续增长，由明世宗嘉靖三十年（1551年）的352623人（全省占
比6.80%），增长至清仁宗嘉庆二十五年（1820年）的1939827人（全
省占比5.19%）及此后清宣统三年（1911年）的3484185人（全省占
比16.01%）[1]227-238。

第六节　园林体系逐步成熟

　　秦汉及以前，温州远离中原大地，与中原文明交流甚少，仍
是地广人稀、尚未开化的边缘区域，并未有园林出现。直至魏晋
南北朝时期，寺庙园林、衙署园林开始出现。唐宋时期，书院园
林、私家园林陆续萌芽。后经明清时期的不断发展，由寺庙园林、
衙署园林、书院园林、私家园林等组成的温州园林体系于清末时
趋于成熟。

　　自魏晋南北朝起，佛教、道教等宗教信仰随北人衣冠南渡而南下，在温州境内逐渐传播，寺庙园林随之产生。魏晋南北朝时期以瓯江北岸罗浮龟蛇双塔为代表，是寺庙园林的雏形。唐宋时期，佛教在温州空前兴盛，永嘉的妙果寺、护国寺、江心寺（图5-5）等，乐清的法华禅寺、白象寺、白鹤禅寺、龙圣寺等，瑞安的龙翔寺、隆山寺、拱瑞寺、会真寺等，平阳的东林禅寺、广慧禅寺等佛寺相继兴建[27]。后经元明清历代修缮与加建，在晚清时已呈鼎盛之势。此外，道教自魏晋南北朝传入温州以来，曾于唐宋时期相当兴盛，但此后历经兴废交替，至晚清时也有一定程度的发展。

　　衙署园林是一类依附于衙署官府内外的园林类型，它既是封建皇权自上而下至地方州县的象征与代表，也是体现一方官吏文化素养、审美情趣与执政理念的物质载体，在温州地区园林体系中理应占有一席之地。但因其与衙署建筑联系密切，也常常毁于

图5-5　江心寺
［图片来源：（清）乾隆《永嘉县志·卷首·江心寺图》］

朝代更替与兵燹之灾[28]。温州见诸史料最早的衙署园林为魏晋南北朝时期"多亭阁园池之盛"[29]的永嘉郡署，时任永嘉太守的谢灵运曾于此写下名篇《登池上楼》。此外，还有盛于宋元的众乐园[30]，清初兴建的温州分巡道道署东隅之且园，清中期兴建的温州府属二此园等。

　　温州古代书院肇始于永嘉学派首倡者王开祖讲学的东山书院，自北宋时期逐渐兴起，于南宋时达到鼎盛，历经元明两代扩建与发展，于清朝官学化而趋于稳定。这些书院大多建于城郊山明水秀、僻静清幽之地，是与地域自然环境巧妙融合的书院园林。其中比较著名的有永嘉的东山书院、中山书院（图5-6）、浮沚书院、贞义书院、鹿城书院等，乐清的梅溪书院、金鳌书院等，瑞安的仙岩书院、心极书院等，平阳的鹅峰书院、会文书院、龙湖书院等[31]。

图5-6　永嘉中山书院（城内中山）
［图片来源：（清）乾隆《温州府志·卷首·图·中山书院图》］

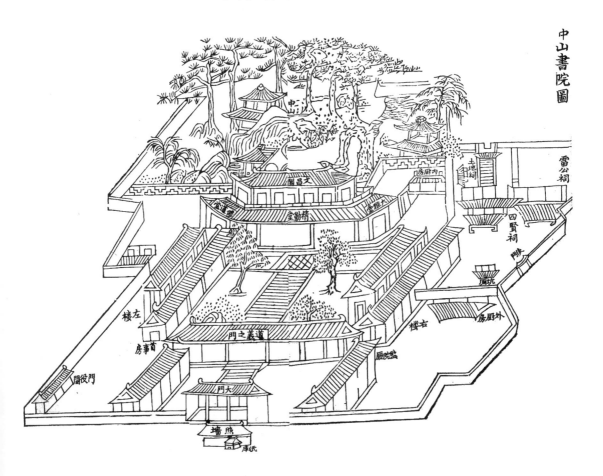

温州私家园林大致由宋代开始出现，是城内与城郊自然秀美、绮丽精巧的方亩天地。清初解除海禁之后，温州港口贸易与商品经济快速发展，为私家园林的建设奠定了殷实的经济基础。加之温州优越的自然地理环境与浓郁的人文氛围，清末时温州城内曾有春晖园、玉介园、依绿园、周宅花园、如园、怡园、陈宅花园、于园、松台别业等私家名园。清同治年间分巡温处道方鼎锐曾写诗描述温州园林："坡陀巧叠石斑斑，绿浸坳池水一湾。几处名园邀客赏，桂花屏后菊花山。"并注道："曾、周各园假山、池水俱有巧思，曾园以桂花为屏风，花时游人颇众；各家竞种菊花，叠为小山，排日宴客"[32]。当时私家园林之兴盛，由此可见一斑。

第七节 辟为通商口岸之后的新发展

清德宗光绪二年（1876年），温州因《烟台条约》被辟为通商口岸，正式成为沿海重要的商埠之一，海上航运快速发展，进出口贸易日渐繁荣[33]。自给自足的自然经济开始瓦解，工商业经济快速发展，刺激城市形态发生了部分改变[34]，城北瓯江沿岸及南门外温瑞塘河沿岸的城郊区域依托水运商贸得以快速发展。此外，自1887年起陆续出版了数十份年度及跨年度《瓯海关贸易报告》（"Reports on Trade at the Treaty Ports"），包含温州港口、府城的详细地图，温州城乡风貌概述，以及翔实的各项港口贸易细节与数据，是研究该时期温州城乡建设与经济社会发展的重要文献资料。

辟为通商口岸后，不少西方传教士先后来到温州传教。其中，曹明道（Grace Ciggie Stott）、苏慧廉（William Edward Soothill）、苏路熙（Lucy Farrar Soothill）[35]等传教士还撰写了一些图文并茂的回忆录[②]。这些有关清末温州的文字记载与摄影图片（图5-7），直观明了地记录了当时温州城乡风貌与百姓日常生活，也是研究该时期人居环境建设发展的重要补充文献。

明清期间，温州人口经历了先减后增的过程。海禁政策与倭寇袭扰削弱了温州的港口城市地位，但也塑造了海防卫所这一特

② 曹明道于1895年离开温州后撰写回忆录"Twenty-Six Years of Missionary Work in China, London：Hodder & Stoughton, 1898"。苏慧廉于1907年离开温州前往山西时出版回忆录"A Mission in China, Edinburgh London: Oliphant, Anderson & Ferrier, 1907"。苏路熙自1883年来温州之后便在此生活了近25年，归国后撰写回忆录"A passport to China, London：Hodder and Stoughton Ltd., 1931"。

（a）1901年的温州东门外

（b）1901年前后的江心屿

图5-7　清末光绪年间西方人士拍摄的温州摄影图片
［图片来源：（a）（b）李震主编. 温州老照片：1897~1949 [M]. 北京：中国对外翻译出版公司，2011］

殊的地域景观类型。康乾盛世之后，城池修葺加筑与农田水利建设不断完善，农业、手工业与商业快速发展，园林体系逐步成熟。清末辟为通商口岸之后，温州的城市形态因经济结构的调整而发生改变，部分西方图文资料也成为研究清末温州人居环境的重要文献。总而言之，这一时期是温州滨海丘陵平原地区人居环境发展的曲折与成熟阶段。

参考文献：

[1]　《浙江省人口志》编纂委员会编. 浙江省人口志[M]. 北京：中华书局，2008.

[2]　安峰. 明代海禁政策研究[D]. 济南：山东大学，2008：11-13.

[3]　施剑. 明代浙江海防建置研究——以沿海卫所为中心[D]. 杭州：浙江大学，2011：1.

[4]　刘景纯，何乃恩. 汤和"沿海筑城"问题考补[J]. 中国历史地理论丛，2015，30（2）：139-147.

[5]　李帅，刘旭，郭巍. 明代浙江沿海地区卫所布局与形态特征研究[J]. 风景园林，2018，25（11）：73-77.

[6]　林昌丈. 明清东南沿海卫所军户的地方化——以温州金乡卫为中心[J]. 中国历史地理论丛，2009，24（4）：115-125.

[7]　（明）嘉靖《温州府志·卷一·城池》.

[8]　（清）光绪《乐清县志·卷三·规制·城池》.

[9]　（清）乾隆《平阳县志·卷三·建制上·城池》.

[10]　吴松弟. 温州沿海平原的成陆过程和主要海塘、塘河的形成[J]. 中国历史地理论丛，2007，22（02）：5-13.

[11]　姜竺卿. 温州地理（人文地理分册·上）[M]. 上海：上海三联书店，2015：138-151.

[12]　《温州市水利志》编纂委员会编. 温州市水利志[M]. 北京：中华书局，1998.

[13]　《鳌江志》编纂委员会编. 鳌江志[M]. 北京：中华书局，1999.

[14]　（明）弘治《温州府志·卷十九·词瀚一·记》.

[15]　（民国）民国《平阳县志·卷七·建置志三·水利上》.

[16]　吴松涛主编.《瓯江志》编纂委员会编. 瓯江志[M]. 北京：水利电力出版社，1995：9.

[17]　陈邦焕主编. 浙江省《瑞安市水利志》编纂委员会编. 瑞安市水利志[M]. 北京：中华书局，2000：10-11.

[18]　孙晓丹. 历史时期温州城市的形成与发展[D]. 杭州：浙江大学，2006.

[19]　（明）王瓒，（明）蔡芳编纂. 胡珠生校注. 弘治温州府志[M]. 上海：上海社会科学院出版社，2006：113-114.

[20]　（明）万历《温州府志·卷五·食货·物产》.

[21]　张宪文. 略论清初浙江沿海的迁界[J]. 浙江学刊，1992（01）：117-121.

[22]　（清）乾隆《温州府志·卷五·城池·府城》.

[23]　（清）光绪《永嘉县志·卷三·建置·城池》.

[24]　民国《平阳县志·卷六·建置志二·城池》.

[25] （清）乾隆《温州府志·卷五·城池·瑞安》.

[26] 温州文献丛书整理出版委员会编. 温州历代碑刻二集（下）[M]. 上海：上海社会科学院出版社，2006.

[27] 智真主编. 温州市佛教协会编. 温州佛寺[M]. 北京：中国文联出版社，2005.

[28] 赵鸣，张洁. 试论我国古代的衙署园林[J]. 中国园林，2003（04）：72-75.

[29] （清）同治《温州府志·卷六·公署·府志》.

[30] （清）乾隆《温州府志·卷二十三·古迹·永嘉》.

[31] （清）乾隆《温州府志·卷七·学校·书院附》.

[32] 叶大兵. 温州竹枝词[M]. 北京：中华书局，2008：97.

[33] 鹿城区地方志编纂委员会. 温州市鹿城区志上册[M]. 北京：中华书局，2010：10.

[34] 赵明. 温州市城市形态演变特点研究[D]. 杭州：浙江大学，2009：19.

[35] 杨洁. 清末民初传教士眼中的温州民间信仰[D]. 温州：温州大学，2013：7.

上
篇
小
结

　　本篇中，从秦汉及以前、魏晋南北朝、隋唐五代、宋元时期、
明清时期五个历史阶段，梳理了温州滨海丘陵平原地区人居环境发展
史。温州滨海丘陵平原地区人居环境的发展历程，不仅以其地理区位
与自然环境为依托，顺应地域文化传统，满足百姓的生产生活需求，
更受到地区性乃至全国性政治格局、经济发展、文化传播、军事防御
等因素的综合影响，是各类内在因素与外在因素相互作用下的历史叠
加产物。就其历史发展而言，自然本底、政治格局、军事防御、文化
传播、生产生活、经济发展等是不同时期的主要影响因素。

　　其一，自然本底因素。襟江带海、山川秀美的自然本底是温州
滨海丘陵平原地区人居环境发展所根植的物质基础，它奠定了农田
水利安全丰产的水土本底，构筑了各郡县筑城营邑的天然屏障，提
供了城内外舟楫往来的丰富水系，衍生了邑人向海而生的生产生活
方式，塑造了邑人崇尚自然的审美情趣，搭建了园林体系的山水基
底，孕育了文人墨客笔下的山水诗韵。

　　其二，政治格局因素。全国性及地区性的政治格局，从根本上
深刻影响着各历史时期温州滨海丘陵平原地区的人居环境发展。永
嘉之乱、安史之乱、靖康之乱这三次重大的全国性政治格局动荡，

引发了大规模北人南下，使温州人口激增，直接刺激了地区城乡建设发展与文化交融传播。唐朝的开元盛世、南宋的乾淳之治、明朝的永宣盛世及清朝的康乾盛世等历次政局稳定、国家强盛时期，温州地区城乡建设与经济社会也随之快速发展。与之相反，汉代东瓯国的"两立两虚"、元朝尖锐的蒙汉民族矛盾、明朝频繁的倭寇袭扰、清初严厉的迁界禁海等数次动荡时期，温州滨海地区城乡发展受到干扰与抑制，地域景观遭受不同程度的破坏。

其三，军事防御因素。在某些特定历史时期，军事防御因素成为温州滨海丘陵平原地区人居环境发展的重要塑造力量。魏晋南北朝时期，永嘉、乐清、瑞安与平阳四地在筑城营邑之始，均依山襟水、筑城挖壕以御外敌、保安全，奠定了后世城市发展的基本骨架。五代时钱氏为增强战乱时期郡城的防御能力，在永嘉城内增设子城，形成了此后外罗城、内子城的城市基本格局。明朝禁海抗倭期间沿海卫所的设立，形成了滨海地区军事特征显著的地域景观类型。清初的迁界禁海，使成形于明朝的沿海军事防御地理单元得以巩固与强化。

其四，文化传播因素。北方文化与南方文化、外来文化与本土文化充分融合发展，衍生出区域内独特的地域文化，促进了温州滨海丘陵平原地区人居环境的形成与发展。儒、释、道等多元文化随历次北人南下而在境内广泛传播，寺庙园林、书院园林等随之发展，不断完善着区域园林体系。闽人北上带来妈祖、陈十四娘娘等民间信仰文化，与本土重实用主义的泛灵崇拜相融合，在乡村地区广泛传播。重实际、倡事功的永嘉学派于南宋时期逐渐形成，依托书院以讲学的方式广为传播，成为著名的南宋浙东学派之一。它促进了地方性书院的快速发展，对区域文化发展影响深远。南宋时期的地方性农业科技著作《橘录》作为国内最早的柑橘专著，显著促进了柑橘类经济作物的大规模推广与种植，深刻地影响着地域景观。

其五，生产生活因素。邑人基于生产生活需求而持续改造、管理并利用自然，是塑造温州滨海丘陵平原地区人居环境的重要因素，贯穿各历史时期。或由循吏士人引领，或自下而上自发组织，邑人凿井通气以取水，开河筑堤以治水，开濠通池以行舟，跨河架桥以通路，垦涂斥卤以营田，筑塘设陡以抗潮，种桑植橘以富民，筑寺建塔以成俗。在漫长的"人与天调"过程中，崇山敬水、人地相依的理念不断发展，精耕细作的农业生产模式日趋完善，安全丰产的地域景观随之形成。

其六，经济发展因素。经济类型的改变与经济体量的发展，也对温州滨海丘陵平原地区人居环境产生了深刻的影响。肇始于魏晋南北朝的温瑞塘河、瑞平塘河，五代时期的平鳌塘河、江南塘河，两宋时期的乐琯塘河等相继兴修完成，由北至南贯穿各邑的人工运河体系逐渐形成。行舟楫之利的水路交通网络极大地促进了区域间的贸易往来与经济发展，地区经济日益繁荣，推动了运河沿线地域景观的发展。唐宋以来，随着港口城市定位的确立，商品经济日益取代传统的自然经济，经济体量快速增长。城乡肌理因繁荣的水上商贸发生改变，殷实的经济基础也催生了明清时期私家园林的兴起。

纵观温州滨海丘陵平原地区人居环境历史与地域景观的形成过程，自然本底、政治格局、军事防御、文化传播、生产生活、经济发展等影响因素相互作用，共同推动了这一历时性的累积叠加过程，赋予了各时期地域景观鲜明的历史烙印。

温州滨海丘陵平原地区
地域景观解析

本篇中，借鉴乡土景观层状体系研究方法，将地区地域景观视作一个基于长期人地互动而缓慢形成的复杂景观综合体，先分层拆解、再耦合叠加。在分层拆解方面，可将地域景观拆解为自然山水、水利建设、农业生产、城乡营建四个层面。自然山水作为生产生活与城乡建设的自然本底，是地域景观形成与发展的根本基础。水利建设对自然山水环境加以改造、管控与利用，形成人工河网水系以支撑农业生产的需要。农业生产保障衣食之源，奠定了城乡营建的物质基础与本底肌理。城乡营建基于自然山水、水利建设与农业生产，城邑、卫所与村镇等得以不断发展。在耦合叠加方面，上述的每一层面都为下一层面构建了发展基础，它们相互影响、耦合叠加，形成了温州滨海丘陵平原地区独具特色的传统地域景观体系，包含总体格局与四邑地域景观两个层面。本篇遵循先分层、再叠加的思路，对温州滨海丘陵平原地区地域景观进行解析。

第六章

自然山水：襟山带水、秀甲东南

"天地，万物之本也。天生之，地养之"[1]。丘陵起伏、平原相连的地形地貌，襟山带海、河流交错的水文条件，温暖湿润、雨量充足的气候特征，丰富多样的动植物资源等共同构成了温州滨海丘陵平原地区的自然山水环境。它是地域景观形成与发展的根本基础，生产生活的物质来源，城乡建设的改造对象，保境安民的防御屏障，人与天调的审美元素，化民成俗的附会原型等。

在温州滨海丘陵平原地区地域景观形成与发展的过程之中，自然山水环境中的山与水这两大要素相对而言较好地保留了自然景观风貌，是构成地域景观的基本骨架。正如清乾隆《温州府志》所述：

> "志地者，莫大于山川。《禹贡》经叙九州，复纬导山导水。周官职方祖之，后世郡邑尤备。瓯岸钜海以山水，雄秀甲东南……永嘉、乐清北临仙居，平阳、泰顺南连闽岭，山水奇而未知名者尚多，非虚语也，志山川"[2]。

以下将从叙山、叙水两个方面解析温州滨海丘陵平原地区的自然山水环境。

第一节　叙山：群山合沓、峻嶒秀峙

　　温州西侧分布有洞宫山脉、仙霞岭山脉与雁荡山脉，丘峦起伏、山川遍布，与浙中盆地的金衢地区、浙北平原的宁绍杭嘉湖地区相互阻隔，联系较弱；东部紧临东海与台湾海峡，自古便是一个南、西、北三面山丘环绕，东面与海相望的独立地理单元。地形地貌总格局为"七山一水两分田"，西北高、东南低，山区多、平原少[3]。境内海拔变化剧烈，分布为0～1611m。按海拔高度的梯度变化，可将温州地区自西向东、由高入低分为西部中山低山区、中部低山丘陵盆地区、东部丘陵平原区三大部分。

　　温州滨海丘陵平原地区的山形地势呈西高东低、山丘散布、平原相连的总体格局，以海拔20m以下的沉积平原为主，兼有部分海拔800m以下的低丘、高丘与低山。山体为洞宫山脉、括苍山脉、雁荡山脉三大地域性山脉向东汇入东海的诸多余脉，群山合沓、峻嶒秀峙，为瓯江、飞云江、鳌江等水系的天然分水岭（图6-1）。按流域区间划分，区域内的主要山体如表6-1所示。

第二节　叙水：纵横旁午，支分派合

　　温州境内江河以自西向东汇入东海为主，受降雨影响显著，由北至南主要有瓯江、飞云江和鳌江，形成地区三大水系流域（图6-2）。

　　瓯江（古名慎江，曾名永嘉江、永宁江、温江），因温州古称为"瓯"而得其名，在浙闽地区诸河之中位居第三，是浙江省内的第二大江，自古便有"浙北钱塘，浙南瓯江"的说法[4]。瓯江发源于庆元县与龙泉市交界处的百山祖北麓，自西往东贯穿整个浙南山区，出温州湾而入东海。沿途流经丽水、温州等地，干流长近388km，流域面积约18000km²[5]。主要支流有松荫溪、宣平溪、小安溪、好溪、小溪、楠溪江等。

　　飞云江（曾名罗阳江、安阳江、安固江、瑞安江），发源于景宁畲族自治县景南乡白云尖西北坡漈坑，源头海拔1611m，出瑞安

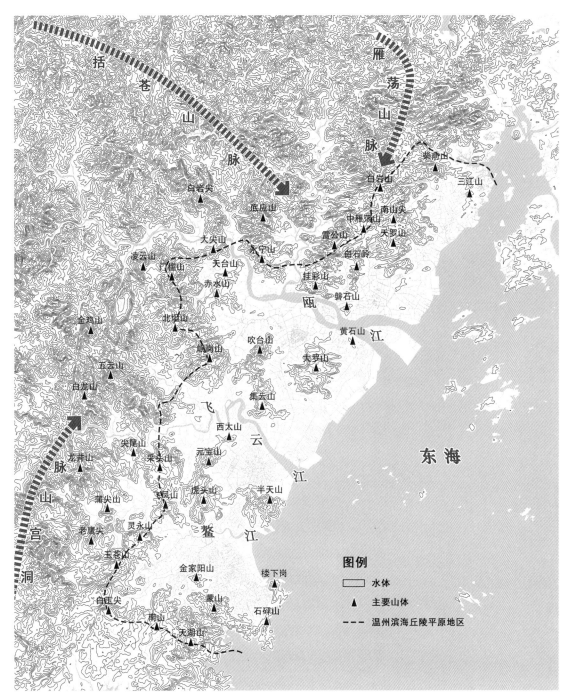

图6-1 温州滨海丘陵平原地区诸山
[图片来源：作者根据资料改绘]

温州滨海丘陵平原地区主要山体 表6-1

流域区间	主要山体
瓯江以北	白岩尖、底应山、永宁山、挂彩山、雷公山、磐石山、白石岭、中雁荡山、天罗山、南山尖、白岩山、柴前山、三江山
瓯江以南，飞云江以北	白龙山、金鸡山、凌云山、五云山、门槛山、北坦山、岷岗山、大尖山、天台山、赤水山、吹台山、集云山、大罗山、黄石山
飞云江以南，鳌江以北	龙井山、蒲尖山、尖尾山、采头山、飞凤山、西太山、元宝山、虎头山、半天山
鳌江以南	老鹰尖、玉苍山、白玉尖、灵永山、南山、金家阳山、天湖山、蒙山、石砰山、楼下岗

[资料来源：作者根据资料整理]

市上望镇新村而入东海。沿途流经景宁、泰顺、文成、瑞安等县市，干流长近199km，流域面积约3713km²[6]。主要支流有里光溪、洪口溪、玉泉溪、高楼溪、金潮港等。

鳌江（曾名始阳江、横阳江、钱仓江），发源于南雁荡山脉的吴地上南面，源头海拔835m，其下有十多条主要支流与众多溪涧沟壑，出平阳县与苍南县的杨屿山、琵琶山而入东海。沿途流经平阳县与苍南县的顺溪、水头、麻步、萧江、鳌江、龙港等镇，干流长近93km，流域面积约1521km²[7]。主要支流有横阳支江、石柱溪、坳下溪、岳溪、青街溪、怀溪、联山溪、闹村溪、凤卧溪、带溪、梅溪等，内河有北港河、南港河、江南河、小南河等。

温州滨海丘陵平原地区的水系以三江中下游入海段为主要骨架，呈三江入海、水网密布的总体格局（图6-2）。滨海平原之上，形成了以温瑞塘河、瑞平塘河、平鳌塘河、江南塘河、乐琯塘河、乐虹塘河六大人工塘河为主干的丰富水网，纵横交错、河网发达，表现出程短流急的基本特征。与自然形成的三江不同，塘河水网是历代邑人兴修水利、开垦农田而形成的人工水系网络，以塘河干流与支流为依托，贯通潭、渠、浃、荡、湖、河等类型多样、内容丰富的水体。三江与塘河水网相连贯通，共同组成了温州滨海丘陵平原地区完整的地域水网[8]。

图6-2　温州滨海丘陵平原地区诸水
[图片来源：作者根据资料改绘]

参考文献：

[1]　（西汉）董仲舒《春秋繁露·第六卷·立元神第十九》.

[2]　（清）乾隆《温州府志·卷四·山川》.

[3]　姜竺卿. 温州地理（自然地理分册）[M]. 上海：上海三联书店，2015：45-47.

[4]　符宁平，闫彦，刘柏良. 浙江八大水系[M]. 杭州：浙江大学出版社，2009：78.

[5]　吴松涛主编.《瓯江志》编纂委员会编. 瓯江志[M]. 北京：中国水利电力出版社，1995：19.

[6]　浙江省《飞云江志》编纂委员会编. 飞云江志[M]. 北京：中华书局，2000：39.

[7]　《鳌江志》编纂委员会编. 鳌江志[M]. 北京：中华书局，1999：1.

[8]　（明）弘治《温州府志·卷四·水》.

第七章

水利建设：
拒咸蓄淡、利兼水陆

在地域景观的形成发展过程中，依托水利建设而形成的水网系统是承接自然山水以支撑农业生产、城乡营建等内容的重要媒介[1]。这一点，对淡水资源极其珍贵的东南沿海地区尤为重要。如前一章节所述，温州滨海丘陵平原地区自古便是江海汇集之地，水资源丰富；但也因其地理位置所致，旱涝与风潮并存，地区原本的自然水环境并不完全适宜农业生产与城乡营建。诚如清康熙《永嘉县志》所言："永邑环山平衍，骤雨则虞溢，濒海易泄，稍旱则虞涸"[2]。因此，世代先民开展各类水利建设以调适、改造地区的水网系统，有效地开展流域管理，以达到调控与利用地区综合水资源的目的，满足各类人居需求：

> "永嘉水利，大概有三：在城内者，以荡淤垫，通舟楫为利；在河、江各乡者，以护塘埭，复陡闸为利；在海滨者，以固斥卤，慎堤防为利。前人成法，如韦公之筑堤，沈守之修南塘，韩、汤二公之开城河，董、谭二公之筑沙城，皆躬亲督役，卒底于成。千百年来，至今利赖。使旱涝无患、蓄泄有资"[3]。

基于水利建设与流域管理的历史过程，地域景观的水网肌理逐渐形成与发展。正是在世代邑人胼手胝足、前仆后继的不懈努力下，东迫湾海、水属苍天的荒芜之地逐渐化为河渠成网、良田沃壤的鱼米之乡。下文将从海岸线变迁、水利设施系统与流域管理两方面来解析这一波澜壮阔的历史过程。

第一节　人进海退的海岸线变迁

在回顾与梳理温州滨海丘陵平原的水利建设之前，先来关注一个有趣的史实——地区的海岸线持续变迁，并以人进海退为主要特征。这一现象是自然过程与人工干预持续性耦合叠加的结果：河流挟带与海浪搬运的自然泥沙沉积过程，是沿海冲积—海积平原形成与海岸线后退外移的主因；以海塘、陡门、塘埭等水利设施营建为主的人工干预，巩固与促进了这一自然过程。

海侵时期，岸线直抵海拔约55m的沿海低丘一线，今日的滨海平原区域全部在海中，鹿城瓯浦、永嘉上塘、平阳水头等地都是一片浅海[4]55。此后，伴随着海水后退、海平面下降、自然泥沙沉积与人工干预的综合影响，冲积—海积平原逐渐形成。曹沛奎[5]、张叶春[6]、吴松弟[7-9]、姜竺卿[10]等学者基于史料研究、钻探考古与田野调查，由浅入深地分析了温州滨海丘陵平原地区成陆与海岸线变迁的历史过程。综合前人的研究成果①，可按照南朝、唐、宋、明、清的时间顺序大致还原人进海退、层层外推的海岸线变迁过程（图7-1）。宋乾道（1165—1173年）以来，海岸线外推速度不断加快，滨海平原成陆面积持续增长。

第二节　水利设施系统与流域管理

基于人进海退、层层外推的海岸线持续变迁这一大背景，温州滨海丘陵平原地区的水利设施系统建设以抵御海卤、贯通溪河、蓄泄淡水、保障生产等为目的，内容主要包括海塘、塘河、陡门、水则、埭等水利设施的修建与组合。古人对水利设施系统建设有着深刻而透彻的认识：

① 虽然各学者划定的历代岸线变迁存有差异，但水利工程建设影响下的滨海涂涨淤积与平原成陆扩张这一历史发展过程，在各项研究中具有广泛共识。其中，因吴松弟的研究成果更为翔实、准确、全面，故本书中主要采纳其观点以解析沿海成陆与海岸线变迁过程。

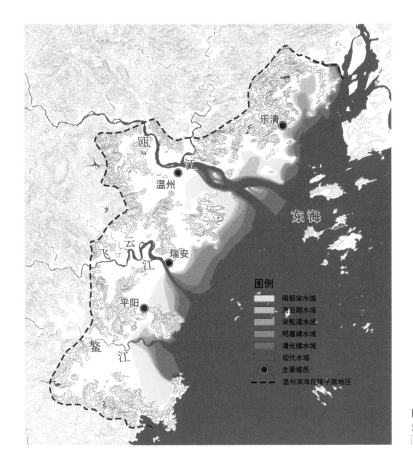

图例
南朝宋水域
唐后期水域
宋乾道水域
明嘉靖水域
清光绪水域
现代水域
● 主要城邑
------ 温州滨海丘陵平原地区

图7-1　温州滨海丘陵平原地区海岸线历史变迁与沿海成陆过程示意图
［图片来源：作者根据资料改绘[7、9、10]］

"河竭则干，海入则卤。故塘以捍海，埭以固河，而陡门以消息之，有相之道也"[11]。

"其地西高东下，诸水多西而东经络于原野之间，分支派合，虽大小深浅不同，是水利之关于民事重矣。而陡门以时其蓄泄，塘埭以捍其冲溢，则旱涝皆备"[12]108-109。

"故欲救水旱，莫若迅启闭；迅启闭，莫如定水则。要在长官严明，视水则以为启闭"[13]。

由此可见，各类水利设施各司其职：海塘作为外部防线，抵御海卤入侵；塘河贯通诸水，完善地区河网；陡门把控水口，调控淡水蓄泄；水则统领陡门，稳定河网水位；埭障江固河，抵捍洪涝冲溢。通过各类水利设施的建设与组合，先民巧妙地对自然水环境加以合理改造与利用，进而形成了地区蓄泄可控的人工水网系统，塑造了独具地域特征的水利景观。

首先，梳理一下地区的第一类水利设施——海塘。海塘作为滨海地区挡潮护田的重要水利设施，常与陡门相依，共同发挥外御咸潮、内蓄淡水、保护田畴的作用：

> "外砌以石，内垒以土为塘岸，以捍潮水（周正《修筑四塘记》）"[14]。

> "外捍潮汐，内护河渠，百谷仰滋，民赖厥利（蔡芳《平阳万全海堤记》）"[15]。

> "沿海筑塘，田其涂以食其众……塘埭极巩坚之巧，风潮免冲突之危……累石为堤，联木为楗。咸河外流，淡河内满。饮溉兼资，潮汐斥免（王瓒《抚安塘记》）"[16]。

因部分江堤濒临入海口，且其主要功能为御咸蓄淡，所以也常常一并纳入海塘部分作为延伸，正如清道光《乐清县志》所言："海塘亦有沿溪沿河，高拥山涧纵横防者，但意在捍御咸潮，且毗连起筑，难以区分"[17]。

唐宋时期，所筑海塘多为土堤，常为飓风海潮冲毁，屡毁屡修。至南宋和明清时，多以驳石或砌石加固堤防，成为土石结构的海塘江堤[18]290。明嘉靖年间（1522—1566年），出现了石塘修筑技术，其抗潮能力相比于土塘有大幅提升。清乾隆至嘉庆年间（1736—1820年），石塘修筑技术得以进一步改良，使其更为经济耐用。

海塘的修筑构筑起滨海地区抵御海潮的防线，保障与促进了塘内的农田水利开发与农业生产，使水网农田肌理逐步形成。塘外因人为垦植与滨海滩涂淤涨，使历代河口与海岸线不断外移，因此需要不断向外新筑海塘，旧塘废弃或转化为塘河，滨海平原面积持续增长。以清乾隆《敕修两浙海塘通志》、历代《温州府志》与永嘉、瑞安、平阳、乐清四邑县志中的海塘水利建设及部分海塘碑记为线索，剖析唐宋、明代与清代三道海塘的发展过程（表7-1、图7-2）。

温州滨海丘陵平原地区历代海塘汇总表　　　　表7-1

时期	编号	名称	概述
唐宋	A1	刘公塘	乐琯塘河的前身。隋唐时期，温州刺史路应于唐贞元年间（785—804年）命乐清民众分界重修与加固滨海局部沿岸的魏晋南北朝旧海塘，除水害、得上田、通水运。宋绍兴二年（1132年）刘公塘（运河塘）的修筑，使乐清至琯头一带塘堤相连，自县治沿古运河外侧至琯头50余里
	A2	南塘	温瑞塘河的前身。始建于晋代，起自永嘉南门，南达瑞安东门，全长近70里。至唐代已全线贯通，并于南宋改泥堤为石堤
	A3	万全塘	瑞平塘河的前身。始建于晋代，起自平阳北门，北达瑞安飞云渡。至唐代已全线贯通，隋唐以前为土塘，自南宋之后改为石塘
	A4	坡南塘	平鳌塘河的前身。始建于隋唐，至南宋更为石塘
	A5	外塘	包括东塘与西塘。为宋代修筑的海塘，自江口邱家步南岸，沿海而东至斜溪为东塘，自三峰至朱家站为西塘。东塘延伸至肥艚筑有阴均堤，宋·杨简作有《永嘉平阳阴均堤记》[19]
明代	B1	象浦塘至小崧东塘	为明洪武至隆庆时期修筑的海塘。前共58塘，局部连为12带，共计约77.45km②。其中，有碑记记载的主要海塘有蒲岐塘（明·朱谏《重修蒲岐海塘记》[16]）、青屿—江山—蒲吞—永宁四塘（明·周正《修筑四塘记》[20]）、抚安塘（明·王瓒《抚安塘记》[16]）
	B2	永嘉江塘	元至顺二年（1331年）修筑，元·黄溍作有《永嘉重修海堤记》[16]
	B3	沙城（滨海长堤）	明嘉靖二十七年（1548年）修建，有《明吉水罗洪先记》[21]
	B4	瑞安江塘	明洪武二十七年（1394年）修筑，在瑞安城西飞云江沿岸，共计80里。其中，北岸堤塘"西经清泉、集善二乡，至陶山，长五十里"，南岸堤塘"自城南越江，西经涨西乡，沿江至塘角，长三十里"[22]
	B5	沙园塘、仙口塘	明正统六年（1441年）修筑沙园塘[15、22]，自飞云渡南抵沙园所。明嘉靖元年（1522年）修筑仙口塘[15]，自沙园塘至仙口。关于嘉靖年间的海塘状况，明·蔡芳作有《平阳万全海堤记》[15]
	B6	九都海塘	明万历二十三年（1595年）修筑。又名朱公塘[15]
	B7	外塘（补筑）	明永乐二年（1404年）"又修堤岸，后屡补筑"[23]
清代	C1	新成塘至能仁塘	为清康熙至光绪时期修筑的海塘，慎海、清江南北和白溪下塘相继连成一带。新成塘至智广塘15塘相连为21.47km，姥岭西塘至小崧山东塘28塘相连为38.18km，塘头至能仁塘10塘相连为16.25km，再加其他独立海塘，共计约101.53km③
	C2	山北塘、长沙塘	清雍正五年（1727年）修筑长沙塘，因永嘉沙城（滨海长堤）塘外淤涨，围涂制盐、造田[21]。清乾隆十三年（1748年）于永嘉场以北新建山北塘。因荡田东濒大海，潮汐往来，难以开垦，遂筑塘[21]
	C3	新横塘	清乾隆初年（1736—1740年）于瑞安老塘（城东石塘）外十里新筑[22]
	C4	沙园塘（增筑）、仙口塘（增筑）	乾隆三年（1738年）重修增筑，"筑土塘一百九十二丈，又筑宋步土塘三百八十丈。今涨地渐多，地民皆于外涂各认己地。另一带新土塘尚皆联络"[15]
	C5	九都海塘（增筑）	光绪十七年（1891年）重修增筑，"并修陡门浦旧水洞，浚江口以砌筑塘埭……凡千余丈，清乾隆三年修筑土塘五百丈"[15]
	C6	新塘	清乾隆二年（1737年）修筑，"自江口起及三官堂、瓦窑、林家院、肥艚、阴均大埭至老城止，共修筑九百二十丈……后东塘圮坏。六十年，修筑塘埭千有余丈[23]"。主要碑记有清·赵黉《南监海塘记》、清·黄元规《修筑江口南岸塘记》、清·翁琛《重修南监海塘碑记》[23]

[资料来源：作者根据资料整理]

② （明）隆庆《乐清县志·卷一·壤地·水利》。原数据为24202丈，按明尺1丈=3.2m换算。
③ （清）道光《乐清县志·卷二·舆地下·叙水·水利·塘》。原尺寸分别为6708丈、11930丈、5079丈、31729丈，按清尺1丈=3.2m换算。

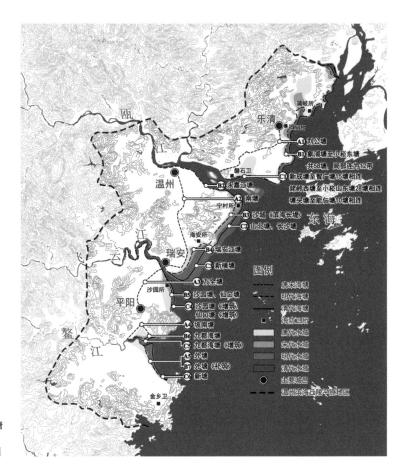

图7-2 温州滨海丘陵平原地区历代海塘示意图
[图片来源：作者根据资料自绘[9, 10, 18, 24-26]]

    层层外推的海塘建设，孕育了地区的第二类水利设施——塘河。塘河主要源自早期人工海塘的退化与演变[9]。海岸线逐渐外移使早期修筑的海塘丧失了原本抵御海潮的作用，原先的一线海塘转变为二线、三线等备用塘，一条平行于备用塘的人工备塘河往往也随之产生[27]。后经历代邑民筑堤浚河、拓宽河道，逐渐演变为集调蓄灌溉、交通航运、连接城邑等功能为一体的塘河，两侧大多有堤岸，或是平原河流自然发育形成的天然堤，或是唐宋以来整治和疏浚时堆土砌石形成的人工堤。塘河作为温州滨海丘陵平原地区河网平原上的主要河流，是水利景观的核心骨架。

    塘河与众多的塘、浦、泾、河相连，河面宽阔、支流众多、纵横交错、四通八达，是横向沟通瓯江、飞云江、鳌江等主要水系，连接永嘉、瑞安、平阳、乐清四邑的重要水脉。它们既可提供舟楫航运的便利，又可养鱼虾、植菱莲，更是灌溉用水与生活用水的重要水源地[4]267-268。由此可见，塘河集排涝、灌溉、航运之利，对当地人居环境发展意义深远。

区域内的塘河主要有温瑞塘河、瑞平塘河、平鳌塘河、江南塘河、乐琯塘河、乐虹塘河等（表7-2、图7-3）。

④　旧名南塘、永瑞河，又称七铺塘河。
⑤　又名北塘河、万全塘河。
⑥　又名坡南河、小南塘河。
⑦　又名江南运河。
⑧　又名西运河、古运河。
⑨　又名东运河。

温州滨海丘陵平原地区主要塘河汇总表　　　　表7-2

名称		端点	肇始	长（km）	均宽（m）	均深（m）	概述
温瑞塘河④		永嘉南门、瑞安东门	汉晋	34	50	3	流经梧埏、南湖、帆游、塘下、莘塍等地。水以帆游为界，北入瓯江，南入飞云江[28]。它是各条塘河中修筑最早、长度最长、底蕴最深、泽民最广、景致最美的塘河[12, 29, 30]。自隋唐时期永嘉郡城西南部会昌湖的浚湖开河与韦公堤的修筑后初步成形，后经宋、元、明、清各时期永嘉南塘、瑞安城东河塘等部分的历代挖河筑堤与疏浚拓宽而不断发展与完善，自南宋以来便是瓯江南岸温瑞平原上最为重要的骨干河流（图7-4）[9, 18, 31]
瑞平塘河⑤		平阳北门、飞云底河头	汉晋	15	40	3	流经水亭、临区、石塘、湖岭、宋桥等地。与温瑞塘河修筑成形时间相近，既是瑞安、平阳间内河水运的主要通道，也是瑞平平原河网的主干河道。于隋唐时期初步成形，后经历代疏浚、筑堤与拓宽而日臻完善（图7-5）[9, 15, 18, 32]
平鳌塘河⑥	东塘河	汇头夹屿、鳌江下埠	隋唐	12.5	20	2.5	流经塔下、章奥、下程等地。为平鳌塘河主流，大致成形于宋元，是衔接北部瑞平塘河与南部江南塘河的重要水道（图7-6）
	西塘河	汇头夹屿、钱仓下埠	隋唐	10	27.5	2.5	流经长山、三塘、新亭等地。大致成形于宋元，为古时平阳南下钱仓至福建的水上要道，舟楫往来较为频繁（图7-6）
江南塘河⑦	西渠	望州山、鳌江	五代	20.5	28	3.5	五代时期以钱库为中心开凿南运河与北运河，为江南运河西渠。流经望里、项桥、新安、江山等地（图7-7）
	东渠	金乡、龙港	五代	19	23.5	2.5	南宋时于原南北运河以东继之开凿北上与南下的两支运河，为江南运河东渠。流经郊外、夏口、仙居、海城、白沙、龙江等地（图7-7）
乐琯塘河⑧		琯头、乐清县治	隋唐	28.8	30	3	流经北白象、柳市、万岙、石马等地。经历代疏浚、加固与拓宽，逐渐成为瓯江北岸乐柳平原上的骨干河流[18, 24]
乐虹塘河⑨		乐清县治、虹桥	元明	21.4	22	2	流经旧后所城、牛鼻洞等地。是虹桥通往乐成的唯一水道，后经清代的历次延伸、拓宽与疏浚，逐渐成为虹乐平原上的骨干河流[18, 24]

[资料来源：作者根据资料整理]

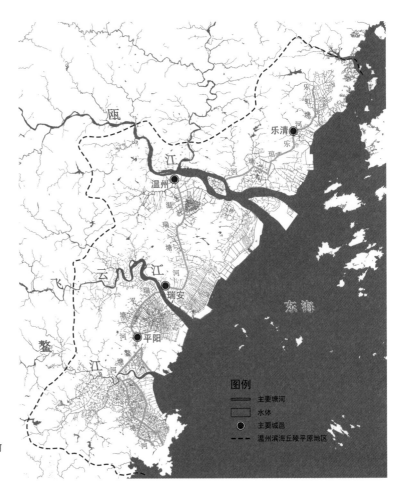

图7-3　温州滨海丘陵平原地区主要塘河示意图

[图片来源：作者根据资料改绘]

图7-4　清末民初的温瑞塘河（邵度拍摄）

[图片来源：李震主编. 温州老照片：1897～1949[M]. 北京：中国对外翻译出版公司，2011]

（a）瑞平塘河南连平阳　　　　　　　　　　　（b）瑞平塘河北接瑞安

图7-5　瑞平塘河
［图片来源：作者自摄］

图7-6　平鳌塘河
［图片来源：作者自摄］

（a）江南塘河南连金乡卫城　　　　　　　　　　（b）江南塘河北接鳌江

图7-7　江南塘河
［图片来源：作者自摄］

塘河水网之水奔流入海前，需要有水闸控制其去留，这就是地区的第三类水利设施——陡门⑩。它是江河水道上集御潮、蓄淡、排洪、灌溉为一体的水利设施，大多设在江河濒临入海处，发挥着外御咸潮、内蓄淡水的重要作用，对整个水利设施系统而言至关重要：

⑩ 陡门即水闸，又称为斗门、水门。

> "千流万脉，朝宗而下，注泄专赖此为尾闾。旱则蓄之，潦则泄之，诚水利之咽喉，田园之命脉也……城郭不坚，则危急无备；陡门不固，则旱潦立见（清·黄颐《龟山陡门碑》）"[25]388-389。
>
> "蓄泄有时，盈涸无患，足以灌溉田亩，而裕生民之食用，此陡门之设，其所关于水利者大也（清·余丽元《重筑江南燕埭陡门记》）"[23]。
>
> "濒江各处均有石埭陡门，俾资蓄泄（民国·张感尘《改建茅川陡门碑记》）"[31]252。
>
> "农事者，天下之大命也。而农事莫急于水利，水利莫要于陡门（清·李先蓉《重修唱步陡门记》）"[33]。

汉晋隋唐时期的陡门水闸多为木结构，经受不住咸潮侵蚀与洪涝冲啮，屡修屡坏。南宋以后重修陡门时均以石代木，"凿石为条、为板、为柱，以蜃灰固之"是较为常见的修筑方法[18]290。农田水利的开发建设促进了陡门的兴建。陡门因历代岸线外推与河口下移而不断向外新筑，其数量不断增多（表7-3）。

明嘉靖以来温州各邑陡门数量统计 表7-3

时期	陡门数量（含前朝废陡门）（个）					数据来源
	永嘉	瑞安	平阳	乐清	总计	
1537年之前	6	4	7	13	30	（明）嘉靖《温州府志》
1538—1762年	26	20	31	12	89	（清）乾隆《温州府志》
1763—1911年	30	29	54	45	158	（清）光绪《永嘉县志》 （清）嘉庆《瑞安县志》 （清）道光《乐清县志》 （民国）《平阳县志》

［资料来源：作者根据资料整理］

在数量繁多的各陡门中，部分陡门尤为重要，多见于各地的历代陡门碑记与文存：

> "沿瓯江建有广化、海圣宫、海坛、东门浦、上陡门、下陡门及茅川等七座陡门……并在巽山之北，设有水闸一座，称山前陡门……诸凡水利工程建设，无非为旱由蓄水于河，盈则放水出闸（民国·徐宗达《参加永嘉城河水利委员会之回忆》）"[31]253。

> "瑞邑之东乡水利，莫要于茅竹、石岗、龟山诸陡门（清·李先蓉《重修唱步陡门记》）"[33]。

> "平阳濒海而州，水利多，斗门为大。斗门八，阴均为大（宋·林景熙《重修阴均斗门记》）"[34]。"附城诸水，南水道一汇钱仓陡门入海，一汇江口陡门入海；东、西、北水道俱汇于万全乡，于沙塘陡门入海"[35]。"万全沙塘陡门与江南阴均陡门皆关于全乡水利，数百年不废（民国·刘绍宽《沙塘陡门纪念祠记》）"[15]。

> "（乐清）县城两溪及白石两潦之水，合而为运河（乐琯塘河），散而为诸河，分泄十六陡。陡莫重于兰盘，而沙埭次之……东乡窑岙、黄塘、湖边诸村之水，曲折交流，分泄龙江、保赤、竹屿河沿诸陡者，皆汇于赤水港入海；其由下堡、铧锹二陡出者，直入于海。嘉庆间，龙江、保赤二陡门外渐淤塞，窑岙诸村离竹屿诸陡稍远，一遇潦水暴涨辄患淹没，现虽设余三陡门，犹未能尽泄其水"[36]。

基于这些碑记与文存，各地的主要陡门也就大致明确了：广化、西郭、海坛、外沙、茅竹、石墩、瞿屿、山前等是永嘉的主要陡门，月井、石岗、龟山、周田等是瑞安的主要陡门。沙塘、江口、阴均、东魁、凰浦、渡龙等是平阳的主要陡门。兰盘、沙埭、保赤、余三等是乐清的主要陡门。下文进一步以历代地方志为线索，来梳理上述陡门（图7-8、表7-4）。

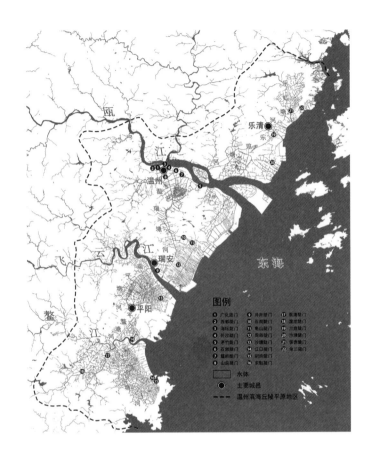

图7-8　温州滨海丘陵平原地区主要陡门
［图片来源：作者根据资料改绘］

① 又称上陡门。

四邑主要陡门　　　　　　　　　　　　　　　　表7-4

城邑	陡门名称	始筑时间	修筑地点	内容
永嘉[31, 37, 38]	广化陡门	不详	迎恩门外	因郭公山麓为之，凡五间，泄水最驶。遇潦，则首开此门
	西郭陡门	明洪武四年（1371年）	迎恩门外广济桥西	嘉靖间改筑石坝。与海坛陡门水嫌两泄
	海坛陡门	不详	奉恩门	为城内水出处。遇旱则开闸引潮入城，潦则尽闸放之，以泄城中秽浊。明弘治戊午，郡守文林疏浚。后复淤塞。乾隆二十一年（1756年），乡耆樊泰岳等呈请重修
	外沙陡门	不详	镇海门外	旧名堰头。岁久废圮，潮入内河，涸则为浦，地成斥卤。明成化丁酉（1477年），知县文林砻巨石修筑，布桥立闸，废福昌、黄湖二堰，以通花柳塘，民甚利之
	茅竹陡门	宋庆元六年（1200年）	五都茅竹岭西	计三间。初，茅竹有堰。宋庆元六年（1200年），苗将获而涝，邑人陈熊请决此堰后自偿筑，当道许之。秋稼得获。熊请傍山趾创陡门，冀免水患，遂有茅竹陡门之始。元初，湮塞。元大德年间（1297—1307年），县尹王安贞开浚。明弘治乙卯（1495年），知县林廷谳加筑。光绪丁丑（1877年），通判普庆拨公项，谕廪生叶宝华督修
	石墩陡门①	明弘治九年（1496年）	九都石屿村	郡守陆润修筑，上立石桥三间，旁砌石坝。同治甲戌（1874年），通判普庆谕里人郑登墀等募捐重修

续表

城邑	陡门名称	始筑时间	修筑地点	内容
永嘉[31、37、38]	瞿屿陡门⑫	不详	九都二里瞿屿山麓	计四间。左负岩，右邻浦，因山脚岩石为之右臂。又有埭以扞。浦上有石桥，泄水最骏。宋郡守杨简修筑右臂石塘，更存新埭以为外护。明弘治九年（1496年），郡守陆润加筑。清朝道光癸卯（1834年），贡生叶冠瀛捐葺。同治癸酉（1873年），通判普庆谕里人叶佩薰、陈洲、陈慧哲重修，增设内闸四间
	山前陡门	宋绍兴年间（1131—1162年）	黄土山前	以节城外南塘之水。宋绍兴间，郡守赵不群筑。康熙初年，诸生林兆甲等请重修
瑞安[33、39]	月井陡门	不详	城外东南	长二丈五尺，凿岩依岸为之。至浦口有九盘，创自建县初。宋绍兴，吕令勤相地理，谓龙山系邑青龙，宜出水，乃浚水。续为民居占塞。明万历己亥（1599年），傅令道唯申院，委判王锡命按浚焉。后复坏，海潮冲入。清朝顺治十二年（1655年）重建闸，以障咸水
	石岗陡门	北宋元丰三年（1080年）	韩田	长四丈八尺。帆游、崇泰、清泉三乡山溪之水，流为支河八十有四，咸趋石岗，溉田二千余顷。旧附穗丰山南趾，因距海远，遂迁于此。宋元丰间，朱令素重筑。绍兴末闸坏，乾道二年（1166年），王守远委黄尉度易闸、布底、增砌股岸，又于旁护柱。淳熙十二年（1185年），李守楠、谢通判杰委石簿宜翁修治，时两股沟底木已坏，刘令龟从募民钱六十万，以石代木，新筑始坚
	龟山陡门⑬	明嘉靖三十一年（1552年）	龟山	明嘉靖壬子（1552年），刘令徽议建，时里民以石冈陡门淤涨，而海安北门大埭地势卑洼，坍坏不时，呈称：龟山侧畔，正系浦口咽喉之处，旁有山岩，可建陡门。令躬勘估费，召募大户督造。南筑塘岸一带，自陡门起至海安所较场演武厅止，长三百九十五丈，内余涂田百余亩，给与大户承管，抵其筑塘之费，复议编立闸夫守之。隆庆己巳（1569年），杜令时登、署谕黄益纯等，先后奉文成之
	周田陡门	宋绍兴年间（1131—1162年）	周田	嘉泰中，陈烈、王仲章重筑。岁久潮坏。明洪武丙辰（1376年），主簿张九成重筑，仍创亭其上，额曰"回澜"，增砌内、外石礑百丈余，民田赖以灌溉。现被泥淖淤塞
平阳[15、34、40]	沙塘陡门	宋绍兴十五年（1145年）	六都沙塘	去城二十里。凡平之万全乡、瑞之东乡南社，三乡八十四溪流俱于此蓄泄，灌田四千余顷。宋徐谊《重修沙塘斗门记》：上蓄众流，下捍潮卤，有沙塘为之城垒；潴其不足，泄其有余，有斗门为之喉襟……三乡之水盈涸有则，启闭以时，田用屡登，俗遂和睦
	江口陡门⑭	宋端平三年（1236年）	九都江口	宋端平丙申（1236年）令林宜孙创筑……诸山谷水凡三十六支，皆经此而入江……惠利及于二乡五都之人，溉田六万五千三百余亩
	阴均陡门	宋嘉定年间（1208—1224年）	二十一都阴均埭旁	金舟、亲仁、慕贤东西四乡之水皆汇于此，八都之田藉以灌溉。宋林景熙《重修阴均斗门记》：三十六源得蓄泄之宜，四十万亩免乾溢之患。明林诚祖《阴均水门记》：于是旱而潴，涝而可疏，荒芜垦辟。清徐恕《重修阴均陡门记》：凿石为条，剖岩为块，牙错鳞比，锢以蜃灰，更复筑棣为防，累版为闸，隙无罅漏，启闭以时。杀潮流怒啮之势，俾盘旋洄伏，以曲赴乎海，而清涟淡荡之波，演漾停止而不遗涓滴……八都四十万之田，均得有备无患，年歌大有
	东魁陡门⑮	清嘉庆十四年（1809年）	二十一都阴均埭北	与阴均陡相对以分水势。清杨诗《东魁陡门记》：外御咸潮，内蓄淡水，仅以阴均一陡为关键。使溢不能速泄，禾屡浸为水患；泄不敢多潴，晴易竭为旱患……新旧两陡犄角与时启闭……患减而功倍，则禾稼资溉而不虑浸。清余丽元《重筑江南燕埭陡门记》：为众水尾闾，蓄泄甚便，与阴均对峙以分水势，农人赖之
	凰浦陡门	宋嘉定五年（1212年）	十六都	旧为嘉定六陡门之一

⑫　又称下陡门。　　　　⑭　又称五福陡门。

⑬　又称场桥陡门。　　　　⑮　又称燕埭陡门。

续表

城邑	陡门名称	始筑时间	修筑地点	内容
平阳[15, 34, 40]	渡龙陡门	清雍正元年（1723年）	二十九都	其水发源闽括诸山，下注江口
乐清[13, 36, 41]	兰盘陡门	清康熙年间（1662—1722年）	县南三里石马东北	令陈大年建，陡门三间。东、西两溪水交汇奔注由此入海，最为紧要。若遇暴雨，启闸稍缓，低田辄遭淹没
	沙埭陡门	清康熙年间（1662—1722年）	县西三十里翁垟	陡门三间，康熙间邑令陈大年修筑二间，其南一间系五都麻园郑氏修筑。陈遇舟併塘埭，捐资修复
	保赤陡门	清乾隆四十一年（1776年）	县东三十五里	旧有十七都龙江陡，水路太曲不能泄暴涨。乾隆丙申（1776年），监生胡序倡凿民田十余亩，直泄入海，始无淫溢之虞
	余三陡门	清道光三年（1823年）	洋塘浦	旧龙江、保赤二陡门外渐淤塞，每遇淫雨众流溢溢。道光癸未（1823年），监生吴开昌等在浦口倡建此陡，计三间，广四丈五尺，深一丈

［资料来源：作者根据资料整理］

随着岸线与海塘的外推，陡门也大多随之向外选址新筑，以"鲤鱼山陡门—石岗陡门—龟山陡门"最为典型。鲤鱼山陡门属于第一代陡门，位于今仙岩穗丰村南一带，据考可能初筑于南北朝年间（420—589年），是当时南塘[16]海塘线上的重要门闸之一。至北宋，海岸线已外推3~4km，鲤鱼山陡门因无法有效调节水流蓄泄而逐渐淹没，新陡门修筑于其东南方向的韩田石岗，并于两宋期间数次重修。石岗陡门的选址颇为有趣，是利用在上游多处放木鹅顺流而下寻找汇水口的方式来选定的[16]。明清期间，海岸线继续外推，石岗陡门也逐渐退出历史舞台，温瑞塘河水系东行入海的水道上出现了新的门闸——龟山陡门。两处陡门之间已成广袤沃壤[33]，龟山陡门成为温瑞塘河水系之关键：

⑯ 即今温瑞塘河的前身。

"内河外浦，藉分界限，合永瑞上游诸水，千流万脉，朝宗而下，注泄专赖此为尾闾。旱则蓄之，潦则泄之，诚水利之咽喉，田园之命脉也……并增筑两岸石塘……是岁也，田园万顷适大有年，吾乡人额手相庆，莫不归于陡门……乡里有陡门，犹国有城郭也。城郭不坚，则危急无备；陡门不固，则旱潦立见（清·黄颐《龟山陡门碑》）"[25]388-389

此外，陡门的开合启闭，还需要与另一类水利设施相互协

```
┌─────────────────────────────────────────────┐
│              平字上高七寸合开陡门                    │
│                                               │
│  永嘉水则      至平字诸乡合宜            平          │
│                                               │
│              平字下低三寸合闸陡门                    │
│                                               │
│                               宋元祐三年立          │
└─────────────────────────────────────────────┘
```

图7-9　永嘉谯楼前五福桥"永嘉水则"示意图
［图片来源：根据资料改绘：《温州市鹿城区水利志》编纂委员会编．温州市鹿城区水利志[M]．北京：中国水利水电出版社，2007］

作——水则。顾名思义，水则是古代的防汛标准。用于调节水网水位，控制内河水量，发挥内河蓄水与排涝的作用[31]75。水则上设有相应蓄泄刻度标准的水尺，便于统一管理各处陡门的启闭。闸夫依据水则前的水位高度变化，按照刻度规定开合闸门[42]。

各邑水则以永嘉、乐清两地最为典型。永嘉水则（图7-9）是温州地区的首个水则，于宋哲宗元祐三年（1088年）设立在永嘉谯楼前五福桥上，一直沿用至民国。当水位高过"平"字七寸时，合开陡门以泄水；当水位低于"平"字三寸时，合闸陡门以蓄水[31, 43, 44]。

乐清水则较永嘉水则更为简易，以县治内市心桥柱上的凿孔为标准，成为一方水利兴修之要，道光《乐清县志》有如下记载：

"以市心桥柱，较量石马陡门，桥柱平准，各凿一窟，谓之水则。若水溢于则，则泄之以潦；下于则，则谨储之以防旱。水利之修，莫要于此。旧时县官朔望莅学，往来过桥，便于省览，不待巡历塘埭。而远乡之水，居然可知，诚法简而利溥也"[45]。

海塘、塘河、陡门与水则的组合，在外部抵挡海潮内侵，在内部有效地调蓄降雨汇集的上游来水，已基本完成了地区水利设施系统的构建。但在河网内部，一些重要区域仍然需要一类水利设施的进一步巩固与强化——埭。埭作为拦堵水流的堤坝工程，具有障江、卫河、护田之用，在沿江河一带的重要节点广为所用，且多与海塘、陡门相互配合：

"埭以固河，利害均于众"[11]。

"举事谓兴水利，在固堤防（清·郑锡庆《兴水利碑记》）"[24]239。

"永嘉水利在河、江各乡者，以护塘埭，复陡闸为利……塘埭以捍其冲溢"[3]。

"有渠行水，防以塘，辅以埭"[46]。

"夫埭非陡门无以通其流，陡门非埭无以固其址，众川非汍无以杀其势，数者固相与表里（清·吕弘诰《重筑钱仓鹅颈埭记》）"[15]。

唐宋时期，邑人筑埭障江、圩堤造田。土堤常为飓风海潮冲毁，屡毁屡修。至南宋和明清时，工程技术逐渐进步，采用驳石或砌石加固堤防以重修，成为土石结构的埭[18]290。在温州滨海丘陵平原地区水网系统的形成与发展过程中，埭不仅能固河导水，还能推动农田水利发展以促使盐碱土地开垦为良田沃壤[47]。农田水利的开发建设促进了埭的兴建，其数量不断增多（表7-5）。以历代地方志为线索，来梳理一下各地主要的埭（图7-10、表7-6）。

上述单项水利设施的历时性描述难免有些庞杂与零散，不妨截取若干时期断面将各类水利设施叠加，以图与表的形式来大致回顾一下地区综合水利设施系统的发展历程（表7-7、图7-11～图7-14）。

明嘉靖以来温州各邑埭数量统计　　　　表7-5

时期	埭数量（含前朝废埭）（个）					数据来源
	永嘉	瑞安	平阳	乐清	总计	
1537年之前	6	8	8	7	29	（明）嘉靖《温州府志》
1538—1762年	35	53	21	31	140	（清）乾隆《温州府志》
1763—1911年	51	104	46	85	286	（清）光绪《永嘉县志》（清）嘉庆《瑞安县志》（清）道光《乐清县志》（民国）《平阳县志》

[资料来源：作者根据资料整理]

图7-10 温州滨海丘陵平原地区主要埭

[图片来源：作者根据资料改绘]

四邑主要埭

表7-6

城邑	埭名称	始筑时间	修筑地点	内容
永嘉[31, 44, 48]	蒲州埭	不详	八都	卫永、瑞二邑及温卫二十四万田亩，悉资灌溉，长计四十余丈……咸丰三年（1853年），此埭尽决……遂改筑于关帝庙东，长计三十五丈，阔计一丈五尺，至今田畴利赖云。明王瓒《重修蒲州埭记略》：有河滨海，当潮汐之冲。向尝夹堤为防……累石为肌，树木为筋，筑土为塘，务为经久之图。明姜准《岐海琐谈》：瓯郡环海阻山，诸山溪发源西南，经络原野间而下注于东北，沿江故设陡埭以时蓄泄也。蒲洲有长埭，为永、瑞二邑田畴所利赖者。民国张感尘《改建茅川陡门碑记》：考沿江诸埭，蒲州为最大

城邑	埭名称	始筑时间	修筑地点	内容
永嘉[31, 44, 48]	谢婆埭	不详	瓯浦下村	明王叔杲《重筑谢婆埭记略》：永嘉控山带海，城以南为田数千顷，三溪之水迂回环绕，互相流灌。往自南河，辟一泓以泄之江，故每遇旱干，常苦失润。旧筑法华以阑之，负郭之民度窾会，因废之而筑谢婆埭。埭之阔可弓而画，然潴蓄三溪，灌溉万顷，阖郡赖之
	东平埭	宋绍兴年间（1131—1162年）	六都茅竹山之东	旧山北有田数百顷，中有河，自一都至郡城舟楫皆通，而以军前大埭北截江潮。宋绍兴二十四年（1154年），埭决，田地悉坍于江，始分筑平水埭于山之东、西焉。清吴壬《修筑东平埭记》：瓯在岐海之中，其地西南高而东北下，郡山溪诸水皆由西南而注于东北。沿江一带设闸门以资宣泄，必筑塘埭以捍羡盈……东平埭，始于宋绍兴间，历元、明迄今，御咸蓄淡，民生实利赖焉。咸丰三年（1853年）夏六月，天降灾，疾风甚，雨十昼夜，河流冲激，埭竟溃，河水随江潮消长，良田变为淳卤矣……予窃以为埭之有利于邑都也，兹东平埭虽小，卒有以障江卫河，保护田畴，令阖场均受其利者，厥功亦不少也
瑞安[22, 49]	石翠河埭	不详	城西半里	即今西河埭，长三十八丈。初建邑时即有此埭，为永嘉、瑞安水利之要。一失其防，水尽入江。宋乾道丙戌（1166年）水灾后，增筑益固
	横河埭	不详	横河村	河南通平阳万全乡，东运沙塘陡门，脉络绵远，因枕大江以埭限之。宋乾道丙戌，埭坏田没，唐奉使相地，外筑塘捍潮，内塞河以副之。自是沙塘陡门与河埭相与唇齿。
	鱼渎角埭	宋乾道二年（1166年）	帆游乡河口	蓄水以卫城濠，兼荫各都田亩。十五年，海寇掘坏。康熙十年（1671年），巡抚范承谟勘荒临郡重修……永嘉六都乃河海交流之处，海潮达于内河，岁恒苦俭，因筑埭御之
	丁湾埭	宋崇宁三年（1104年）	周田	旧名周田埭。此埭水流绵亘三百余丈，东距大江，南至平阳，西抵三港北，接二十都河，旁连诸都，溉田三万余亩。埭滨江浒，河道漱溢易涸。淳熙以来，屡筑屡坏。嘉泰初，里人王仲景、陈烈于故址以石为闸，始有蓄泄之利

续表

城邑	堤名称	始筑时间	修筑地点	内容
平阳[15,23]	军桥埭	不详	县治东	水从西南诸山发源。旧时直入大河至沙塘陡门入海，其势下泄，城内外历遭火患。邑令朱邦喜准耆民林英等议于柏阳军桥筑埭以截水势，又从旁委曲开河，东引与故河相接，以通舟楫居民利焉
	凰浦埭	宋嘉定五年（1212年）	凰浦村	由凰浦、三峰溯平水凡六十余里，极于闽之分水……凡三十六源，悉汇是江以达于海。两岸之田四十万亩，仰灌于滋。明候一元《平阳凰浦埭碑》：故自宋时筑埭截之，端拱则于上流三峰寺前，嘉定则就凰浦当山断处，而傍筑六陡门、十漱以疏其流，杀其怒……于埭左右疏漱河二，筑陡门二，又增筑揪陡以杀水势者共十有五……埭阔当江，凡三十七丈，厚凡一十五丈。外纯石，中杂以土
	鹅颈埭	明正统年间（1436—1449年）	钱仓	清吕弘诰《重筑钱仓鹅颈埭记》：钱仓堡之有鹅颈埭也，时启闭，便蓄泄，防旱潦。凡八都、十二都、十三都、十七都之田皆资灌溉。埭之内复疏为五漱，以广赴壑之道，盖以合众山之水，汇于此埭之中而注诸江……旱可蓄，溢可放，流不息，淤者疏，运者便，利赖弘多
	阴均大埭	宋嘉定元年（1208年）	舡艚村	宋嘉定年，令汪季良命义民林居雅于潭头海口筑土堰于阴均山麓。九都、十都、十一、十四、十五、二十一、二十二、二十三等都俱赖蓄水灌溉……埭址阔一十三丈，面阔七丈，长七十丈，深五丈，各都利赖。道光十二年又筑南北二埭，南埭长二十二丈，阔四尺，北埭长二十四丈，阔五尺
乐清[13,50]	屿北大埭	宋治平元年（1064年）	县西八里	长三十丈。令焦千之创建陡门及石跶旧泥埭。嘉定间，令曾熊以石筑之
	屿南大埭	明隆庆年间（1567—1572年）	县西十五里	长四十丈，俗名水漱埭。县西三乡水会于此，春涨，最难捍御，埭户轮年充役，多至破家。戊辰，因咸水害稼岁歉，里人赵汝铎出力，于沿海澍处起土，下用大松桩，上用长石条砌叠，改造夹岸两塘二百四十五丈，并包印屿、石马、鱼池三埭，又于泄水处建大陡门五间，旁为石跶三间
	黄华西埭	宋淳熙年间（1174—1189年）	黄华关	长二十丈。外作护埭，下为暗沟。或遇埭损，则堑塞暗沟，得水不决。又有小陡门五间，绍兴二年（1132年）筑以石

[资料来源：作者根据资料整理]

地区综合水利设施系统的发展历程　　　　　　　　　　　　表7-7

水利设施	唐代	宋代	明代	清代
主要海塘	乐清滨海局部海塘、南塘（土塘）、万全塘（土塘）	刘公塘、南塘（石塘）、万全塘（石塘）、坡南塘、外塘	象浦塘至小崧东塘（共58塘，局部连为12带）、永嘉江塘、沙城（滨海长堤）、瑞安江塘、仙口塘、沙园塘、九都海塘、外塘（补筑）	新成塘至智广塘15塘相连、姥岭西塘至小崧山东塘28塘相连、塘头塘至能仁塘10塘相连、山北塘、长沙塘、新横塘、仙口塘（增筑）、沙园塘（增筑）、九都海塘（增筑）、新塘
主要塘河	无	温瑞塘河、瑞平塘河、江南塘河	乐琯塘河、温瑞塘河、瑞平塘河、平鳌塘河、江南塘河	乐虹塘河、乐琯塘河、温瑞塘河、瑞平塘河、平鳌塘河、江南塘河
主要陡门	广化陡门、海坛陡门、外沙陡门、瞿屿陡门、月井陡门	广化陡门、海坛陡门、外沙陡门、瞿屿陡门、月井陡门、茅竹陡门、山前陡门、石岗陡门、周田陡门、沙塘陡门、江口陡门、阴均陡门、凰浦陡门	广化陡门、海坛陡门、外沙陡门、瞿屿陡门、月井陡门、茅竹陡门、山前陡门、石岗陡门、周田陡门、沙塘陡门、江口陡门、阴均陡门、凰浦陡门、西郭陡门、石墩陡门、龟山陡门	广化陡门、海坛陡门、外沙陡门、瞿屿陡门、月井陡门、茅竹陡门、山前陡门、石岗陡门、周田陡门、沙塘陡门、江口陡门、阴均陡门、凰浦陡门、西郭陡门、石墩陡门、龟山陡门、东魁陡门、渡龙陡门、兰盘陡门、沙垟陡门、保赤陡门、余三陡门
主要水则	无	永嘉水则	永嘉水则	永嘉水则、乐清水则
主要埭	蒲州埭、谢婆埭、石紫河埭、横河埭	蒲州埭、谢婆埭、石紫河埭、横河埭、东平埭、鱼渎角埭、丁湾埭、军桥埭、凰浦埭、阴均大埭、屿北大埭、黄华西埭	蒲州埭、谢婆埭、石紫河埭、横河埭、东平埭、鱼渎角埭、丁湾埭、军桥埭、凰浦埭、阴均大埭、屿北大埭、黄华西埭、鹅颈埭、屿南大埭	蒲州埭、谢婆埭、石紫河埭、横河埭、东平埭、鱼渎角埭、丁湾埭、军桥埭、凰浦埭、阴均大埭、屿北大埭、黄华西埭、鹅颈埭、屿南大埭

［资料来源：作者根据资料整理］

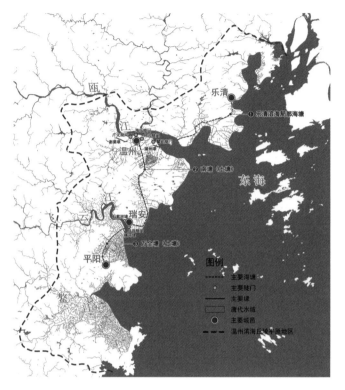

图7-11　温州滨海丘陵平原地区综合水利设施系统的发展历程示意图（唐代）

［图片来源：作者根据资料改绘］

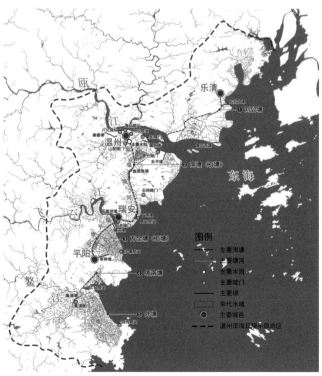

图7-12　温州滨海丘陵平原地区综合水利设施系统的发展历程示意图（宋代）

［图片来源：作者根据资料改绘］

图7-13　温州滨海丘陵平原地区综合水利设施系统的发展历程示意图（明代）
［图片来源：作者根据资料改绘］

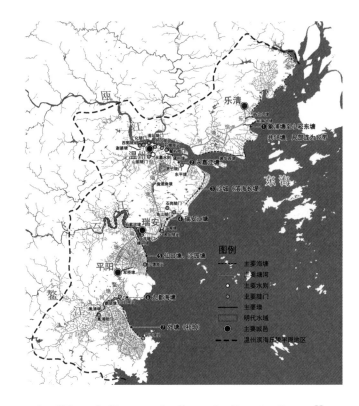

图7-14　温州滨海丘陵平原地区综合水利设施系统的发展历程示意图（清代）
［图片来源：作者根据资料改绘］

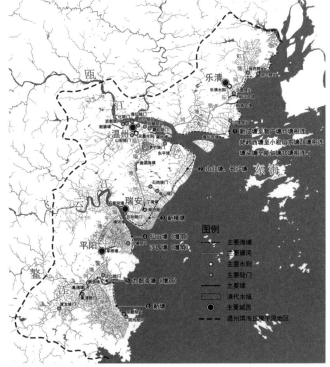

　　水利设施系统协同运作，实现对流域的有效管理。以下将选取清末民初这一时期断面为代表来加以剖析。

　　从区域总体而言，水利设施系统完成了对降雨、上游来水与海潮来水的适应调节与综合管理（图7–14）。海塘在岸线上构筑起带状防线，将海潮咸水与内陆淡水相隔离；塘河连通东西方向的潮汐河，与作为水柜的各类自然及人工湖泊相协同，涝时蓄水、旱时放水；陡门把控着江河入海前的咸淡交汇要点，以水则为统一标准，通过启闭以维持合宜的河网水位；埭巩固重要区域的堤防，形成水网局部的安全防护带。此外，该系统又可拆解为独立运作、相互嵌套的若干子流域管理单元（图7–15 ~ 图7–18）。

　　至此，海塘、塘河、陡门、水则与埭各司其职又相互协调，形成了各时期完善的水利设施系统，巧妙地将自然水系转化为了蓄泄可控的人工河网，为农业生产与城乡营建创造了良好的条件。

图7–15　瓯江以北的子流域管理单元示意图
［图片来源：作者根据资料改绘］

图7-16　瓯江与飞云江之间的子流域管理单元示意图
［图片来源：作者根据资料改绘］

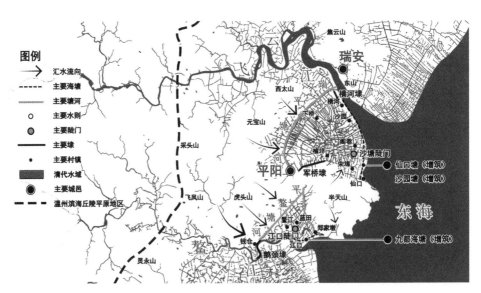

图7-17　飞云江与鳌江之间的子流域管理单元示意图
［图片来源：作者根据资料改绘］

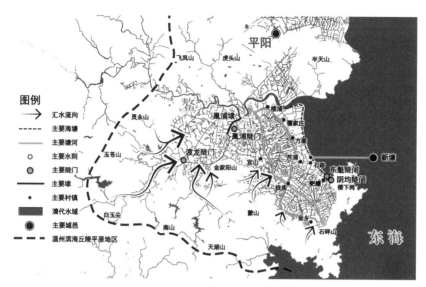

图7-18　鳌江以南的子流域管理单元示意图
[图片来源：作者根据资料改绘]

参考文献：

[1]　侯晓蕾，郭巍．场所与乡愁——风景园林视野中的乡土景观研究方法探析[J]．城市发展研究，2015（04）：80-85.

[2]　（清）康熙《永嘉县志·卷二·舆地下·水利》．

[3]　（清）光绪《永嘉县志·卷二·舆地志二·山川·叙水·水利》．

[4]　姜竺卿．温州地理（自然地理分册）[M]．上海：上海三联书店，2015.

[5]　曹沛奎，董永发．浙南淤泥质海岸冲淤变化和泥沙运动[J]．地理研究，1984，3（03）：53-64.

[6]　张叶春．浙江瓯江口地区平原形成过程[J]．西北师范大学学报（自然科学版），1990（04）：70-75.

[7]　吴松弟．宋元以后温州山麓平原的生存环境与地域观念[J]．历史地理，2016（01）：62-75.

[8]　吴松弟．浙江温州地区沿海平原的成陆过程[J]．地理科学，1988，8（02）：173-180.

[9]　吴松弟．温州沿海平原的成陆过程和主要海塘、塘河的形成[J]．中国历史地理论丛，2007，22（02）：5-13.

[10]　姜竺卿．温州地理（人文地理分册·上）[M]．上海：上海三联书店，2015：138-151.

[11]　（清）道光《乐清县志·卷二·舆地下·水利》．

[12]　（清）张宝琳修，（清）王棻，戴咸弼总纂．永嘉县地方志编纂委员会编．永嘉县志[M]．北京：中华书局，2010.

[13]　（明）隆庆《乐清县志·卷一·壤地·水利》．

[14]　（清）道光《乐清县志·卷二·舆地下·叙水·水利·附录》．

[15]　（民国）民国《平阳县志·卷七·建

置志三·水利上》.

[16] （明）弘治《温州府志·卷十九·词瀚一·记》.

[17] （清）道光《乐清县志·卷二·舆地下·叙水·水利·塘》.

[18] 《温州市水利志》编纂委员会编. 温州市水利志[M]. 北京：中华书局，1998.

[19] （民国）民国《平阳县志·卷八十·文徵外编四·碑记》.

[20] （清）乾隆《敕修两浙海塘通志·卷三·列代兴修下·温州府》.

[21] （清）光绪《永嘉县志·卷二·舆地志二·山川·叙水·海塘》.

[22] （清）嘉庆《瑞安县志·卷二·建置·水利·诸乡水道》.

[23] （民国）民国《平阳县志·卷八·建置志四·水利下》.

[24] 乐清市水利水电局编. 乐清市水利志[M]. 南京：河海大学出版社，1998.

[25] 陈邦焕主编. 浙江省《瑞安市水利志》编纂委员会编. 瑞安市水利志[M]. 北京：中华书局，2000.

[26] 林振法主编.《苍南县水利志》编纂委员会编. 苍南县水利志[M]. 北京：中华书局，1999.

[27] 郭巍，侯晓蕾. 宁绍平原圩田景观解析[J]. 风景园林，2018，25（09）：21-26.

[28] 《浙江省水利志》编纂委员会编. 浙江省水利志[M]. 北京：中华书局，1998：667.

[29] （清）嘉庆《瑞安县志·卷二·建置·水利》.

[30] 温州文献丛书整理出版委员会编. 温州历代碑刻二集（下）[M]. 上海：上海社会科学院出版社，2006.

[31] 《温州市鹿城区水利志》编纂委员会编. 温州市鹿城区水利志[M]. 北京：中国水利水电出版社，2007.

[32] 《平阳县水利志》编纂委员会编. 平阳县水利志[M]. 北京：中华书局，2001.

[33] （清）嘉庆《瑞安县志·卷二·建置·水利·陡门》.

[34] （清）乾隆《平阳县志·卷八·水利·陡门》.

[35] （清）乾隆《平阳县志·卷八·水利·河道》.

[36] （清）道光《乐清县志·卷二·舆地下·叙水·陡门》.

[37] （明）嘉靖《温州府志·卷二·山川·永嘉·陡门》.

[38] （清）光绪《永嘉县志·卷二·舆地志二·山川·叙水·水利·门闸》.

[39] （明）嘉靖《温州府志·卷二·山川·瑞安·陡门》.

[40] （明）嘉靖《温州府志·卷二·山川·平阳·陡门》.

[41] （清）光绪《乐清县志·卷二下·邑里志三·水利》.

[42] 朱翔鹏，单国方，陈培真. "永嘉水则"探索与研究[J]. 中国水利，2012（05）：63-64.

[43] （清）光绪《永嘉县志·卷二十二·古迹志二·金石上·宋》.

[44] （清）光绪《永嘉县志·卷二·舆地志二·山川·叙水·水利·塘堨》.

[45] （清）道光《乐清县志·卷二·舆地下·叙水·水利》.

[46] （清）同治《温州府志·卷十二·水利》.

[47] 康武刚. 宋代浙南温州滨海平原埭的修筑活动[J]. 农业考古，2016（04）：135-139.

[48] （明）嘉靖《温州府志·卷二·山川·永嘉·塘堨》.

[49] （明）嘉靖《温州府志·卷二·山川·瑞安·塘堨》.

[50] （清）道光《乐清县志·卷二·舆地下·叙水·塘堨》.

第八章

农业生产： 斥卤围田、 裕生民用

农业生产塑造的农业景观，构成了温州滨海丘陵平原地区地域景观的基底。基于上一章节中所介绍的平原人工水网及其水利调控系统，历代邑人在这片土地上辛勤耕耘，独具地域特征的农业景观随之形成与发展。对于这一部分，可以从农田建设与作物种植两方面来加以解读。

第一节　农田建设：水为农本、筑堤围田

地区原本山多田少、溪河程短流急、滨海土壤碱卤、时有飓风海潮，自然环境并不太利于农业生产。先民通过一系列水利工程建设形成了以塘河为主干的运河水网，改造自然环境以利于农业生产。其一，水利建设为农业生产奠定基础，农田水利的兴废直接影响着区域尺度上的农田建设；其二，水利建设与滨海淤涨共同作用下的海岸线外推促进了水网平原的扩张，农田面积随之增加；其三，邑人基于区域水网骨架，因地制宜地将各类土地开垦为圩田、沙田与涂田，毛细水网随之形成，二者相辅相成、不断完善。

基于上述农田建设过程，水系与田园相互交织的平原水网农

田肌理逐渐形成与发展，成为邑人生活的衣食来源与城乡营建的土地本底，形成了独具地区特色的地域景观。下文遵循"水利农田关系—水网农田扩张—各类农田建设"的思路来加以解析。

首先，水利与农田的关系表现为水利工程建设奠定农业生产与农田建设的基础，这可以从相关水利工程史料中得到印证。

"水为农本"思想在农业社会被视为立国之本，历代方志水利卷卷首均有强调该思想的相关记载，足见邑人对这一农水关系的透彻理解与高度重视。历代循吏都以兴修水利与促进农业生产作为施政之要，"农为政本，水为农本"：

> "农田丰吝视水利，去水之害，而利可全收。虽瘠土，不忧旱涝。况瓯地多沃衍，谷宜稻粱，引山泉溪涧，潴为湖泽，导为河渠，或合或分，可蓄可泄。前贤所相度资灌溉者，何异于池阳、谷口①乎？并海御咸，古堤无恙，涂泥成稼穑，亦明效也（清乾隆《温州府志》水利卷首）"[1]。

> "夫国保于民，民依于食，食占之岁，岁仰之水。故后稷之为烈也，在粒民；禹之巍巍也，在沟洫。凡为农利者，莫如堤防，莫如陡门（明隆庆《乐清县志》水利卷首）"[2]。

温州历代多有水利工程碑记留存，其中对"水为农本"思想的重视也多有体现：

> "天下有以人事代天工而齐地力者，莫善于水利。是故天之雨旸水旱不常，地之燥湿肥硗不一，而能开其源、节其流，使之蓄泄有时，盈涸无患，足以灌溉田亩，而裕生民之食用，此陡门之设，其所关于水利者大也。平阳为泽国，东南一带，濒海之区，海水咸卤，不利灌田，全赖山水以资挹注（清·余丽元《重筑江南燕埭陡门记》）"[3]。

> "永嘉郡城毗连三四两区，纵亘六十里，横约四十里，平原沃衍，农田逾二十万亩，中有大河流，发源于四区之

① 池阳、谷口为两处地名，关中白渠引经河水，渠首在谷口，白渠流经池阳。

雄、郭、瞿三溪，而经会昌、腴符二河，直达瑞境。其间小
河百数，错综参伍，派别支分，灌溉便利，诚天然奢腴之农
区也。而其河流所注，以瓯江为尾闾，濒江各处均有石埭
陡门，俾资蓄泄。故埭陡工程之善否，关系于农田利害极
钜……渔唱櫂歌，互答鸥鹭，纵横阡陌，穗稻连云，农利晋
兴，欢谣载途……是在会诸公之力也，是服畴者之食赐无穷
也（民国·张感尘《改建茅川陡门碑记》）"[4]。

此外，宋元以来的历代水利工程碑记及相关史料文存也多有论
及水利兴则农获利，水利废则农受灾的相关事件。堤堰、塘埭、陡
门、海塘等水利工程未建或失修圮坏常常祸及农田建设与农业生产
（表8-1）。

相反，堤堰、塘埭、陡门、海塘等水利工程的兴建及修复可大
为促进农田建设与农业生产（表8-2）。

其次，水网农田扩张呈现为一种人工与自然共同作用的持续变
动过程。正如第七章中所提及的人进海退的海岸线变迁过程，海塘、
陡门等水利设施的持续外筑促进了滨海滩涂成陆。邑人通过农田水
利工程建设不断化沧海为良田，使水网农田成为此消彼长过程的产
物而不断形成、发展与扩张。

在隋唐之后，历史成陆过程（表8-3）有三方面特征：其一，
淤涨成陆速度不断加快；其二，沿海平原水网农田面积不断扩大；
其三，四邑县城离海距离逐年增长。滨海岸线不断外推的历史过程，
也正是水网平原增长与农田建设扩张的发展过程。因此，滨海平原
的成陆过程很大程度上反映了水网农田的扩张趋势。可以透过清代
邑人石方洛的竹枝词《涂田》来感受当时平原成陆与水网农田快速
扩张的场景：

　　　"瓯江水，无定踪，十年西，十年东，黄沙一卷拓三弓，蓝
　　田玉忽起正中，小民藉此起争锋（清·石方洛《涂田》）"[5]464。

历代水利工程未建或失修圯坏祸及农田建设与农业生产的部分史料　　　　表8-1

年代	地区	水利工程史料	主要内容
宋	平阳	《永嘉平阳阴均堤记》	凡四十万余亩被咸潮巨害，水利不治，岁告饥
宋	平阳	《重修阴均斗门记》	河流有泄无蓄，咸潮突逆入河，皆为田害，民贫多歉
元	平阳	《上河埭记》	垦田数千亩，田间之渠往往浅狭易涸，农岁以旱为忧，岁大歉。泛滥浸淫之所害，芥子不实，二麦失收。在畴之秧萎黄腐烂而不可移者过半，边外水田沦入于江与浦者百余亩，晚苗之咸死者几二千亩
明	平阳	《平阳万全海堤记》	飓掀海溢，卤坛涂亩，沦于沧溟。咸流内奔，若踔旷境，民罔康食，佥惟怨咨
明	瑞安	《拱瑞山记》	河道岁久，疏凿不时。淖泥内淤水之故道，稍旱辄涸，匪直农亩失望
明	平阳	《阴均水门记》	田凡若千万亩，亢阳炽虐则泉源渗涸而弗足蓄；积雨渗淫则潢潦溢溢而弗足疏。耕农失业，菜色载涂
明	平阳	《平阳凰浦埭碑》	两岸之田四十万亩，常苦海潮之入也
明	乐清	《重修蒲岐海塘记》	平衍沃壤，田十万余亩。潮水浸淫，郭外田鞠为淖涂，民弗有秋
明	永嘉	《重筑谢婆埭记略》	地势淤卑，风潮荡激。每遇旱干，常苦失润。民苦污莱，不享蓄泄之利
明	乐清	《抚安塘记》	风潮奔啮，田复为海，民无恒业
明	乐清	《修筑四塘记》	遇大风潮，塘岸冲坍，田复为海，民皆失业
明	乐清	《隆庆乐清县志·水利》	水利之政不严，其害甚多。闸板朽缺，陡埭毁坏，淡水之泄可以立待，咸潮之入无伏多时。淡泄咸入，下种可危，斥卤熏蒸，虫灾易酿。陡门圯坏，启闭不时，污泥淤塞，未旱而干，农民待命于天，少丰多歉
清	平阳	《重修阴均陡门记》	田四十万亩，淡水外泻，河流有泄无蓄，咸潮内侵，海潮淹灌，膏腴之区变为斥卤，岁比不登
清	乐清	《南沙峇浚河碑记》	遇亢旱，引之灌田势甚艰，际淫雨，溪流赴水辄四溢，大为农事累岁
清	平阳	《重修南监海塘碑记》	潮汛旺盛，飓风骤雨，咸水涌入内河，田禾淹没无数
清	乐清	《兴水利碑记》	往昔沿海各都，咸潮充斥晚禾，十载九荒
清	瑞安	《嘉庆年间勒石示禁碑》	陡门历年久远，河埭淤泥涨塞，遇水淹没，逢旱乏荫，农民每多失望，各家无以为生
清	瑞安	《龟山陡门碑》	风水吞吐，旁多罅窍，灌溉无资，田园大受影响
清	平阳	《重筑凰浦陡门记》	潮涨侵入内河，咸卤不可荫苗；潮落内河入海，民苦不足资灌。山水暴发，泛滥盈野，禾尽淹没，旬日不涸，两岸四万裔腴之产遂尽成斥卤
清	平阳	《南港河》	广衍平原，川渠狭小。旬日不雨，遍地涸竭，无以灌溉。一遇暴雨，四望汪洋，田禾受害
清	平阳	《重筑钱仓鹅颈埭记》	潮生滔滔，洪波滚入。淖泥下坠，田卒污莱。沃壤变为斥卤，莞特化为茂草

［资料来源：作者根据历代《温州府志》及永嘉、瑞安、平阳、乐清四邑县志整理而成］

历代水利工程兴修及修复而促进农田建设与农业生产的部分史料　　　表8-2

年代	地区	水利工程史料	主要内容
宋	平阳	《重修阴均斗门记》	蓄泄之宜，演漾停止，春波溶溶，耕稼以食
元	平阳	《上河埭记》	蓄水灌溉，垦田广一二里，袤六七里，为利甚溥
元	乐清	《原田歌并序》	土田错海中，轩翥如犬牙。行水稍沟，以灌溉田，水势所至，尽可耕稼
明	平阳	《平阳万全海堤记》	三乡四万余顷之田厉于灌溉，外捍潮汐，潮不害稼，内护河渠，百谷仰滋，田始有秋，民赖厥利
明	平阳	《阴均水门记》	溉田凡若干万亩，沃壤百里，厥利溥矣。歌曰：水门之隳，我田汗莱，我民苦饥；水门之复，我田既熟，我庾有粟
明	平阳	《平阳凰浦埭碑》	捍咸之入，纵淡之出，两岸之田四十万亩，仰灌于滋
明	乐清	《重修蒲岐海塘记》	平衍沃壤，而利居多，农大享其利。广二十里，延袤可四十里，田十万余亩。平畴均匀，斥卤有秋，滨海谷价连数年不至腾涌
明	永嘉	《重筑谢婆埭记略》	控山带海，灌溉万顷。互相流灌，阖郡赖之
明	乐清	《抚安塘记》	田其涂以食其众，储水溉田得田七百五十余亩，画其隙壤析为蔬圃，育鱼鳖以济民用，捍焉卤荒弃之场而变为沃壤。饮溉兼资，潮汐斥免。以耕以艺，各获尔所
明	乐清	《修筑四塘记》	沿海筑涂为田，复田七十余顷。耕田以食，田尚咸卤，先艺以麦，勃然而兴
明	乐清	《隆庆乐清县志·水利》	西乡之水，深倍于前，陡门塘埭，以时修筑，故西乡之岁常稔
清	平阳	《南监海塘记》	沃壤纵横，蓄泄以时。膏腴百里，水旱无患。群蒙其泽，众被其休
清	平阳	《重修阴均陡门记》	为都者八，藉此灌溉。田四十万亩蓄泄得宜，年歌大有，民食其利。利赖之功，夫岂浅鲜
清	乐清	《南沙岙浚河碑记》	土肥河深，无水旱患。蓄泄如意，易埕为沃。旱则足以供灌溉，即淫雨兼旬，水有所归，不至汛泛，耕者称乐土
清	永嘉	《康熙温州府志·水利》	温地濒海又多坦壤，水利之于民甚矣
清	平阳	《重修南监海塘碑记》	地滨大洋，幸无潮患，民赖以安
清	平阳	《重筑江南燕埭陡门记》	东南一带濒海之区，田四十万余亩，蓄泄甚便，农人赖之。开其源、节其流，使之蓄泄有时，盈涸无患，足以灌溉田亩，而裕生民之食用，人事代天工而齐地力
清	乐清	《兴水利碑记》	水利复兴，河有足水，车灌足恃，海滨斥卤之田化为沃壤者，不知几万亩也
清	永嘉	《康熙永嘉县志·水利》	诸水经络于原野之间，分支派合，其沃土壤而饶百谷
清	瑞安	《嘉庆年间勒石示禁碑》	时雨灌溉，河水车荫。御咸蓄淡，咸沾乐利
清	瑞安	《龟山陡门碑》	上游诸水，千流万脉，朝宗而下，注泄尾闾。旱则蓄之，潦则泄之，诚水利之咽喉，田园之命脉也。是岁田园万顷，适大有年
清	永嘉	《光绪永嘉县志·水利》	旱涝无患、蓄泄有资。千百年来，至今利赖
清	永嘉	《改建茅川陡门碑记》	错综参伍，派别支分，俾资蓄泄，灌溉便利。平原沃衍，农田逾二十万亩，诚天然之奢腴
清	平阳	《修筑江口南岸塘记》	上承溪涧，下通海潮，江南沿海一带，泽国尽成沃壤
清	平阳	《东魁陡门记》	外御咸潮，内蓄淡水，涂田渐涨而土肥岁熟，禾稼资溉而不虑浸
清	平阳	《渡龙陡门记》	越陌度阡，田畴平衍。循河溯江，麦苗青秀。昔也瘠土，今也沃壤。江以西数十万亩之田，隰匀匀而穰穰也
清	平阳	《南监造木枧记》	水道周通便灌溉，水旱两无所虞，八都之窳不患矣，绅庶共以为便。田土平衍而膏腴，名百万仓
清	平阳	《南港河》	蓄泄以时，旱潦有备，卤瘠之地易为膏腴也
清	平阳	《重筑钱仓鹅颈埭记》	时际升平，络绎如故，利赖弘多，知畴之赐

[资料来源：作者根据历代《温州府志》及永嘉、瑞安、平阳、乐清四邑县志整理而成]

隋唐之后的成陆面积与增长速率　　　　　表8-3

朝代	时期	年份	平原面积（km²）	成陆面积（km²）	平均增长速率（km²/年）
宋	乾道	1165—1173年	1439	—	—
明	嘉靖	1522—1566年	1530	91	0.2427
清	光绪	1875—1908年	1699	169	0.4870

［资料来源：作者根据文献整理而成[6]］

　　最后，水网农田建设是先民基于水利建设而成的水系骨架，度视地形、顺势而为、挖沟浚洫、作畦成垄，持续开展各类农田建设，化荒芜、盐碱与沼泽之地为阡陌良田，营造出独具地域特征的平原水网农田肌理。从留存的肌理上看，区域农田类型主要有圩田、涂田与沙田（图8-1、图8-2），这可以从地方志的相关描述中得以印证：

　　　　"原田（即圩田）有上、下垟，皆艺早晚二禾，其洿而
　　　硗者，或止艺晚。上垟河深，晚恒胜早。下垟河浅，惟赖早
　　　稻……涂田专恃雨水，雨调则早晚皆熟，不调则薄且无收。诚
　　　能开渠通水，可获全收"[7]。

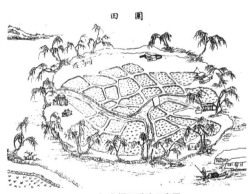

（a）圩田系统示意图

图8-1　《授时通考》中的圩田、沙田、涂田图说
［图片来源：作者根据资料整理：（清）鄂尔泰等撰．（清）董诰等补．《钦定四库全书·子部·农家类·钦定授时通考·卷十四·土宜·田制图说下》］

（b）沙田系统示意图　　　（c）涂田系统示意图

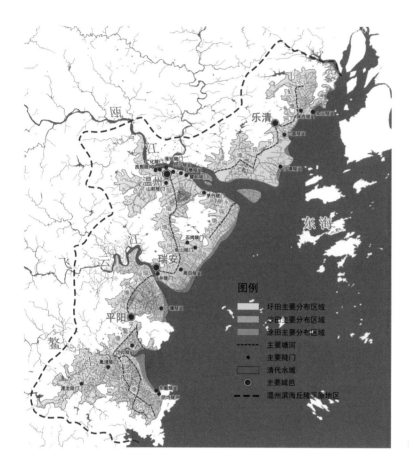

图8-2　区域主要农田类型分布示意图
[图片来源：作者根据资料改绘]

就面积比重而言，圩田是水网农田建设的主要类型，涂田与沙田均为次要类型。从分布区域上看，圩田构成了水网平原的主体，涂田多位于水网平原滨海的带状边缘，沙田主要分布于瓯江下游近入海口区域。下文将重点介绍一下圩田。

圩田是人们通过筑堤，内以围田、外以围水的水利田，具有筑堤围田、农业技术含量高、与灌溉系统有机配合等特征[8]。基于不同的土壤类型、水文环境、开垦时序与生产组织方式，区域的圩田呈现出种类丰富、形态多样、尺度各异的总特征。因地方志与历史文存中鲜有地区圩田建设的相关史料，且亦无学者开展相应研究，本章将按"流域—灌区—典型样本"的层次进行分区多样本图解分析。据此，从4个流域区间、7个灌区挑选了12个典型样本开展研究（表8-4、图8-3、图8-4）。

圩田的分区多样本选取　　　　　　　表8-4

流域区间	灌区	典型样本
瓯江以北	乐虹塘河	天成—石帆
	乐琯塘河	柳市—北白象
瓯江以南，飞云江以北	温瑞塘河	三垟、中塘河—横塘头
	永强塘河	横河—下塘河
飞云江以南，鳌江以北	瑞平塘河	湖岭—上林垟、林垟—榆垟
	平鳌塘河	郑家垟—郑家墩
鳌江以南	江南塘河	凤阳—门垟、东庄—童处、南垟—新岙、韩家垟—方北

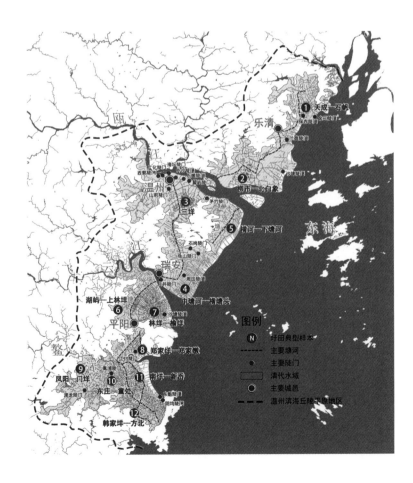

图8-3　圩田典型样本分布示意图
［图片来源：作者根据资料改绘］

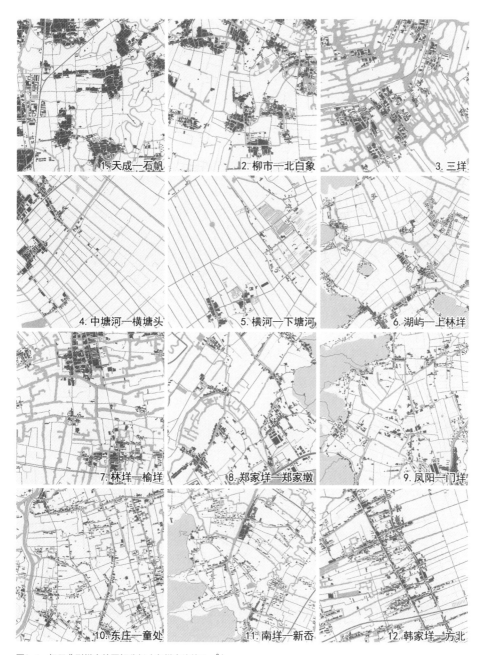

1. 天成—石帆　　2. 柳市—北白象　　3. 三垟

4. 中塘河—横塘头　　5. 横河—下塘河　　6. 湖屿—上林垟

7. 林垟—榆垟　　8. 郑家垟—郑家墩　　9. 凤阳—门垟

10. 东庄—童处　　11. 南垟—新岙　　12. 韩家垟—方北

图8-4　圩田典型样本的图解分析（各样本均约9km²）
[图片来源：作者根据资料改绘]

　　通过样本的图解分析，圩田大致分为山麓高亢平原型、塘河洼地平原型与滨海围垦平原型三类，在发育程度、开垦历史、形态、尺度与水网特征等方面差异显著（表8-5、图8-5～图8-7）。

　　总体而言，水网构成由山向海逐步渠化，圩田肌理随之由自然向规整转变，在一定程度上反映了自然主导下不同时期自发性土地开垦的痕迹[9]。

各类圩田的特征   表8-5

类型	样本序号	发育程度	开垦历史	形态	尺度		水网特征
山麓高亢平原型	6、9、11	较低	悠久	缺乏统筹规划，因地因势就形，形态各异，以切割状为主	复杂多样，大尺度居多	中、	随江就河、自然无序
塘河洼地平原型	1、2、3、7、8、10	较高	适中	缺乏统筹规划，以塘河为主干向外延伸或以洼地为核心向内围垦，形态以鱼骨状、向心状居多	复杂多样，小尺度居多	中、	以塘河为主干纵横交错，或以洼地为核心收敛内聚，较为自然有序
滨海围垦平原型	4、5、12	较高	较短	有意识的统筹规划，相似的尺度模数，形态呈网格状	较为统一，大尺度居多	中、	横浦纵塘、规整有序

图8-5 南垟—新岙圩田肌理
[图片来源：作者自摄]

图8-6　三垟圩田肌理
［图片来源：作者自摄］

图8-7　中塘河—横塘头圩田肌理
［图片来源：作者自摄］

第二节 作物种植：粳稻连片、柑橘成林

种类丰富的农田建设，形成了独具地域特色的水网平原农田肌理，在此基础上，作物种植构成了农业景观的主体。地区的作物种植包括粮食作物与经济作物两大类。农业生产以种植粮食作物为主，有水稻、大麦、小麦、甘薯、马铃薯、玉米等，以水稻为主。经济作物主要有柑橘、甘蔗、油菜、席草等，以柑橘为主。明清时期，水稻与柑橘是两种最主要的作物类型：

> "水陆之产兼有并致，谷粟柑桔之类赡于境而他郡资焉。盖倚山濒海，土薄艰殖，民勤于力而以力胜。斯民之安土重徙，凡以此也" [10]。

水稻是地区主要粮食作物，种植面积约占平原水网农田总面积的八成以上，是构成该区域农业景观的主要作物类型。从其发展历史上看，种类不断增多，由明弘治年间的17种增至清末民初的近80种[11-14]。从种植制度与栽培技术上看，水稻的耕作制度由魏晋年间单一的一年一熟制逐渐发展为清末民初多样的一年三熟制（表8-6）。从空间分布上看，水稻是各种农田类型的作物种植主体，以圩田最为典型（图8-8）。

② 稻稻和稻麦的一年两熟制。
③ 稻麦轮作复种的一年三熟制。

各时期的水稻耕作制度   表8-6

时期	耕作制度	概述
魏晋隋唐	一年一熟制的单季稻	水田实行每冬种绿肥以养用结合的连年种植制，取代了原本的"燔茂草以为田"
宋元	一年二熟制的双季间作稻	《谷谱》："温州稻岁两熟"[15]289。乾隆《温州府志》："元末，方（国珍）氏吏刘敬存摄邑，浚治深广，农田得以灌溉，稻收再熟"[16]
明	一年二熟制②的双季间作稻为主，部分地区一年三熟制	种植麦子、油菜等春花作物，形成水田一年两熟的种植制度。冬作物中增添了蚕豆、豌豆、油菜和花草等，形成稻麦、稻油、稻肥、稻肥等多种内容的两熟制[17]。明代长谷真逸的《农田余话》："清明前下种，芒种莳苗（移栽），一垄之间稀行密莳。先种其早者，旬日后，乃复莳晚苗于行间。俟立秋成熟，割去早禾，乃锄理培，雍其晚者，盛茂秀实，然后收其再熟也"[18, 19]。"腴田沃壤，一岁三获"[10]
清	一年三熟制③的双季间作稻为主	间作套种发展迅速，可达一年数收。清代石方洛《尝新》："新红米，初登场，一年再熟庆丰穰。六月初，稻已香，陈筐先献祖先尝"[5]462。发展了稻薯、稻麻和麦棉等多种形式的两熟制，并逐渐向稻稻麦三熟制发展。单季稻区逐步形成稻麦两熟制和稻、豆、麦三熟制[15]290

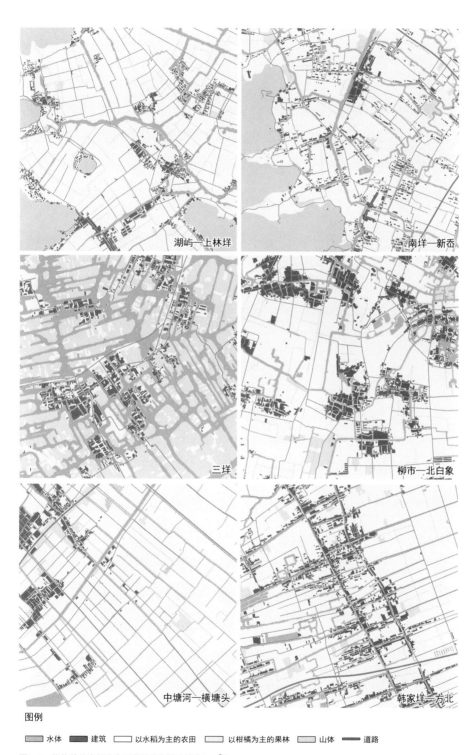

图例

| | 水体 | | 建筑 | | 以水稻为主的农田 | | 以柑橘为主的果林 | | 山体 | ════ 道路 |

图8-8　作物种植空间分布示意图（各样本均约9km²）

[图片来源：作者根据资料改绘]

四季轮回的水稻耕作栽植过程，是水网平原上不断重复上演着的动态农业景观。水稻耕作栽植技术由太湖平原一带传入，自宋元成形以来一直延续至清末，主要包括浸种、耕、耙、耖、碌碡、布秧、淤荫、拔秧、插秧、一耘、二耘、三耘、灌溉、收刈、登场等一系列过程[12]。对于滨海盐碱度稍高的田地，还要作增肥处理[7]。

另一类主要作物是柑橘。温州柑橘十分适宜当地的盐碱地环境，《橘录》载其"柑橘宜斥卤之地"[20]23。它是地区广泛栽植的重要经济作物，自唐宋以来便是闻名全国的珍贵贡品，是构成地区农业景观的重要组成部分。

地区栽植柑橘大致起于汉晋年间[21]，于唐宋时期进入兴盛发展的高峰期[22]。《新唐书·地理志》载"温州土贡柑橘"[23]，《方舆胜览》载"永嘉土产柑宴"，并描述了当年御瑞门前分赐温州贡柑的风俗盛事，称为"传柑"[24]。可见当时温州柑橘已从众多地方贡品中脱颖而出，成为上流阶层转相馈遗的珍馐。至南宋，知州韩彦直撰写了世界首部柑橘类古代专著《永嘉橘录》，分三卷系统地归纳总结了当地柑橘的品种、种植、养护、贮藏、加工、运输等一整套经验与方法[20]。关于品种，"橘出温郡最多种"，各类柑橘品种共计27种，其中柑8种，橘14种，类柑橘5种。苏、台、荆、闽、广等地虽皆有柑橘种植，但就其品相与口感而言均不及温州柑橘。诸品种当中，以产于平阳泥山④的最佳，"杰然推第一"。关于栽植范围，"温四邑俱种"，可见在四地均广为种植。柑橘得利数倍于种稻，高经济收益也促使邑人改种柑橘。这一时期，文人就温州柑橘而作的诗词也相对较多。叶适游玩永嘉城外西山时曾作《西山》诗一首，其中的"有林皆橘树"一句描述了城外广栽柑橘的壮观景色。明清之后，柑橘品种趋于稳定（表8-7），永嘉与平阳是主要种植区，在空间上较为集中地分布于地势相对低洼的圩田中（图8-8）：

④　即今苍南宜山镇。

"独永嘉仙洋（今三垟湿地）、平阳陶降（今宜山）为最盛"[25]。

明清温州柑橘品种数目统计　表8-7

时期	年份	柑橘品种数目（个）				资料来源
		橘类	柑类	其他	合计	
明朝弘治年间	1503年	8	9	5	22	（明）弘治《温州府志》
明朝万历年间	1605年	7	10	7	24	（明）万历《温州府志》
清朝康熙年间	1685年	15	8	6	29	（清）康熙《温州府志》
清朝乾隆年间	1760年	15	3	4	22	（清）乾隆《温州府志》

［资料来源：作者根据殷小霞. 明清时期浙江柑橘业研究[D]. 南京：南京农业大学，2012. 以及历代《温州府志》整理而成］

"厥后盛于隔山（吹台山）之河田，而上冈，而南仙洋（即今三垟湿地），渐至于吴田"[26]。

据1908年（清光绪年间）的相关数据统计[28]，柑橘的栽植数量已相当可观[27]：永嘉、瑞安两地柑橘田地共计近2666hm²，年均每公顷产量达15～22.5t。其中，永嘉栽植各类柑橘共计640hm²，种植面积柑为600hm²，橘33hm²，其他7hm²；栽植数量柑近100万株，橘近5000株，其他近1000株。民间竞相栽种柑橘，这从当时的竹枝词中可见一斑："橘柚愈南则愈好，得名无如泥山早。永嘉素擅种柑利，近亦蔓及瑞安地。瑞平将来胜永嘉，种之优于种地瓜。吾今预为同人劝，请书此诗为左卷（清代洪炳文《劝种柑》）"[5]476。

参考文献：

[1]（清）乾隆《温州府志·卷十二·水利》.

[2]（明）隆庆《乐清县志·卷一·壤地·水利》.

[3]（民国）民国《平阳县志·卷八·建置志四·水利下》.

[4]《温州市鹿城区水利志》编纂委员会编. 温州市鹿城区水利志[M]. 北京：中国水利水电出版社，2007：252-253.

[5] 叶大兵. 温州竹枝词[M]. 北京：中华书局，2008.

[6] 吴松弟. 宋元以后温州山麓平原的生存环境与地域观念[J]. 历史地理，2016（01）：62-75.

[7]（清）道光《乐清县志·卷十四·风

俗・民事》.

[8]　侯晓蕾，郭巍. 圩田景观研究：形态、功能及影响探讨[J]. 风景园林，2015（06）：123-128.

[9]　秦琴. 温州平原圩田景观研究——以飞云-万全圩区景观规划设计为例[D]. 北京：北京林业大学，2020：29-34.

[10]　（明）弘治《温州府志・卷七・土产》.

[11]　（明）弘治《温州府志・卷七・土产・谷物》.

[12]　（清）光绪《永嘉县志・卷六・风土・民风》.

[13]　（清）乾隆《温州府志・卷十五・物产》.

[14]　陈国胜主编. 温州市龙湾区林局编. 龙湾农业志[M]. 北京：方志出版社，2011：142-148.

[15]　《苍南农业志》编纂组编. 苍南农业志[M]. 北京：中华书局，2006.

[16]　（清）乾隆《温州府志・卷十二・水利・乐清》.

[17]　林玉姐主编. 乐清市农业局编. 乐清市农业志[M]. 北京：中华书局，2005：121.

[18]　闵宗殿. 明清时期中国南方稻田多熟种植的发展[J]. 中国农史，2003（03）：10-14.

[19]　王达. 双季稻的历史发展[J]. 中国农史，1982（01）：45-54.

[20]　（宋）韩彦直撰. 彭世奖校注. 橘录校注[M]. 北京：中国农业出版社，2010.

[21]　陈传. 温州种植柑桔的历史考证[J]. 浙江柑桔，1990（03）：4-5.

[22]　殷小霞，曾京京. 历史时期温州柑种植兴衰考述[J]. 古今农业，2011（04）：38-46.

[23]　（宋）欧阳修，宋祁撰. 新唐书・地理志[M]. 北京：中华书局，1975.

[24]　（宋）祝穆.《方舆胜览・卷九・瑞安府・永嘉・土产》.

[25]　（明）弘治《温州府志・卷七・土产・桔柚》.

[26]　（清）光绪《永嘉县志・卷六・风土・物产・果属・橘》.

[27]　殷小霞. 明清时期浙江柑橘业研究[D]. 南京：南京农业大学，2012：71.

[28]　俞光编. 温州古代经济史料汇编[M]. 上海：上海社科院出版社，2005.

第九章

城乡营建：
山水人居、统筹一体

在山环水绕的自然环境中，先民通过水利建设完成了水资源的有效管理，实现了土地的改良与扩张，促进了农业生产的繁荣发展。基于此，水网平原之上的各类城乡聚落得以孕育、发展，形成"城—卫—乡"统筹一体的聚落体系。关于地区的城乡营建，可以从城邑、卫所与村镇的营建来分类解读。

第一节　城邑营建：度地、营城、理水、塑景

地区城邑营建的动态过程，大体上遵循着"度地—营城—理水—塑景"的递进式发展路径。

首先是度地，它是基于堪舆的城址选择。在第七章第一节中，已经对地区人进海退的海岸线变迁过程有了基本的认知。不难想象，汉晋时期瓯江、飞云江、鳌江的下游入海处尚处于倚山濒海、山多地少、泥涂斥卤的自然荒野状态，各处河口平原尚未成形，仍是一片土薄艰殖、地硗种薄的卤瘠之地。也正是在这一时期，温州的永嘉、瑞安、平阳、乐清四邑相继建置营城，并于原址之上不断延续发展，方志载其"历今千有余年不改，与会稽郡县相

埒，可谓壮哉"[1]。

第一步是对区域山水环境的体察与概括。其中，山形走势是其关键（图9-1）。永嘉山体走势以瓯江为界，大致分为南北两大山脉。南为武夷山余脉洞宫山脉，北为括苍山脉，两脉环抱形成了永嘉多面环山、东朝大海的基本格局[2]。

瑞安山体走势由西南方向的洞宫山脉延伸为南北两支：北支蜿蜒于西北—东北方向，分瓯江与飞云江水系；南支由南雁荡山脉东迤，分东北向余脉。总而言之，西南方向的山脉分两大支、数小支而东入海，形成了瑞安北倚群山、西南望山、东朝大海的基本格局[3]。

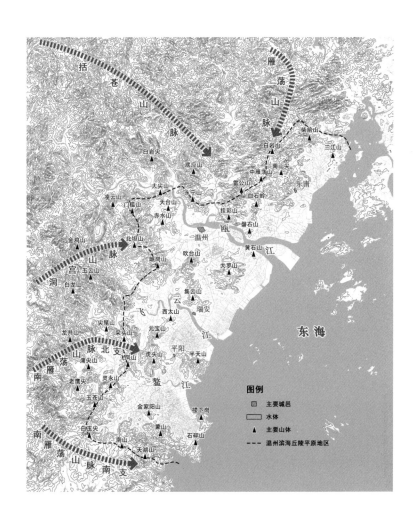

图9-1　四邑山体走势
［图片来源：作者根据资料改绘］

平阳山体走势由南雁荡山脉分南北两支：北支蜿蜒于西南—东北方向，分支东南趋万全仙口入海；南支延伸为南雁荡，分鳌江的南港与北港水系[4]。西南方向的山脉分数支而东入海，形成了平阳数支分列、东朝大海的基本格局[5]。

乐清山体走势由雁荡山脉自东北方向而来，分东向、西南向数支趋瓯江与东海[6]，形成了乐清背靠大山、左右揽山、面朝大海的基本格局[7]。

第二步是度地选址。早自春秋战国时期伍子胥营阖闾大城、范蠡筑越城起，称土尝水、象天法地便是江浙一带堪舆选址的常用方法[8]。四邑营城之始的汉晋时期，正是依据堪舆风水之说以选址筑城的兴盛时期。四邑的度地选址深受堪舆的影响，先民充分体察地域山水格局以利用自然、改造自然，借助山水地形以营城，并始终将自然山水纳入城邑营建过程之中予以考量，在度地建城之始便确立了山、水、城、野和谐相融的地域景观格局，这可以用"形胜"加以总结。《荀子》将"形胜"概括为："其固塞险，形势便，山林川谷美，天材之利多，是形胜也"[9]。由此可见，"形胜"既高度概括了地域自然山水环境的景致与特征，又成为巧借天地之利以作为营城选址基础的思想经验。"形胜"思想是先民基于自然的有机整体性观念之下，在自然环境中选择人居营建场所的凝练概括与总结。利用其度地择址以保障邑人基本的生存安全、生活便利、环境优美、资源丰腴，是人居环境持续发展的基本前提[10]。历代文士对永嘉、瑞安、平阳、乐清四邑的"形胜"均有精准传神的归纳提炼（表9-1、图9-2～图9-9）。

综合上述主要形胜史料，可以归纳出四邑不同的度地选址特征（表9-2，图9-10～图9-13）。

四邑形胜　　　　　　　　　　　　　　　　　　　表9-1

城邑	主要形胜史料
永嘉	控山带海，利兼水陆，东南之沃壤，一都之巨会（邱迟《永嘉郡教》）。 东界钜海，西际重山（《元史·地理志》）。 当瓯越之冲，负山海之隘（《方舆胜览》）。 浙东极处，枕江界溟，天设奇胜（王瓒《府志序》）。 枕闽福，控台栝，依山为城，环海为池（邓淮《府志序》）。 楠溪太平险要，扼绝江，绕郡城，东与海会，斗山错立，寇不能入（《浙江通志》）。 西有岷冈山，又有铁肠岭；南有大罗山；东滨海。又永宁江在城北，自栝苍诸溪汇流入府界，东注于海。江中有孤屿山，与北岸罗浮相望（《明史·地理志》）[11]
瑞安	大海巨浸界其东，大罗、云峰诸山峙其北，云江枕城之南，其西南则闽括万山之支凑焉。 晋郭景纯迁县治，盖取旁有邵屿鳌伏，西则岘山龟浮，后则楼隐凤展，左文峰类苍龙之角，鼻水宜流，右秀岘有四七之井，仙石常掩。于以捍风涛，镇火灾。其中一街一河，状若棋枰，纵横贯通[12]。 瑞地濒海澨，去郡不百里，山川文物秀甲他邑（陈昌齐《县志序》）。 三面皆大海巨浸，又有凤凰、仙岩、桐溪、嵊水、西岘、白门诸山，峻嶒秀峙。以故英灵清淑之气，振华郁采，蔚起人文（长白廷《县志序》）。 海澨茫茫，翔洽海隅，率俾而扶舆，磅礴之气益呈其灵秀。山川、风物润泽而大丰霁，道存其间矣。 大海巨浸界其东，大罗、云峰诸山亘其北，云江襟其南，西南则闽、括万山之支凑焉。晋郭景纯之迁县治，盖取旁有邵屿鳌伏，西则岘山龟浮，左文峰类苍龙之角，后栖隐如凤翅之展。其中一街一河，状若棋枰，纵横贯通；外则深土沃田，阡陌鳞次。擅东南之胜焉[13]
平阳	东南滨海，西北抵山，两浙咽喉，八闽唇齿。 东瓯边徼，濒海襟江。四邻之封，犬牙参错，群山合沓，四面缭绕。而鸣山形止，势聚为县衮。座雁荡玉苍，秀拔甲于东南，斯亦一邑之胜乎。 山川演迤，凤翥鸾翔，西南负山，东北遵海，界山濒海，广袤五百余里。濒海而县，诸峰自西南来，气势横逸，若万马之奔距。新罗、九凰、夹屿诸峰拥翊，七弦之水萦带左右。双凤前分，蛾眉后列，江贯横阳，地连雁荡。 自晋郭景纯定县治，以仙坛、昆山对峙于前，鸣山、石塘拥障于后，故宋令陈容有"前分凤翅，后叠蛾眉"之句。俗传左右二山为斗牛，鸣山为伏虎，言其形势也。其外则海环东南，山塞西北，而江贯其中，风气萃矣，天险设焉[14]。 襟江带海，接壤闽栝，东带沧滨，西连闽峤，飞云限其津兮，水阻其隘，地形天堑，居然控扼。全浙之边陲，一郡之奥区也。置戍兢兢，为防御要地也[15]。 东南濒海，西北抵山，横阳之江贯其中。江之北为县治，左曰仙坛，右曰昆山，对峙其前，鸣山、石塘，叠拥于后。又曰：左右二山谓之斗牛，鸣山谓之伏虎。江之南若仪山、将军诸山，秀丽盘绕；江之西若雁宕、玉苍诸山，高耸森列[12]
乐清	山川宏丽，大海堑其前，群山障其后。东有九牛、文峰，连桥环其左，西则萧台、西岑，叠巘抱其右，若两臂之捍卫然者。去县南五里余，有屿当海口，顶平而四圆，名曰印屿，其上置军戍、烽堠以控接磐石、蒲岐，防遏海道[12]。 县治旁有东、西二溪，西南有瑶头江，西有象浦河，东南有石马港，下流皆达海（《明史·地理志》）。 有山远引，若虹霓之状，峰峦奇伟，林麓静深，环合映带，蓝黛之色，与天连碧（王十朋《绿画轩记》）。 山麓漫平，深泉衍流，多香草大木，陆地尤美（叶适《白石净慧院记》）[16]。 邑治前临巨海，后拥群山。九牛、文峰蟠其左，萧台、西岑距其右。小山中峙，正当海口，名曰"印屿"，为邑之案。自南而东，列置烽堠以控接磐石、蒲岐，防遏海道。其山川宏丽，盖他邑鲜俪焉[17]

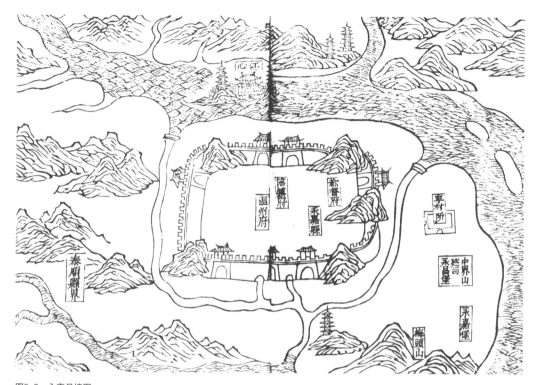

图9-2　永嘉县境图

［图片来源：截取自（清）康熙《温州府志·卷首·图·温州府境图》的局部］

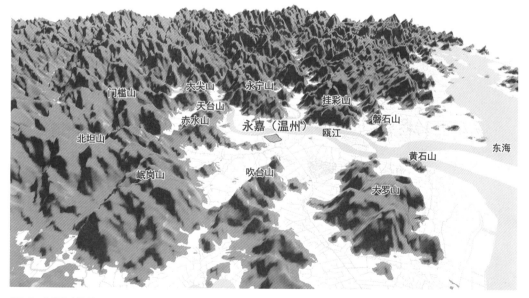

图9-3　永嘉山水格局

［图片来源：作者自绘］

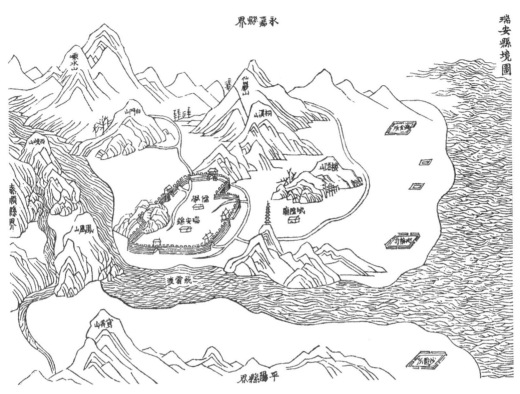

图9-4　瑞安县境图

[图片来源:（清）同治《温州府志·卷首·图·瑞安县境图》]

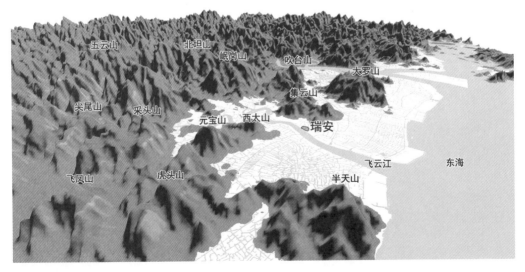

图9-5　瑞安山水格局

[图片来源：作者自绘]

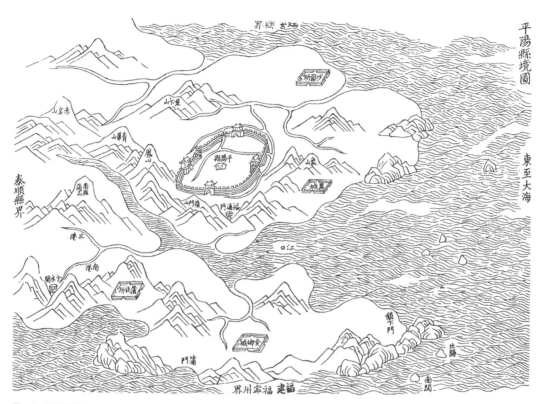

图9-6　平阳县境图
[图片来源：（清）同治《温州府志·卷首·图·平阳县境图》]

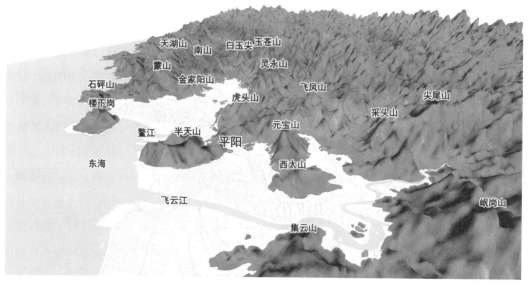

图9-7　平阳山水格局
[图片来源：作者自绘]

图9-8 乐清县境图
[图片来源:(清)同治《温州府志·卷首·图·乐清县境图》]

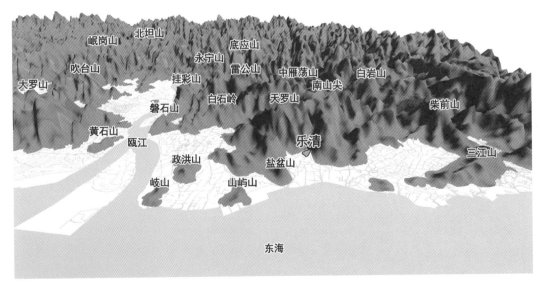

图9-9 乐清山水格局
[图片来源:作者自绘]

四邑度地选址特征　　　　　　　　　　　　表9-2

城邑	区域条件	山水特征	环境优势	战略地位
永嘉	地处瓯江近海口南岸，远有洞宫山余脉环抱，近有数座低丘列列，隔江有雁荡山余脉相望	西控重山、东带钜海、枕江界溟、斗山错立	东南沃壤、天设奇险、依山环海、险要扼绝、利兼水陆	瓯越山海冲隘，枕闽福、控台栝
瑞安	地处飞云江近海口北岸，北有洞宫山余脉座峙，东西有数座低丘散布，隔江南与平阳诸山相望	东浸大海、南枕云江、西北峻嶒秀峙、邵屿鳌伏、岘山龟浮、楼隐凤展	山川磅礴灵秀、风物润泽丰霁、深土沃田、山川文物秀甲他邑	—
平阳	地处鳌江近海口北岸，东西有南雁荡山脉余脉横贯，南北有峻嶒峙障	东南濒海襟江、四面群山合沓、水阻其隘、地形天堑	诸峰拥翊峙前障后、七弦之水萦带左右、风气萃而天险设	两浙咽喉、八闽唇齿，控扼全浙边陲防御要地
乐清	地处瓯江北岸，东与海望，南、西、北三面环以雁荡山余脉	大海堑前、群山障后、左右诸山环抱、山川宏丽	两溪萦带、深泉衍流、山麓漫平、林麓静深、盖他邑鲜俪	控接海口、防遏海道

[资料来源：作者根据方志整理而成]

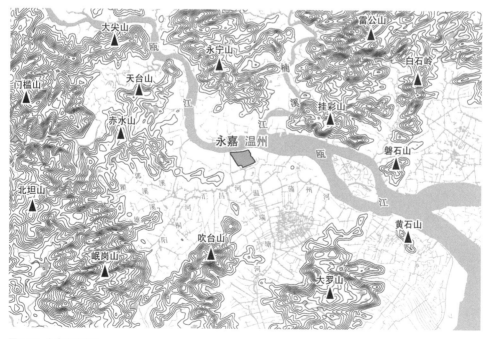

图9-10　永嘉度地选址
[图片来源：作者自绘]

图9-11　瑞安度地选址
[图片来源：作者自绘]

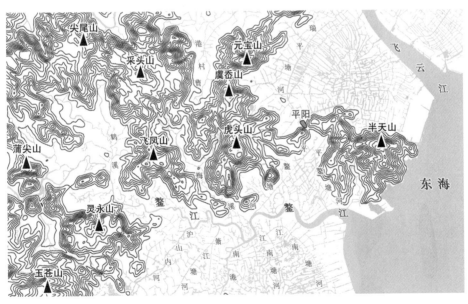

图9-12　平阳度地选址
[图片来源：作者自绘]

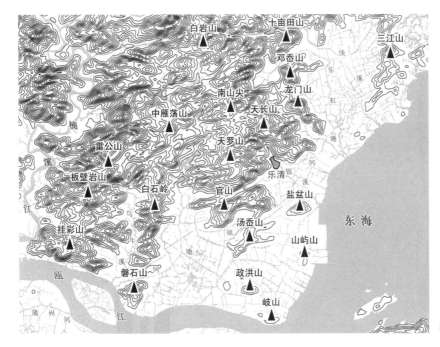

图9-13　乐清度地选址

［图片来源：作者自绘］

其次是营城，可以概括为依山就势、因地制宜的城邑营建。"王公设险以守其国，重门击柝以待暴客"[18]，先民度地择址之后，便依山形地势营建城邑。正如《汉书·艺文志》所言："形法者，大举九州之势以立城郭室舍形"[19]，四邑的城池营建顺应山水环境特征，因地制宜、顺势而为、形态自由，可以从营城策略、城池发展、山城相依以御敌三方面来解读。

在低山连亘、丘陵散布的自然环境中，"连山为城"与"依山筑城"是营城的主要策略。永嘉与瑞安是"连山为城"，巧妙地横跨低丘以连山筑城；平阳与乐清是"依山筑城"，依就山势以筑城设防。

永嘉的"连山为城"最具代表性。相传设邑营城时以诸山类比天象星斗，顺应山川之形与天地之道，连海坛、华盖、积谷、松台、郭公五山以筑城营邑，将天象星宿与郡城之形紧密相连，形成了永嘉北据瓯江、东西依山、形似倒梯形的城邑形态，奠定了"斗城"的山水骨架（图9-14～图9-16）：

"城当斗口。《郡志》：始议建城，郭璞登山，相地错立

图9-14　温州斗城示意图

［图片来源：陈喜波，李小波. 中国古代城市的天文学思想[J]. 文物世界，2001（01）：61-64］

图9-15　永嘉县治图（温州府治附郭图）
［图片来源：（清）同治《温州府志·卷首·图·永嘉县境图》］

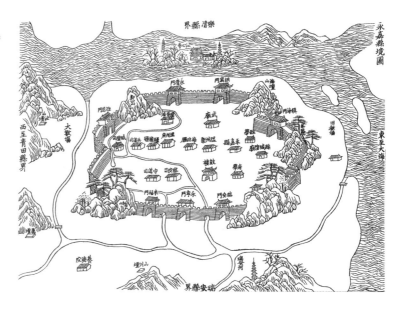

图9-16　永嘉营城示意图
［图片来源：作者自绘，底图改绘自钟翀.温州古旧地图集[M].上海：上海书店出版社，2014］

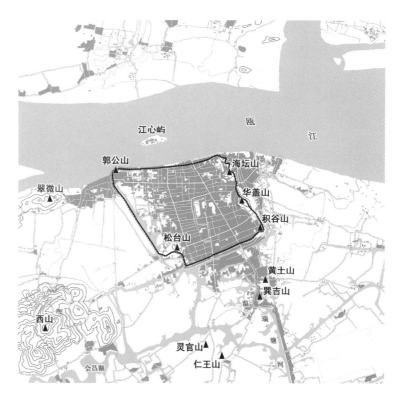

如北斗，城之外曰松台，曰海坛，曰郭公，曰积谷，谓之斗
门，而华盖直其口；瑞安门外三山，曰黄土，巽吉，仁王，则
近类斗柄。因曰：若城于山外，当骤至富盛，然不免于兵戈火
水之虞。若城绕其颠，寇不入斗，则安逸可以长保。于是城于
山上"[20]。

瑞安的城邑营建也运用了"连山为城"的策略，跨邵公岵与西
岘山二山筑城营邑，巧借低丘以营城设防，形成了瑞安东西长、南
北短、形似不规则多边形的城邑形态（图9-17、图9-18）：

> "晋郭景纯之迁县治，盖取旁有邵岵鳌伏，西则岘山龟浮，
> 左文峰类苍龙之角，后栖隐如凤翅之展"[13]。

"依山筑城"是另一类营城策略，多顺应山形地势的轮廓走向
以构筑城墙、营建城邑。乐清的"依山筑城"最具代表性，正如黄
淮《乐清白沙新城记》所言："县治三面薄山，东西二水夹县市而
出"，其择址区域为三面环山、东西二溪始出山谷潆带并行的山麓
平原地带。虽无低丘藉以连山筑城，但周围山体呈环抱式的袋形内

图9-17 瑞安县治图
［图片来源：（清）嘉庆《瑞安县志·卷首·图·县城图》］

图9-18　瑞安营城示意图
［图片来源：作者自绘，底图改绘自瑞安县城（局部）．台湾"内政部"典藏地图数位化影像制作专案计划］

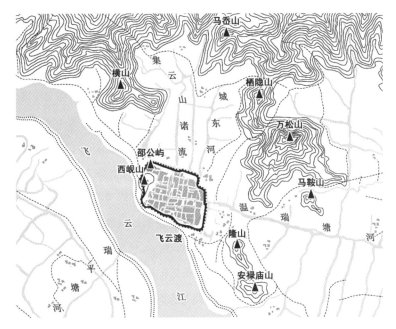

图9-19　乐清县治图
［图片来源：（清）道光《乐清县志·卷首·图·县城图》］

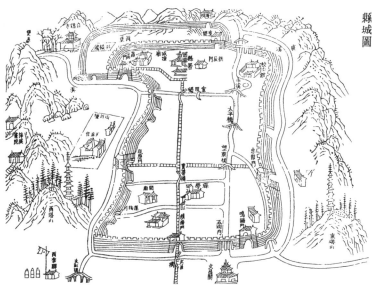

凹状，具备有险可倚、便于设防的天然屏障，清道光《乐清县志》载："乐邑山崇于外，城附于下，凭高望之，了然在目"[21]。先民依西塔山、萧台山、丹霞山、县后山（凤凰山）、九牛山、东塔山一线的山形轮廓顺势筑城设防，形成了乐清南北长、东西短、进退变化多样的城邑形态（图9-19、图9-20）。正如《乐清县志》所载："山

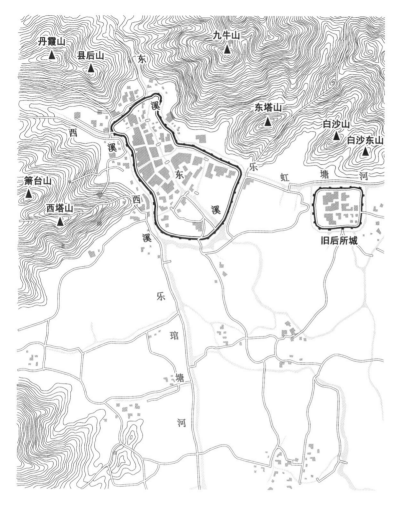

图9-20　乐清营城示意图
[图片来源：作者自绘，底图改绘自钟翀.温州古旧地图集[M]. 上海：上海书店出版社，2014. 中的《乐清县城及其附近乡村图》]

川宏丽，峰峦奇伟，环合映带。大海堑其前，群山障其后。东有九牛、文峰连桥环其左，西则箫台、西岑叠巘抱其右，若两臂之捍卫然者"[12, 16]。

平阳也采用了相似的营城策略。其择址区域为东西诸山夹扼、南北峻嶒峙障、左右山溪来汇的山麓平原地带。正所谓"两山翼然，中阙为门"，山丘自西向东横亘相连，于昆山（九凰山）与仙坛山的两山交趾处断为低谷。东翼一线为仙坛山、新罗山、溪金山等，西翼一线为昆山（九凰山）、甸阳山、沙冈山等，峡谷为沟通南北交通的咽喉之处。先民巧借两翼连亘、中为峡谷的山形地势，依昆山

（九凰山）—峡谷—仙坛山一线筑城营防，形成了平阳南北长、东西短、近椭圆形的城邑形态（图9-21、图9-22）。正如《平阳县志》所载："县治以仙坛、昆山对峙于前，鸣山、石塘拥障于后，'前分凤翅，后叠蛾眉'。左右二山为斗牛，鸣山为伏虎，言其形势也。风气萃矣，天险设焉"[14]，"城形椭圆，南北斜长，东西差缩"[22]。

城池发展方面，主要包括筑城材料、城池规模与城市山水轴线体系。

筑城材料不断革新。宋代之前，多为夯土版筑技术修筑的土质城墙[23]581-582，永嘉、瑞安与平阳三邑自晋朝营城之始便以夯土修筑城墙。唯有乐清例外，因东、西二溪时有山洪暴发，仅以木栅围合作为简易的城墙。明弘治《温州府志》载："乐清旧无城，盖以两溪相环，洪水有时暴涨，下流壅，或不泄，不可城也。旧以木栅为之"[24]。清道光《乐清县志》载："县治旧以两溪萦带，洪水时发，不可城，惟用木栅。至唐天宝三年始筑"[21]。宋元之后，多采用砖、石外砌包裹原有土墙以构筑砖石城墙，色调统一、干净利落、坚固耐久，既增强了御敌能力，又使墙面、垛口、枪眼、马道、踏步等更为规整[23]580。四邑城墙均改筑为砖石城墙。清光绪《永嘉县志》载："郡城悉用石甓……宋宣和二年（1120年），方腊围城（永嘉），教授刘士英增缮加筑，取甓（古时称'砖'为'甓'）加筑3947步，得无恙"[1]。清嘉庆《瑞安县志》载："鲁令可远再增垛墙（瑞安），高二尺，上压横石，拓垛口稍阔，以便御敌"[25]。清道光《乐清县志》载："嘉靖壬子，都御史相地，命邑令城之，略如国初而纯以石"[21]。

四邑城池规模在数次北人南下、元明期间城防提升的背景下不断扩展，经历代重筑、增筑、改拓、修葺与完善，其城池规模于明代相继定型，清代虽屡有修葺增筑，但规模一直未变（表9-3）。

城市山水轴线体系也日趋完善，城市结构与轴线朝对都充分体现出城邑营建与内外山水自然环境间的紧密联系。这主要体现在城市平面形态顺应局部山水环境、城市主街与城内干流并行、城市轴线与外部山水的朝对关系三个方面。

图9-21 平阳县治图
［图片来源：（清）乾隆《平阳县志·卷首·图·附郭图》］

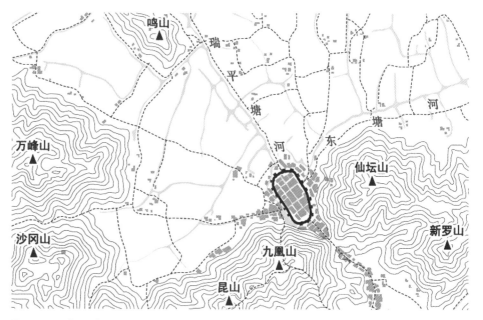

图9-22 平阳营城示意图
［图片来源：作者自绘，底图改绘自平阳县城，台湾"内政部"典藏地图数位化影像制作专案计划］

四邑城池规模一览表① 　　　　　　　　　　　　　　表9-3

城邑	周长（m）	高度（m）	址阔（m）	面阔（m）	广（m）	袤（m）	城门（座）		始筑	定型年代
							陆	水		
永嘉	9528.96	8	7.36	3.84	3124.48	3187.2	7	3	晋	明洪武十七年（1384年）
瑞安	3648	5.44	3.84	2.56	1006.08	1001.6	5	3	晋	明嘉靖三十一年（1552年）
平阳	2022.4	5.12	4.16	2.88	320	825.6	4	3	晋	明洪武七年（1374年）
乐清	4502.4	5.76	4.48	2.88	不详	不详	6	7	唐	明嘉庆元年（1796年）

［资料来源：作者根据（明）弘治《温州府志·卷一·城池》，（清）光绪《永嘉县志·卷三·建置志一·城池》，（清）嘉庆《瑞安县志·卷二·建置·城池》，（民国）《平阳县志·卷六·建置志二·城池》，（清）道光《乐清县志·卷三·规制·城池》等方志整理而成］

① 按明尺1丈=3.2m换算。

② 又称北大街与南大街。

永嘉城平面形态呈倒梯形，由海坛、华盖、积谷、松台、郭公五山所围合。城市内部由呈"井"字形的数条主街划分。主街有大街②、新河大街、百里坊街、西大街、五马街、永宁街、府前街等。纵向轴线有大街—瑞安河轴线、府前街—永宁街—永宁河轴线、新河大街—新河轴线，横向轴线有百里坊街—百里坊河轴线、西大街—五马街—隍殿巷轴线（图9-23、图9-24）。各条轴线均与城外山体形成了良好的朝对关系，正如方志所言："东南以大罗山为最大，正南以吹台山为大，西以岷岗山为大，西北以赤水山、天台山为最大，正北以永宁山为最大。盖郡邑之镇山也"[2]。

瑞安城平面形态呈不规则多边形，东西长、南北短，由邵公屿、西岘山、飞云江、莲湖、东湖、北湖所围合。城市内部由呈"丰"字形的数条主街划分。主街有大街、南门街、仓前街、北街、沙堤、新街、南堤街等。纵向轴线有仓前街—仓前河—南门街轴线、西河轴线、北街—沙堤—新街轴线，横向轴线有大街—县前河—小街轴线、南堤街—午堤河轴线（图9-25、图9-26）。

平阳城平面形态呈近椭圆形，南北长、东西短，由仙坛山、九凰山、龙湖、放生池、北濠河、东门濠河所围合。城市内部由呈"丰"字形的数条主街划分。主街有市心街、新街、白石街、县前

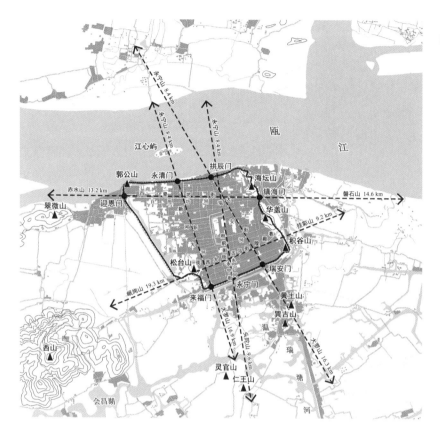

图9-23 永嘉城平面图
［图片来源：作者自绘，底图改绘自钟翀. 温州古旧地图集[M].上海：上海书店出版社，2014］

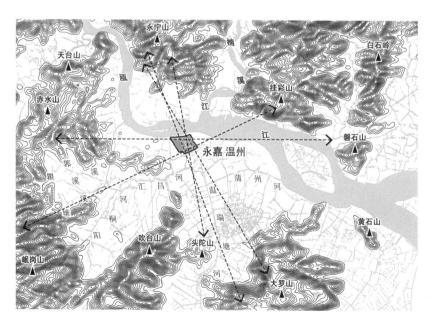

图9-24 永嘉城轴线朝对示意图
［图片来源：作者自绘］

图9-25 瑞安城平面图
[图片来源：作者自绘，底图改绘自钟翀. 温州古旧地图集[M]. 上海：上海书店出版社，2014. 中的《瑞安城区内外四隅图》]

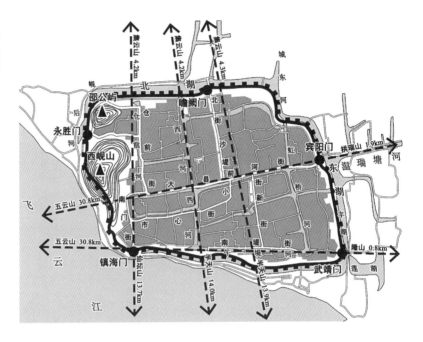

图9-26 瑞安城轴线朝对示意图
[图片来源：作者自绘，底图改绘自瑞安县城（局部）. 台湾"内政部"典藏地图数位化影像制作专案计划]

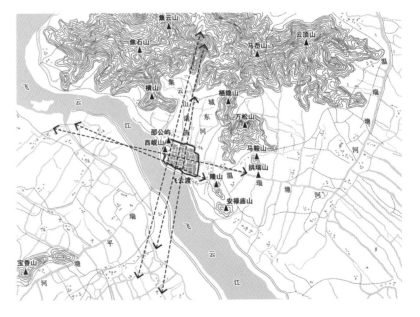

街、五显殿街等。纵向轴线有市心街—运粮河—旧仓河轴线，横向
轴线有县前街—左仓河轴线、白石街—白石河轴线、新街—下河—
汇水河轴线（图9-27、图9-28）。

乐清城平面形态呈不规则多边形，南北长、东西短，由西溪、
西塔山、凤凰山、城东新河、东塔山、城南河所围合。城市内部由
呈"十"字形的数条主街划分。主街有县前街、东门街、西门街等。
纵向轴线有县前街轴线、东溪轴线，横向轴线有东门街—西门街轴
线（图9-29、图9-30）。

图9-27　平阳城平面图
［图片来源：作者自绘，底图改绘自钟翀.
温州古旧地图集[M].上海：上海书店出
版社，2014.中的《平阳县城图》］

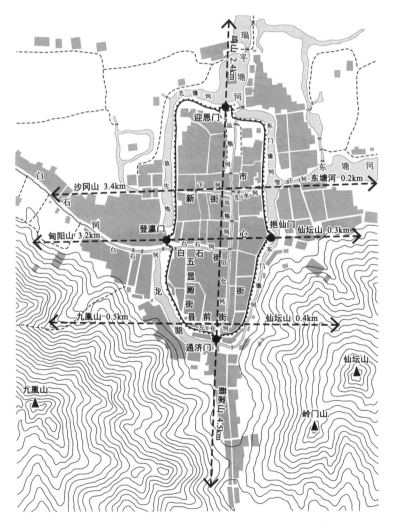

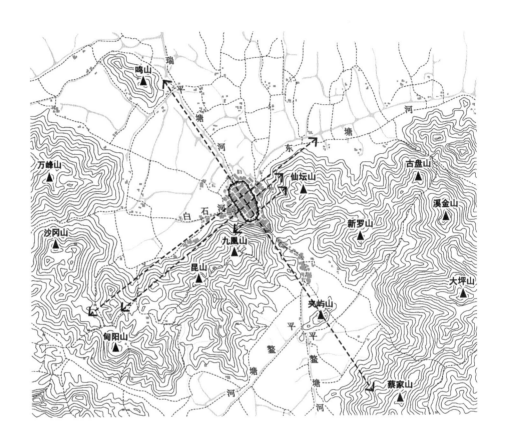

图9-28　平阳城轴线朝对示意图
［图片来源：作者自绘，底图改绘自平阳
县城．台湾"内政部"典藏地图数位化影
像制作专案计划］

山城相依的城邑营建在御敌方面颇有优势。正所谓"兵也者，上守而贱战者也。设险守国，重门待暴，固古之制哉。因地之险，仍古之制，从民之便（明侯一元《乐清城记》）"[21]。巧借山形地势以营城设防，便于占据险要之地以利于军事防御。四邑山城相依的城防体系，构筑了空间层面的防卫屏障与精神层面的安全感："时修缮以销奸萌，治人和以保丰庶。城修葺告竣，崇墉屹然，人心与之俱固矣"[1]。四邑屡有借山城相依的城防体系以成功却敌的历史事件见诸史料（表9-4）。

再次是理水。邑人在水系梳理时将城邑的内外水系统筹考虑，顺应山水形势加以梳理与改造，形成了独具地域特征、功能多样的城邑水网。下文将从内外贯通、水系管控、便利民生三方面来解读。

邑人十分重视城邑水系的内外贯通性，将其类比为人体血脉以强调通达的重要性："夫天地之有水，犹身之有血脉。河流壅

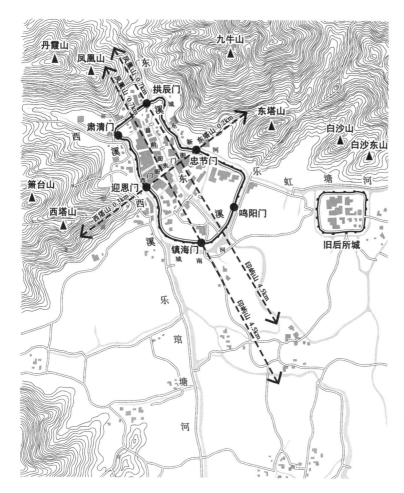

图9-29　乐清城平面图
[图片来源：作者自绘，底图改绘自钟钟．温州古旧地图集[M]．上海：上海书店出版社，2014．中的《乐清县城及其附近乡村图》]

则风水伤，血脉滞则身病，必然之理也（吕弘诰《重开城内河道记》）”[26]，“邑，犹身也；河，（犹）血脉也。血脉壅则身病，河壅则邑病，不壅不病也（林景熙《州内河记》）”[27]。基于此，各邑大多先于城外溪河汇水处筑堤堘潴水为湖池以统筹调蓄，再经水道贯通城邑内外水系，导为城濠或由水门引入城郭，最终由陡门蓄泄排入江海。世代邑人筑堤堘以潴水为湖池，凿沟壕河渠以连通水系，筑水门以引水排水，设陡闸以蓄泄调控，实现了各邑内外贯通水系的有效管控。

　　永嘉城外受城西郭溪、雄溪、瞿溪三溪之水，汇于城西南的会昌湖以调蓄。一支东南行汇入温瑞塘河，一支北流入西山河形成

图9-30　乐清城轴线朝对示意图
[图片来源：作者根据资料改绘]

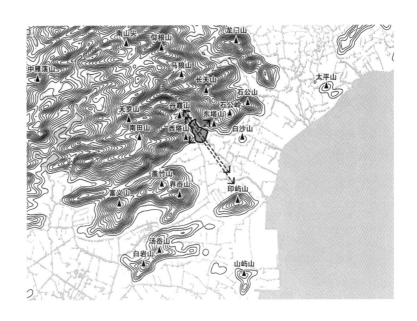

城邑	年代	御敌的核心内容	资料来源
		四邑借山城相依以成功御敌的历史事件一览表　　　　　　　　表9-4	
永嘉	唐武德元年（618年）	永嘉、安固等百姓于华盖山固守，不陷凶党	唐元和《元和郡县图志》
	宋宣和二年（1120年）	方腊寇城，教授刘士英谓："城东负山、北倚江，可无患。惟西南低薄，宜增缮。"乃取甓加筑三千九百四十七步。因加筑，高三寻有奇，广一丈五尺，面损三之一。贼再至，见之失色。贼围城，相持月余遁去，得无恙	明弘治《温州府志》清光绪《永嘉县志》
	清顺治十五年（1658年）	时因海警，移总督街门驻温州，倍加峻筑，雉堞并两为一城面，添阔马路，辇神威火器置各山巅	清光绪《永嘉县志》
瑞安	清康熙年间（1662—1722年）	瑞境滨海，防倭惟城险可守。耿逆之叛，贼众十余万，环攻四十日不能下	清嘉庆《瑞安县志》
乐清	明永乐年间（1403—1424年）	乐负山濒海，因山为险，城其南偏。东西之山旋绕而北，嶔崟戍削，若增而高，崇台星列。永乐间倭寇至，乃以师缀卫，而潜师入邑，屯戍棋峙，累叶晏然，城之力也。蠡蠡乎高墉哉，固有之而不恃矣	明侯一元《乐清城记》
	明嘉靖戊午、己未年间（1558—1559年）	乐邑山崇于外，城附于下，凭高望之，了然在目。嘉靖戊午、己未间连遭倭患，城几不保，张参将力战获免，城犹足以为用	清道光《乐清县志》

[资料来源：作者根据资料整理而成]

城邑近郊与城内水系（图9-31）。城邑近郊水系包括广化河、西山河、城下河、东门河、朱柏浦等，由广化陡门、西郭陡门、外沙陡门等调控蓄泄入瓯江。城内水系经西南永宁水门、东南瑞安水门引水入城，由东北奉恩水门排水出城，由海坛陡门蓄泄入瓯江[28]。城内水系以原有河、溪、湖、潭等自然水体为基础，开河筑渠、连湖通潭、凿井挖池，形成了河湖成网、纵横贯通、四通八达的水网，在四邑中最具代表性。城内水系以蜃川（城西）、新河（城中）、瑞安河（城东）三条南北走向的纵向主干河道及城中子城的环城濠池为骨架，与东西走向的近五十条横向河道纵横交错，再与雁池、藕池、冰壶潭、伏龟潭、潦波潭、浣纱潭、二十八井等湖、潭、池、井彼此贯通，共同组成了城内纵横贯通、河渠如栉的水网（图9-32、图9-33）。宋代叶适的《东嘉开河记》如此描绘永嘉的城内水系："环

图9-31　永嘉城邑水系图
［图片来源：作者自绘，底图改绘自钟翀. 温州古旧地图集[M]. 上海：上海书店出版社，2014. ］

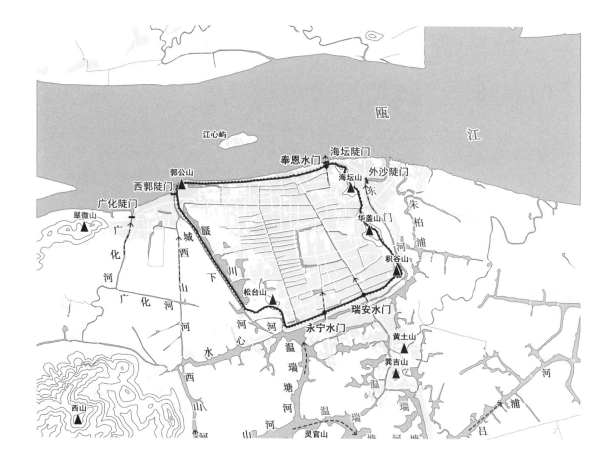

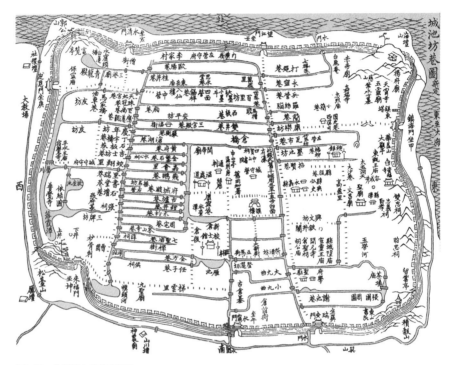

图9-32　永嘉城内水系示意图

[图片来源：作者基于（清）光绪《永嘉县志·卷首·图·城池坊巷图》改绘]

图9-33　永嘉城内水系图

[图片来源：作者自绘，底图改绘自钟翀. 温州古旧地图集[M]. 上海：上海书店出版社，2014]

外内城皆为河，分画坊巷，横贯旁午，升高望之，如画弈局"[29]。
吴庆洲先生[30]根据《东嘉开河记》测算出南宋温州城河的总长度近
63.34km，城河密度约为10.56km/km²，超过了同期的苏州③与绍兴④。
可见宋代永嘉纵横交错的城内水系就已蔚为壮观了。

　　瑞安城外受城北集云山诸流与城东河之水，汇于城北的北湖
（锦湖），由城西石紫河埭[31]潴留调蓄，进而形成城邑近郊与城内水
系。城邑近郊水系包括北湖、城濠、东湖、丰湖、莲湖、温瑞塘河
等，由月井陡门调控蓄泄入飞云江（图9-34）。城外北湖是城内水系
的主要水源，经北水门、东北虞池水门入城，由东水门出城汇入温
瑞塘河[31, 32]。城内水系以纵向的西河、仓前河，横向的县前河、午
堤河等干河为骨架，形成了纵横贯通的棋盘形水网（图9-35），方志
载其："流贯城中，一街一河，纵横贯通，状若棋枰"[33]，这从瑞安
县治图与瑞安学宫图中可见一斑⑤（图9-36）。

③　平江府，城河密度近
　　6km/km²。
④　城河密度近8km/km²。
⑤　城中部的瑞安县治前
　　为县前河，其东侧的
　　瑞安县学前为泮池。

图9-34　瑞安城邑水系图
［图片来源：作者自绘，底图改绘自瑞安
县城（局部），台湾"内政部"典藏地图
数位化影像制作专案计划］

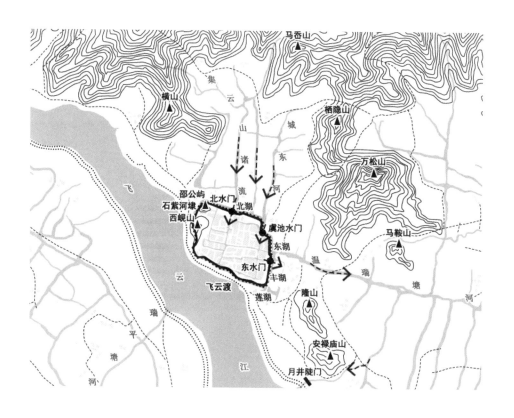

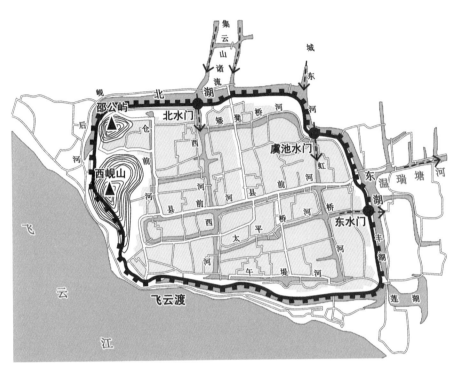

图9-35　瑞安城内水系图
［图片来源：作者自绘，底图改绘自钟翀.
温州古旧地图集[M].上海：上海书店出版
社，2014.中的《瑞安城区内外四隅图》］

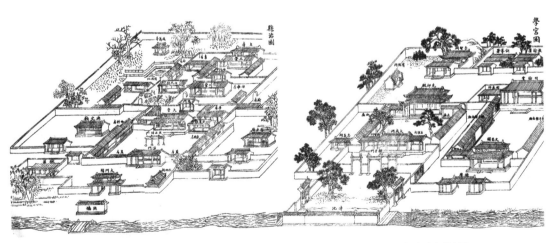

（a）瑞安县治图　　　　　　　　　　　　　　（b）瑞安学宫图

图9-36　瑞安城内水道图
［图片来源：（清）嘉庆《瑞安县志·卷
首·图》］

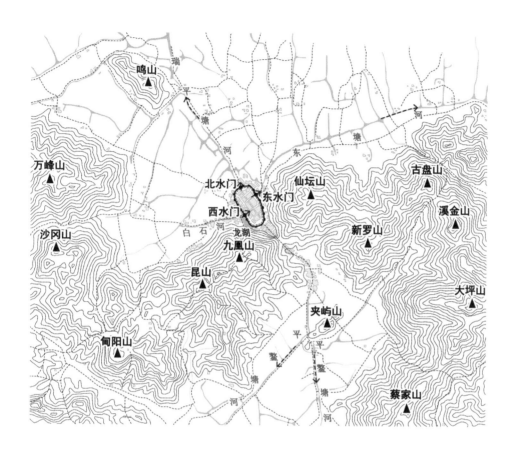

平阳城外受其西南部山体诸流，经白石河汇入城西南的龙湖以调蓄，形成城邑近郊与城内水系（图9-37）。城邑近郊水系包括放生池、北濠河、东门濠河、瑞平塘河、东塘河等，由宋埠陡门、沙塘陡门等调控蓄泄入海。城内水系经西水门引龙湖之水入城，由东水门与北水门出城分别汇入东塘河与瑞平塘河[26]。城内水系以纵向的运粮河、旧仓河及横向的左仓河、白石河、下河、汇水河等河道经纬交错贯通而成（图9-38），正如邑人林景熙《州内河记》所载："岭门昆岩两道南落，直走河以经治之东西；白石诸峰迢递而下折入河，以纬治之北。至市桥方合流，复合流转，势益深广"[27]。

乐清附城河溪程短流急，少有湖池以调蓄。城邑近郊水系包括西溪、城东新河、城南河、乐琯塘河、乐虹塘河等，由兰盘陡门调

图9-37　平阳城邑水系图
［图片来源：作者自绘，底图改绘自平阳县城．台湾"内政部"典藏地图数位化影像制作专案计划］

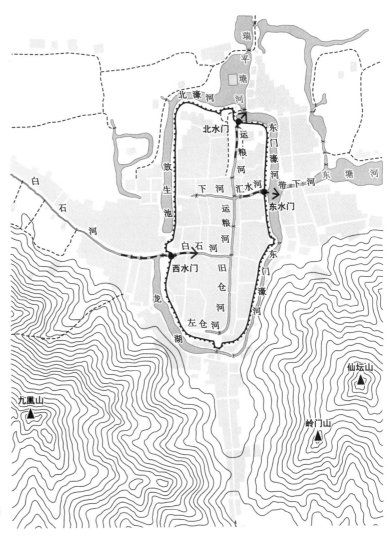

图9-38　平阳城内水系图
[图片来源：作者自绘，底图改绘自钟翀.
温州古旧地图集[M]. 上海：上海书店出
版社，2014. 中的《平阳县城图》]

控蓄泄入海。城内水系经北水门引东溪入城，通过城西四处水门与
西溪贯通，由南水门、东南水门排水出城[21]。城内水系以纵贯南北
的东溪为骨架，东有永清河、云浦河与城东新河相连，西有宣风河、
宝带河、运粮河、校场河与西溪贯通，形成了南北贯通、东西相连
的水网（图9-39）。方志有载："城内东西两渠，源出翔云峰麓，分
东、西沿大街两旁而下，东西凿浃以通两溪"[34]。

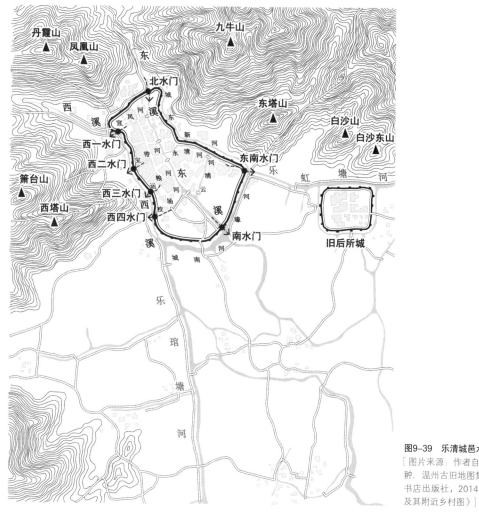

图9-39　乐清城邑水系图
［图片来源：作者自绘，底图改绘自钟翀．温州古旧地图集[M]．上海：上海书店出版社，2014．中的《乐清县城及其附近乡村图》］

便利民生方面，主要包括固城防、清汲饮、藉浣洗、通舟楫、防火患、利灌溉等诸多方面。关于此，邑人吕弘诰在《重开城内河道记》中作了精炼的总结："如《诗（大雅·文王有声）》之所称，筑城伊淢者比也……诚知其事关合邑，为利有六：培气脉一，通舟楫二，便挹注三，防火患四，杜侵占以清官河五，壮观瞻以成县道六。一举而诸善备焉"[26]。历代方志与艺文中，均有总结四地城邑水系便利民生的相关记载（表9-5）。

　　固城防表现为修筑城濠卫城。城濠作为城墙外侧的环城水道，兼顾军事防御与引水排洪功能。四邑城池多巧借自然江河作为部分城濠，又开凿人工壕池作为补充，形成了自然水系与人工水系相融的城濠体系（表9-6）。永嘉南北两面据江河为城濠，北依瓯

四地城邑水系便利民生　　　　　　　　　　　　　　　　表9-5

城邑	城内水系便利民生	资料来源
永嘉	自徐骊为支流，一坊一渠，舟楫必达，可灌可湘，居者有澡洁之利，可载可泛，行者无负戴之劳	（明）弘治《温州府志·卷五·水利·永嘉》
瑞安	瑞邑城中河，皆受北湖之水……北湖发源于集云山，为众流之所潴，由北水门入城，居人资以汲饮，舟楫藉以来往。水之所聚，气亦聚焉。人烟栉比，闤阓鳞次（张德标《重浚城河记》）	（清）嘉庆《瑞安县志·卷二·建置·水利》
平阳	河为邑巨利，可济枯旱，可泄淹涝，可灌可烹（宋·林景熙《州内河记》）	（明）弘治《温州府志·卷十九·词瀚一·记》
乐清	东西两溪可以流潴其中，非惟清洁，且防火患……田得其灌溉，舟楫可通，又缓瀑水之势，民甚便	（明）弘治《温州府志·卷五·水利·乐清》

［资料来源：作者根据资料整理而成］

四邑城濠一览表[6]　　　　　　　　　　　　　　　　表9-6

城邑	东濠（m）			南濠（m）			西濠（m）			北濠（m）		
	长	宽	深	长	宽	深	长	宽	深	长	宽	深
永嘉[1]	1843.2	6.4	3.52	南塘河			2147.2	16.32	8.32	瓯江		
瑞安[25]	448	16	3.84	966.4	9.6	3.52	倚山无濠			774.4	16	3.52
平阳[35]	736	16	6.4	339.2	22.4	9.6	672	22.4	6.4	320	16	6.4
乐清[21]	1603.2	9.6	4.8	城南河			西溪			贴山无濠		

［资料来源：作者根据资料整理而成］

⑥　按清尺1丈=3.2m换算。

江，南滨南塘，于东、西两面开濠。瑞安西面跨山临江为城濠，西依飞云江，于东、南、北三面开濠。平阳环城壕池均为人工开凿。乐清南、西、北三面依山河之险为城濠，南临城南河，西依西溪，北面紧贴县后山（凤凰山）而无濠，仅东面开凿城东新河。城濠与城墙相得益彰，共同构建了完善的城防体系[26，32]。此外，四邑城濠还发挥着重要的城市防洪功能。以乐清为例，东溪纵贯城中，暴雨时屡有水患祸城。后于城外开城东新河（城东濠）以分杀水势，效果显著[21]。

　　清汲饮表现为引清流、排秽水。正如《瑞安县志》所载："北湖之水，一入虞池水门，一入北水门，仍开东新水门，以导泄之。由是清流注入城中，民咸赖之"[32]。城内水网是邑人日常汲饮的流动水源，保障其清洁至关重要。瑞安增开城东北虞池水门，引周岙、宋岙山诸水入城以便邑人汲饮[32]。平阳浚治城西河道与环城内外河道，引新洁山泉以便汲饮，保障邑人的饮水安全与身体健康[26]。

　　藉浣洗表现为城邑水网满足邑人的日常浣洗与清洁需求。房前屋后、四通八达的城邑水系是浣洗澡洁的主要场所。永嘉城内河道纵横交错，浣洗便利："自馀骊为支流，……可濯可湘，居者有澡洁之利"[36]。邑人疏浚平阳环城内外水系，使"河为邑巨利，可濯可烹（宋·林景熙《州内河记》）"[27]。乐清城内开浚数河以贯通东溪与西溪，使"东西两溪可以流潴其中，非惟清洁，且防火患，民甚便"[37]。

　　通舟楫表现为城邑水网满足邑人的交通出行需求。城邑水网是水上人流与物流交通的重要通道。永嘉广开河渠，使"水汇而河聚，以便运输，吉舟楫也（叶适《东嘉开河记》）"[29]，"洒濯流荡，水之集者，深漫清批船，通利流演，虽远坊曲巷，皆有轻舟至其下……如苏州府城随处轻舟可到，尤利便矣"[38]。平阳疏浚环城内外河道，"水滔滔清流，小舟可从东水门外进至县前南仓口（何子祥《修仓河记略》）""水明而山滋秀，百姓免负担之劳，就装运之便（何子祥《浚平阳环城内外河记略》）"[26]。乐清县治前有龙须浹，便于舟楫运粮："县治前一河，西通西溪，名龙须浃（运粮河），以运预备仓粮"[34]。

防火患表现为城邑水网可为消防灭火提供重要水源。永嘉为保障城内水系通达顺畅以备火患，疏浚全城水道[29]。瑞安为平息城内火患，于城东北增开虞池水门，引东河水入城以便于消防[31]。平阳为保护仓廒免受火患，开浚左仓河以引水备火患之虞[26]。乐清疏浚东溪、西溪，又开浃以沟通两溪，以备火患[34]。

利灌溉表现为城邑水网是灌溉农田与园圃的重要水源。瑞安城内外广浚河渠水道，惠泽灌溉民食。清代张德标作有《重浚城河记》："于北门外筑埭，俾水专注于城内。四隅分段开浚，三阅月而工蒇。仅见地用丰润，民食乃甘，而灵秀亦藉以钟毓，是美利遗厥后人，固非独余之所敢专美也"[32]。平阳城西南的龙湖极大促进了农业生产，何子祥在《浚西河一带水道记》中提及："源通而城河益觉疏畅，各都引而为沼、为沚、为沟，凿而为浦、为渠，波清斓碧，星罗棋布，田园所藉以灌溉者，又不知几千万亩，禾苗枯槁之不患者毋论矣"[26]。林景熙《州内河记》也有载："出郭外，引溉民田数十里"[27]。乐清疏浚城内永清河，使城内外大片农田得以灌溉："又浚东小河（永清河）至白沙，以泄溪流，舟楫可通，田得灌溉，民甚便之"[34]。

内外贯通、水系管控、便利民生的城邑水系梳理体现了古人天人合一的理水智慧，既将城邑内外水系巧妙融合，又因势利导以致用。正如清嘉庆《瑞安县志》所载："城中诸水能深广，以浚其源于城北，复浚城中诸河以潴蓄之，委曲道以东出。再疏岑岐以下诸河道，至于东湖，以受北来之水，而于东山、龟山各处陡门，则坚筑时泄以通之，旱潦庶乎有备，而城中亦少火患矣"[32]。

最后是塑景，表现为山水为依、人文荟萃的景观塑造，主要包括佛寺园林、书院园林、私家园林、衙署园林、古塔等内容。它们多巧借自然山水之胜而重点经营、塑景成境，成为构成地域景观的关键节点。

四邑的佛寺园林肇始于魏晋南北朝，多选址于自然山水佳地
（图9-40、表9-7）。禅宗佛意与自然美景紧密交融，成为四邑佛寺园
林的主要景观特征。正如方志所载："瓯郡层峦危巘，屹布四维，仙
佛之所宅，皆磅礴蜿蜒，钟神秀而擅名胜"[39]，"乃精庐福地随在而
设，甚而昔贤或有舍宅为寺，或有寄迹黄冠。瓯为山水名区，佛老
之庐列峙相望，创新葺旧，殆无虚日，抑何若是其众也"[40]，"皇化
鸿敷，正学昭揭。而其徒崇信推阐，创新葺旧，危堂广宇，列峙于
郭野溪谷之间，金碧烨煜，所以为诳愚鼓聋之资者盖有在也。其居
之所当庐者，犹若是其众也"[41]。

书院是府学与县学之外的文教重地[42]。宋代以来，"遍匝四境、

图9-40　四邑主要佛寺分布图
［图片来源：作者根据资料改绘］

四邑主要佛寺   表9-7

名称	城邑	位置	始建	概述
江心寺	永嘉	城北永清门外瓯江中江心屿	唐	江中两峰并峙，前代皆称孤屿。元丰间为普寂院与净信院。建炎间改为龙翔院与兴庆院。绍兴间二刹合并，建巨殿于两峰之间，楼阁堂庑百余间，江云烟水掩映丹腰，为东南胜境。明万历七年（1579年）增建山门及两廊钟鼓楼
开元寺	永嘉	城中习礼坊	晋	原为崇安寺，唐改开元寺。宋置藏院、御书阁、千佛院。明洪武间立为丛林。清·邵家默《开元寺看菊》："云净天高暑气微，僧轩尽日坐清晖。青山入座秋来瘦，黄菊穿篱雨后肥。露下传香知逸品，月中招笑识禅机。柴门莫谩教频掩，万一携尊看白衣"
净光禅寺	永嘉	城西南隅松台山麓	唐	有宿觉禅师真身塔，明洪武重建立成塔院。塔在松台峰顶，镇三溪之水，为一城表。明·谢铎《饮净光寺》："偶作鹿城梦，长怀海客谈。不知仙境界，却在郭西南。日暮故惝恍，秋高归兴甘。尊前离别色，仗剑可能戡"
护国寺	永嘉	城西南外西山	唐	旧为丛林，顺治间重建。宋·许景衡《游护国寺》："小诗聊记凤山游，聱黐东林水石幽。已愧高僧与摹刻，更烦诸老数赓酬。簿书底事长遮眼，林壑何曾肯转头。会待从公白莲社，杖藜来往亦风流"
隆山寺	瑞安	城东南隆山	宋	宋开宝八年（1975年）建，大观中建塔，塔东为杨真人庙。明嘉靖戊午寇毁，复建。清乾隆间重建。李思衍《隆山塔院》诗："峰顶浮图第几重，四天尘界尽虚空。县居岛屿萦回处，海在烟霞瑷皦中。浴水垂盘旸谷日，轰雷鼙鼓怒涛风。蓬莱咫尺阑干底，平步长桥跨玉虹"
本寂寺	瑞安	城北北湖	唐	唐垂拱四年（688年）建，证圣元年（695年）赐名"护国报恩禅院"，大中八年（854年）改赐"集云院"，乾符六年（879年）因藤萝尊者卓锡处，又赐改今名。清顺治年间（1638—1661年）重建。环境幽静、树木葱茏，大殿后有"藤萝古井"
拱瑞寺	瑞安	城东拱瑞山	明	三面临水，与文昌阁隔水相望。明进士齐柯为汇聚隆山与万松山之灵毓之气而造
悟真禅寺	瑞安	城内岘山东	南梁	梁马湘舍宅为寺，名栖霞。宋祥符年间（1008—1016年）改今额，邑令宋国琛重书。旧有子院二：净土院，后改建显佑庙；南山律院，后改建四贤祠

续表

名称	城邑	位置	始建	概述
仙岩寺⑦	瑞安	城东北仙岩山	唐	唐贞观年间（627—649年）建，清康熙年间（1662—1722年）重建。范承谟《重建仙岩寺记》："崇山郁葱，林木层耸，奇峰峻峭，迥合青冥……宝殿煌煌，两庑翼翼，以至若禅堂，若方丈，若藏经阁，若钟鼓楼，飞甍缭垣，靡不盡盡轩轩，整饬庄严美哉！绀宇鼎新，兰舍之观伟矣！"
东林禅寺	平阳	城南凤凰山南麓	唐	唐宋以来代有兴衰，元天台宗高僧曾在此住持。环境幽静，景色宜人，背靠青山，坐北朝南。东林禅寺左侧东面与宝林寺咫尺相邻，清·徐恕秋《东林禅寺》："凤岭垂修尾，逶迤入宝林。纤途幽且曲，静室窈自深。竹气静如拭，松涛时一吟……"
仙坛禅寺	平阳	城东仙坛山麓	唐	坐东南朝西北依山而建，四周古松参天，翠竹幽篁。宋·林景熙《仙坛西林》："古坛仙鹤杳，野鹿自成群。松气浮清晓，经声出白云。石穿僧屋过，水到寺门分。人世无穷事，山中了不闻"
白鹤禅寺	乐清	城西北丹霞山麓	晋	晋邑人张文君修炼于此，后舍宅为寺，时有白鹤飞鸣其上。唐天授二年（690年），郡城白鹤寺改为大云寺。宋绍兴十七年（1147年）重建。殿内东西壁，有高僧泽仁老古画怪松老柏。寺西有听琴楼，前对瀑布，后绕峰峦，极其幽邃。旧有张文君祠、水月堂、招仙馆、双瀑亭、更幽亭、石桥、读书岩
东塔院	乐清	城东东塔山上	宋	为白鹤寺子院，宋熙宁年间（1068—1077年）建塔九层，并建塔院，设钟鼓。宋·毛士龙《东塔院记》："熙宁间，开山子贤夹径蔚松，每一根四十九拜，诵咒如之，岁久林木蔚荟……戊戌九月堂殿成，即其旁为凤祁堂，左序川原，右列坊巷，凡苗稼虫蝗之神毕秩焉"
西塔院	乐清	城西西塔山上	宋	其西有观音堂，又创温星堂，元改名广福天柱教院，半山有三高亭。宋·毛士龙《西塔院记》："惟西岑势号虎踞，下瞰井陌，甘泉自涌，洒扫不绝……即塔北为室三，以祠瘟神、火神，于是僧居，隐磬衣钵……茂林卷雾，饭食全行，如在云路中，室外浮江千帆，夹溪万屋，天高地下，隔绝尘寰，心境两清，真选佛场"

［资料来源：作者根据资料整理而成：（清）光绪《永嘉县志·卷三十六·杂志一·寺观》，（清）嘉庆《瑞安县志·卷十·杂志·寺观》，（清）道光《乐清县志·卷十六·杂志·寺观》，智真主编. 温州市佛教协会编. 温州佛寺[M]. 北京：中国文联出版社，2005］

⑦ 又称圣寿禅寺。

无间富贫"的众多书院与府学、县学、义塾共同组成了教化体系。四邑"学业炽盛，正藉于此"[43]，"名贤辈出，盛得洛闽之传"[44]，对培养经世人才、教化城乡邑人、推动文化繁荣意义重大。四邑书院大多兴于南北宋时期[45]，常选址于依山畔水、环境清幽的自然环境中，使书院园林融于自然、人文荟萃（图9-41、表9-8）。

图9-41　四邑主要书院分布图
[图片来源：作者根据资料改绘]

四邑主要书院　　　　　　　　　　　　　表9-8

名称	城邑	位置	始建	概述
东山书院	永嘉	城东南隅积谷山麓	宋	旧在华盖山上双忠祠，明嘉靖十二年（1533年）毁于飓风。清雍正十年（1732年）移建于城东南积谷山麓，傍山筑舍，依石为门。筑有讲堂、廨舍、文昌阁、闲存堂、静虚斋、进修轩（前有池）。乾隆二十年（1755年）、二十四年（1759年）次第重修，建掬月亭于山麓，并增置塗田以为诸生膏火。入门峭石壁立，上有天泉，楼榭、廊庑、斋舍、庖湢具备。山巅建大观、留云二亭，复捐置涂田二顷，供诸生饩膳
中山书院	永嘉	府治东北隅	清	乾隆二十四年（1759年）傍中山之麓兴建，名曰中山书院。前建讲堂七间，右楼五间，左楼十间，左右耳房各三间。傍山凿池作三亭，为游憩之所。延师立教，勒所置田于碑阴。徐绵《中山书院题壁记》："后筑亭池，长松偃盖，绕径阴森，以为息游登眺之地。而一郡书院遂得媲美省会之区，厥功伟矣。"李琬《中山书院记》："后荫长松，虬干鳞枝，垂阴振响，辅之以旁舍若干间……远岚雾以安其体，居高明以达其志，心和形适，气静神清，聪明日以启，而精神日以励，观摩砥砺，进而有成，则即以是为士所宜处，而或可以上绍儒志东山之迹也"（图9-42）
永嘉书院	永嘉	城西南渊源坊	宋	宋淳祐年间（1241—1252年）兴建，立坊表之。祀奉先圣燕居、伊洛诸子等。每月朔，请乡先生主讲席。元至元年间（1271—1295年）重建讲室四斋，久废
玉尺书院	瑞安	城东北小沙巷	清	清乾隆四十六年（1781年）兴建。赵应钧《新建玉尺书院记》："于县之东北购为屋，择日鸠工庀材。庶几丝竹金石，歌声不缀。"清嘉庆八年（1803年）复置新、旧捐充田园三百余亩，以作膏火之费。就南坛旁隙地建店十二间，出息以助书院公用
心极书院	瑞安	崇泰乡仙岩	宋	宋陈止斋读书处。黄思亲《心极书院记》："读书处，悬岩百仞，为台一区，盥灌有盆，烹茶有灶，皆因崖凿成。明嘉靖年间（1522—1566年）撤旧祠而更新之，移虎溪桥于祠之后，道经祠下，以便展敬。编附山碓户十家，轮输山税，以供俎豆。每于政暇，诣书院讲明正学"
龙湖书院	平阳	西门外龙湖傍	清	清乾隆三十一年（1766年）择地创建，入田园二百余亩为师生膳备膏火及岁修资。《龙湖书院志·劝建龙湖书院序》："见龙湖之岸若干步，倚东山而望西峤，连峰叠嶂，势凌云汉，隔岸人家，桃李松篁，疏密相间如画。拖蓝澄碧，小艇往来，如渡镜中，一种清气，直不似人间，可为育才地矣"
梅溪书院	乐清	城西西塔山麓	宋	旧在城东隅王忠文祠，以旁置两斋，令诸生肄业其中，亦曰书院。清雍正年间（1723—1736年）改建西塔山麓，撤长春道院为之，兼祀王忠文。于内建五老堂，为叙语之所，置田地，以资膏火。唐传钺《梅溪书院记》："因城西山川坛上长春道院之旧址，断然特斥为公之书院。旧址面北，今改而东，阴暗而阳固明也。后为正栋，旁两大房舍为藏经阁，前为回廊，一栋敞之，左西为厨舍三间，左北为静修斋凡九舍，其左东为讲堂一厅。门外旧为虚地，今砌石累阶，以为宽闲之所。其阶下为石路，纡折有度，始斥头门榜曰'义路礼门'"（图9-43）

［资料来源：作者根据（清）光绪《永嘉县志·卷七·学校志·书院》,（清）嘉庆《瑞安县志·卷二·建置·学校·书院社学附》,（民国）民国《平阳县志·卷十·学校志二·书院》,（清）道光《乐清县志·卷四·学校·书院古书院附》等资料整理而成］

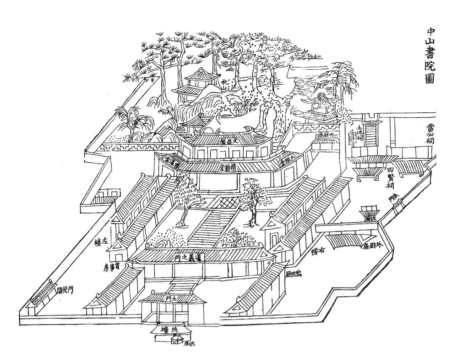

图9-42　永嘉中山书院（城内中山）
［图片来源:（清）乾隆《温州府志·卷首·图·中山书院图》］

图9-43　乐清梅溪书院（近郊西塔山上）
［图片来源:（清）光绪《乐清县志·卷首·图·梅溪书院全图》］

四邑的私家园林集中于永嘉城内，多为士人与商贾的宅第园林，起于宋明时期而兴于清朝中后期，主要有春晖园、玉介园、箍园、周宅花园、如园、怡园、陈宅花园、于园、松台别业等。这些私家园林多依托永嘉城内的水系而建，巧于因借、水脉相通（图9-44、表9-9）。

四邑的衙署园林同样也集中于永嘉。衙署园林作为文官日常办公的户外园林空间，既有其前任立施政之志、寄爱民之情、扬邑里之胜而筑景，又以园中诸景潜移默化地影响着后世官吏，发挥着文人士大夫教化一方的作用。前朝的衙署园林⑧多毁于朝代更替与兵燹之灾，至清末民初仍留存的衙署园林多肇始于明清时期，主要有且园、二此园与瓯隐园（图9-46、表9-10）。

⑧　如魏晋时期的永嘉郡署与宋元时期的众乐园等著名的衙署园林。

图9-44　永嘉城内私家园林分布示意图
[图片来源：作者根据资料改绘：底图基于（清）光绪《永嘉县志·卷首·图·城池坊巷图》改绘，私家园林位置分布依据鹿城区地方志编纂委员会. 温州市鹿城区志上册[M]. 北京：中华书局，2010. 中卷首《温州古城历代名园示意图》]

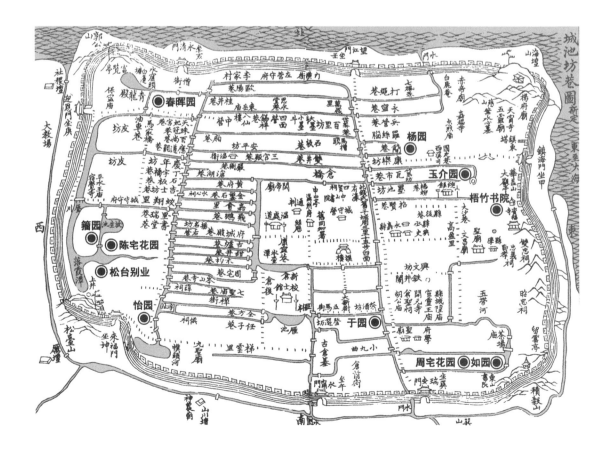

永嘉主要私家园林　　　　　　　　　　　　　　　　　　表9-9

名称	面积（hm²）	位置	始建	概述
春晖园	不详	西城路中央巷	宋	清乾隆三十年（1765年）为举人谷庭桂之子谷兰仙所有，俗称"谷宅花园"。该园楼阁重叠，庭院深深，四季亭巧布园中，春亭种春梅，夏亭种夹竹桃，秋亭种桂花，冬亭种腊梅。另辟花坞，种芍药、牡丹诸名花，终年鸟语花香。花园繁华，园内原有五龙池和十八井诸景。咸丰十年（1860年），此园毁于兵火[46]347。是上横街上最大的园林庭院，内有山、池、亭以及一方400m²左右的水池[47]
玉介园	不详	华盖山	明	明嘉靖三十八年（1559年），邑人王澈由永强迁居郡城墨池，建传忠堂。此后，其子叔杲扩地十余亩，构亭筑轩，遍植松柳，园林在其精心营建之下日臻完善。因为它位于华盖山容成洞和太玉洞天的西面，后又改称为"玉介园"。叔杲而后入仕途，官至福建布政司右参议，于万历五年（1577年）致仕归里，继续营建该园，使其成为当时郡城之中的一大名园[48]。其内亭台楼榭，流觞曲水，园林之胜，甲于东瓯[49]。后由其子王光美整理其所写诗文而成《玉介园存稿》，共十八卷。据载，园内有团云径、最景园、爽然台、苍雪坞、从兰馆、华麓山房、挹华轩、餐英馆、青旭楼、玉辉堂、玉华凝翠亭等十余处景致[50]
籀园	不详	九山河北岸	清	原名为"依绿园"，是邑绅曾唯、曾儒璋兄弟的私家花园。1914—1916年间，温州学界文人在购得依绿园园址后立祠建园，以纪念孙诒让先生，并以其号籀廎而命名为"籀园"[51]。园临九山河，河边有月洞门，有"洞天月色独苍茫"之感。门前青石匾额上刻有清末南通状元张謇所写的"籀园"二字。园内有籀公祠、服膺轩、藏书楼与亭榭等，花木繁茂，三四月间花开满园[46]348（图9-45）
周宅花园	1	谢池巷	清	又称"周宅大屋"，由殷户周雨生购置，经周宝生等精心修复。大屋纵深五进，有房近百间。宅内有涉园与驻春园两个花园。涉园几经扩建，形成一处具有苏州园林韵味的私家花园。园内设置友石吟馆、种莲池馆、小浮沚廊等，廊榭花墙间，桃竹梅柳斗艳，假山与水池相互映衬[52]
如园	不详	谢池巷池上楼	清	邑人张瑞溥购得谢村遗址之地⑨。为纪念谢灵运而重建池上楼并增建怀谢楼、鹤舫、春草轩等，取名"如园"。该园门对青山，碧水溶溶、山色拱门，门上刻有"水光连岸碧，山色到门青"的联语。园内假山耸立、奇石屹塔、回廊相接，直通飞霞山馆。文人雅士多来园中游赏，并存留不少题咏，清末时这里便成为一处名园[46, 53]（图9-45）
怡园	不详	松台山山麓	清	又称"曾宅花园"，由邑人曾佩云、曾裔云兄弟所建，取怡然自得之意。由著名画师项维仁在吸取苏州名园精华之后设计，布局独具匠心。园中建有西爽楼，登楼四望，城郊各山尽收眼底。还有水榭、听鹂馆、风到月来亭等景，雅丽别致。园内假山池沼，小巧玲珑，陈设布置富丽堂皇，回廊花径逶迤多姿[46]348
陈宅花园	1	马宅巷	清	又称"兰芬厅"，与松台别业相对，并与依绿园三者互成掎角之势。由贡生陈锵所建。后因家道中落将其中一部分典给了京畿道掌印御史徐定超，所以又被称为"徐宅大屋"。兰亭内有蔡元培题联语："御史楼台高万丈，柬管祠宇壮千秋"。园中最胜处为其后花园，园中池水清澈、山光倒影，古木婆娑、浓荫蔽日，湖石精巧、花木自然[46]349。陈宅花园与如园（池上楼）、怡园（曾宅花园）一道被称为晚清温州的三大私家名园

⑨　谢村遗址为永嘉太守谢灵运迁居永嘉后辟于积谷山下的谢村宅第。谢灵运作为中国山水诗之祖，曾作有一首著名的《登池上楼》。

续表

名称	面积（hm²）	位置	始建	概述
于园	0.2	纱帽河	清	园名取自清代诗人袁枚"诗人重友于"之句，俗称"吕宅花园"，由举人吕渭英所建。吕宅共三进，于园是其屋后私园。据吕氏后人吕祖武先生回忆：园门为花瓶形，园径为五彩卵石铺地。入园之后，园南是一个八角亭。亭的西面有数株芭蕉、各式盆景及假山，亭边的墙壁上有不少书法碑文。出了亭子可通过园中水塘上的九曲桥直达藏书楼，池边筑有汉白玉栏杆。园北有门窗为五彩玻璃的品字形花厅，周围摆满了各式兰花[46, 54]
松台别业	1	松台山下落霞潭畔	民国	又称"黄群花园"，与箍园南北相望，由黄群先生日本留学归来后兴建。园子靠落霞潭边设有长廊，上为一排绿色的图案各异的瓦砌花窗。园门内有老藤盘曲的紫藤花棚，此外植有梅花、梨花、菊花等多种花木。其中有一片柑橘林，是先生从日本特意引回的无核良种。园后有假山奇岩，可登高远眺[46]349

[资料来源：作者根据资料整理而成]

（a）如园池上楼［1897年］　　　　　　　　　　　　　　（b）箍园［1919年］

图9-45　永嘉私家园林（如园、箍园）老照片

［图片来源：（a）Grace Ciggie Stott, Twenty-Six Years of Missionary Work in China, London: Hodder & Stoughton, 1898.（b）李震主编. 温州老照片：1897～1949 [M]. 北京：中国对外翻译出版公司，2011］

图9-46　永嘉城内衙署园林分布示意图
［图片来源：作者根据资料改绘：底图基于（清）光绪《永嘉县志·卷首·图·城池坊巷图》改绘，衙署园林位置分布依据相关文献的综合整理］

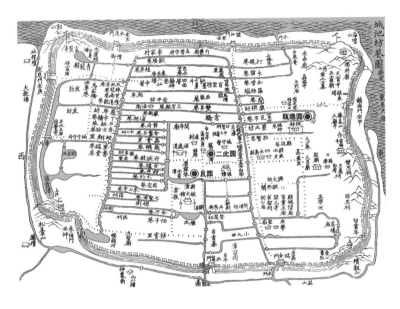

永嘉主要衙署园林　　　　　　　　　　　　　　　　表9-10

名称	面积（hm²）	位置	始建	概述
且园	1	道署东隅	清	又称"其园"，以温州分巡道高其佩⑩之号"且园"而命名。园内有"且园十景"。后于乾隆年间（1736—1796年）及嘉庆年间（1796—1820年）多次修葺，历任巡道对其多有称颂[46、55]
二此园	不详	温州府东公廨	清	又称"养素园"，由温州知府刘煜所建。据清同治《温州府志》记载，这里曾是晋朝时的永嘉郡署："晋太宁间（323—325年）建于华盖松台两山之间，谢灵运、颜延之典郡，多亭阁园池之胜[56]"。南宋时曾为驻跸行宫。刘煜在此增屋补竹、堆石栽花，使园林逐步成形。后由知府王琛于光绪年间（1875—1908年）再次修葺，改其名而称"二此园"。园内多杨柳荷菊，有以三潭印月为原型而设的印月池，上竖刻有石碑，池旁有株百年古樟[55]（图9-47）
瓯隐园	不详	华盖山	明	原本为"玉介园"，是明代永嘉名园。后逐渐荒废入官，清代康熙年间（1662—1722年）作总兵署（俗称"镇台衙门"）[56]，民国初年（1912年）为瓯海关监督公署。民国4年（1915年）由瓯海关监督冒广生于署东玉介园旧址之上重建园林，名为"瓯隐园"。园内特建永嘉诗人祠堂，以祀宋代以来郡人之能诗者[46]347。此外有亭榭台阁、山池百卉。植物尤以多样的梅花著名，春日梅花盛开、泛香馥郁，引人驻足，可谓温州名园之首。园中有古迹"墨池"，二字为清乾隆时期黄大谋补写，原为米芾念及当年王羲之临池作书、洗砚于墨池坊所写[57]

［资料来源：作者根据资料整理而成］

⑩　指墨画家，好花木与造园。

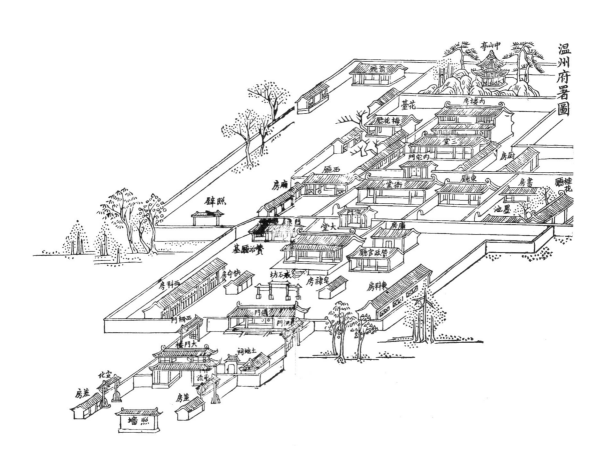

图9-47　温州府署图（含二此园）
［图片来源：（清）同治《温州府志·卷首·图·温州府署图》］

　　四邑的古塔营建自魏晋以来便较为盛行，至清末民初时境内已呈古塔林立之势，主要包括佛塔、文峰塔与风水塔三种类型（图9-48、表9-11）。高耸挺拔的各类古塔是城乡重要的景观标志物，成为各地的主要景观意象。

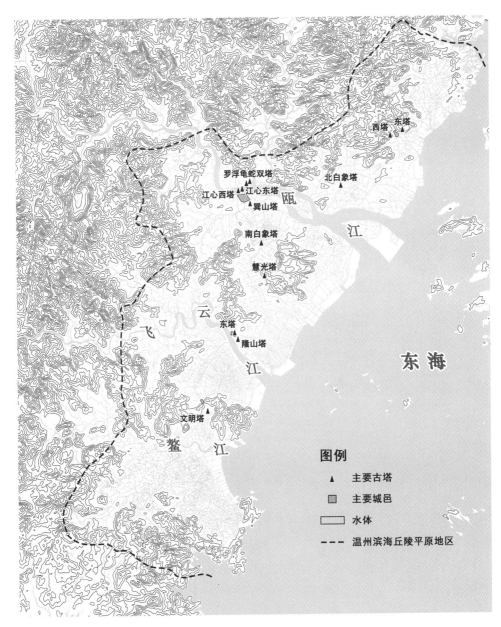

图9-48　四邑主要古塔分布图
[图片来源：作者根据资料改绘]

四邑主要古塔

表9-11

名称	类型	城邑	位置	始建	概述
江心东塔	佛塔	永嘉	城北外瓯江中江心屿东侧	宋	青砖塔，高28m，底径8m，8面9层。明万历重修，清乾隆再修。可登高俯瞰永嘉城郭与环城山水风景。明王典《重修江心孤屿东塔记》："庄严之土、幽胜之区、架琳宫，像诸天，宝盖金轮、种种端好；浮图七级，卓立霄汉。夜则篝灯骊珠，层层放大光明，来游者、盱瞩者，油油欣悦、翼翼肃恭……莫不瞻象而改容，如见如来，顿生善念……"
江心西塔	佛塔	永嘉	城北外瓯江中江心屿西侧	唐	青砖塔，高32m，底径7m，6面7层。明洪武、万历，清乾隆间屡有重修。与江心东塔对峙于孤屿两端。卢逵《重修江心孤屿西塔记》："佛氏谓建塔为人天胜果。公家今所创修，为法轮增辉……江心为胜区，塔之有无，固无关于大端。且孤屿望郡城密迩，二塔耸云表，为一方伟观……江心西塔之修有五善焉：念先郡国，表树捍门以显地灵，一也；不烦里旅，捐其金以树众欢，二也；义重忠贤，增饰灵区以光俎豆，三也；力任经营，起敝维新以崇古迹，四也；弗祈福应，明于用财以成令举，五也"
巽山塔	文峰塔	永嘉	城东南外巽吉山顶	宋	砖塔，高35m，底径6m，6面7层，底层门北偏西19°。明万历间重建。当永嘉巽位，为一邑文峰。方志载："塔高11丈8尺，围4丈8尺，塔下即塔院，奉祀文昌神。南向是一片松林，魁象亭掩映其间。"塔下有魁星阁、驻鹤亭诸景
罗浮龟蛇双塔	风水塔	永嘉	城北外瓯江北岸龟蛇二山	晋	二塔形式与结构相似，均为砖木塔，塔身锥形，6面7层。宋元丰、明嘉靖间屡有修葺。为瓯江入海口一带锁水镇煞的重要风水塔。双塔与江中孤屿的东西二塔隔江相望，四塔林立组合而成的标志性景观成为永嘉城北重要的景观意象
南白象塔	风水塔	永嘉	城南外凤凰山旁的小丘象山	宋	砖木塔，高31.3m，6面7层。有白塔瑜伽寺，唐贞观间建。明何白《白塔寺坐月望头陀山》："头陀山拥白云飞，绣塔轮扶满月辉。满月正当文佛面，白云如曳定僧衣。云消塔影悬云汉，月迴山光澹翠微。不用更参安养观，空音妙相总清机"
隆山塔	文峰塔	瑞安	城东南外隆山之巅	宋	青砖塔，高28m，6面7层。宋时以县东南势弱，立塔以壮之。明万历、天启，清康熙、乾隆、嘉庆间屡经修缮。当永嘉巽位，为一邑文峰。可登临回望城郭与远眺江海之景
东塔	佛塔	瑞安	城东广福院内	宋	砖塔，高17m，6面5层。明清屡有修葺，与城东护城河水相映成景
慧光塔	佛塔	瑞安	城东北外仙岩虎溪南	唐	砖塔，高42m，身径10m，6面7层。元、明、清屡有修葺。潘耒《慧光塔记》："塔创于唐大中，隳于宋宣和。至延祐中，居民夜见塔上飞灯煜煜而至，蕴禅师适至，大兴佛事，塔以更新，此慧光所由名也。"可逐层登临远眺山外温瑞塘河沿岸景致与山内仙岩诸景
文明塔	文峰塔	平阳	城东南外夹屿山	清	青砖塔，高35m，6面7层。南宋乾道间山上原有佛塔，毁于清乾隆间。正当平阳巽位，为一邑文峰。汤肇熙《平阳县新建文明塔记》："建塔以镇之……振平邑文风。"下有文明书院

续表

名称	类型	城邑	位置	始建	概述
东塔	文峰塔	乐清	城东外东塔山	宋	青砖塔，高16m，6面7层。旧时建于九牛山尖，后震圮。宋熙宁间迁建于此。明洪武、清康熙间屡有修葺。宋·毛士龙《东塔院记》："阴阳家目为文峰，登巍科者相续"是乐成"八景"之一"东塔烟云"的主景。与西塔对峙，是乐清两溪潆带、因塔为城的重要景观意象。塔下有东塔院
西塔	佛塔	乐清	城西外西塔山	宋以前	青砖塔，高32m，8面7层。宋·毛士龙《西塔院记》："环邑皆山，惟西岑势号虎踞。下瞰井陌，甘泉自涌，洒扫不绝……塔耸如头角……双峰插空，翠阜中峙。"与东塔对峙，塔下有西塔院
北白象塔	风水塔	乐清	城西南外北白象象山	宋	青石塔，高14m，6面5层。明洪武间重修。为瓯江入海口北岸乐琯塘河沿岸的重要风水塔。与乐清东西二塔同列于乐清古代名塔

［资料来源：作者根据资料整理而成。（清）光绪《永嘉县志·卷三十六·杂志一·寺观》，（清）嘉庆《瑞安县志·卷十·杂志·寺观》，（清）道光《乐清县志·卷十六·杂志·寺观》，汤章虹. 温州古塔[M]. 北京：中国戏剧出版社，2009］

第二节　卫所营建：控扼要害、守望相助、营城设防

　　元末明初，东南沿海地区的大规模倭寇侵犯日益频繁，"沿元迄明姦宄（倭寇）不静，兵焚蹂躏，几无宁岁"[15]。由卫所组成的滨海军事防卫体系随之建立[58]，正如赵谏《重建海安千户所记》所言："虑夷狄之侵我疆土，乃于边塞沿海之地，咸立卫所以捍御之"[27]。明太祖洪武十九年（1386年），汤和奉命前往东南沿海地区巡视，并有计划地在浙江沿海大规模地开展卫所建设，历时近2年，共筑59城，其中沿海卫所32处[59]（图9-49）。卫城级别最高，布局关键节点以控扼全局；所城次之，于卫城之间占据战略要地；此外，还有再下一级的哨所、堡寨、水寨、营台、烽堠等防御工事与卫所相配合[60]。其组织制度遵循都司卫所制（图9-49），每卫5600人，可分为5个千户所（各1120人），共辖50个百户所（各112人）[61]。温州滨海丘陵平原地区内有金乡、磐石2卫，下辖蒲岐、宁村、海安、沙园等5所（图9-50），是海防卫所设置的重要区域，正如王瓒《温州卫军器局记》所言："温于浙为极东，东际大洋海，自海以外皆夷邦也。故温壤卫所之棋布视他郡独多"[27]。

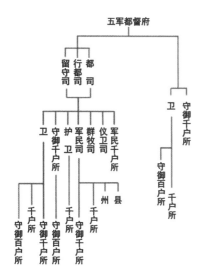

图9-49　浙江沿海卫所组织架构

[图片来源：郭红，于翠艳. 明代都司卫所制度与军管型政区[J]. 军事历史研究，2004（04）：78-87]

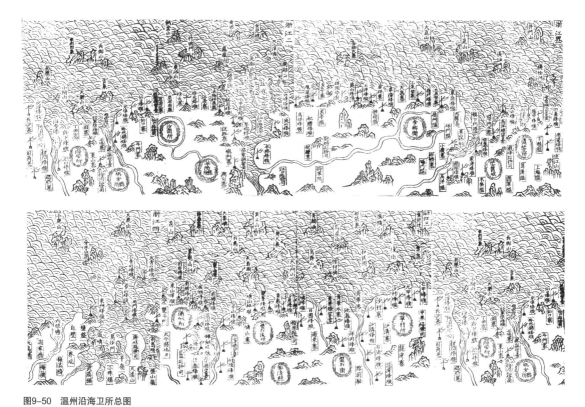

图9-50　温州沿海卫所总图

[图片来源：作者根据资料整理: (明) 郑若曾撰. (明) 胡宗宪编.《筹海图编·卷一·舆地全图·浙江沿海山沙图》]

以下从建置选址、营城设防、化军为民三个方面加以解读。

从分布规律上看，卫所建置选址的总体特征表现为以点控线、以线控面（图9-51）。州府与内地卫是各战区的军政核心，向外以分枝放射状层级递进式设置次级卫城、所城与防御工事，保证了战略纵深与后勤支援。从影响因素上看，卫所建置选址受山水基底、耕地资源、水利系统、海岸与海岛、高程与坡度等多因素的综合影响，但地理环境因素的潜在控扼功能是其最大的考量[60]。出于军事防御性的考虑，海防卫所建置选址多位于控扼江海而又有险可依的地理要害之处，其选址布局大致可分为平原型、江口型与关隘型三类（图9-52、表9-12）。

平原型卫所多位于视线开阔的滨海平原地带，背依山丘、面朝大海，紧邻水陆交通要道，有旧后所城、海安所城（图9-53）。旧后所城设立于乐清县城东南部海口，北枕白沙山而东南面海，与东北部的蒲岐所城及西南部的磐石卫城遥相呼应，正如黄淮《乐清白沙新城（旧后所城）记》所言："内治外攘，悉心内附。攘斥之备，具有成法。徙海边居民附内地，并海险要连筑城堡，集镇戍以预防之。

图9-51　卫所分布总体特征
[图片来源：作者根据资料改绘：李帅，刘旭，郭巍. 明代浙江沿海地区卫所布局与形态特征研究[J]. 风景园林，2018，25（11）：73-77]

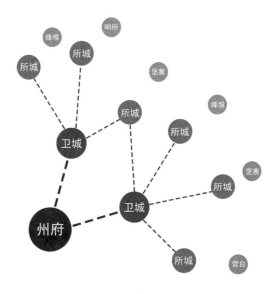

县（乐清）之南鄙稍东海口，沙碛平衍无沮洳陷溺之险。凤凰山麓地宽广，宜置城守以遏其冲……一邑保障，永远是赖"[27]。海安所城设立于瓯江与飞云江两江入海口沿岸的中点处，西枕山而东面海，控扼一方险要而与北部的宁村所城、磐石卫城，南部的沙园所城遥相呼应。赵谏在《重建海安千户所记》中这样描述卫所之间的唇齿关系："山寇海夷出没不常，实一方唇齿之地。唇齿失利，则腹内之民亦为其所扰而不安矣，非有城池甲兵以抵防之可乎？当时既立所筑城矣，非有公署以居官僚、肃部伍可乎"[27]？

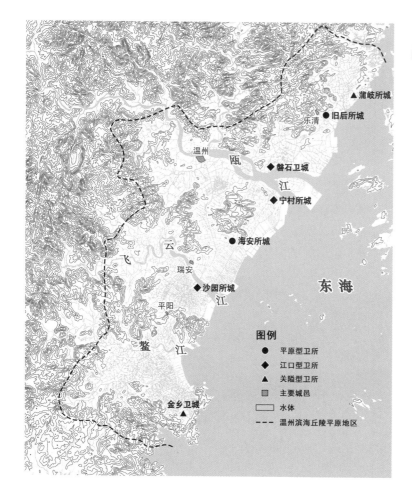

图9-52　温州滨海丘陵平原地区海防卫所选址布局分类
［图片来源：作者根据资料改绘］

温州滨海丘陵平原地区沿海卫所一览表　　　　表9-12

卫所	隶属	建置时间	选址布局类型	空间分布	资料来源
蒲岐所城	磐石卫	明洪武二十年 （1387年）	关隘型	瑞应乡，乐清县城东北30里，南 至下堡海口5里	清道光《乐清县志》
旧后所城	磐石卫	明成化五年 （1469年）	平原型	乐清县城东南3里，南至石马海口 5里。东至蒲岐所30里	清道光《乐清县志》
磐石卫城	磐石卫	明洪武二十年 （1387年）	江口型	茗屿乡，瓯江入海口北岸磐石岩 头。乐清县城西南50里，温州府 东50里，南至磐石岩头海口1里， 西至馆头驿10里	清道光《乐清县志》
宁村所城	磐石卫	明洪武二十年 （1387年）	江口型	瓯江入海口南岸，温州府城东50 里，东至沙沟海口1里，北至磐石 卫10里	清光绪《永嘉县志》
海安所城	温州卫	明洪武二十年 （1387年）	平原型	温州府城东南70里，瑞安县东北 30里，东至梅头海口10里	清嘉庆《瑞安县志》
沙园所城	金乡卫	明洪武二十年 （1387年）	江口型	飞云江入海口南岸，瑞安县城东 南20里，东至海口1里	清嘉庆《瑞安县志》
金乡卫城	金乡卫	明洪武二十年 （1387年）	关隘型	平阳县城南70里，东北至海口 7里	民国《金乡镇志》

［资料来源：作者根据资料整理而成］

图9-53　平原型卫所示意图
［图片来源：作者自绘］

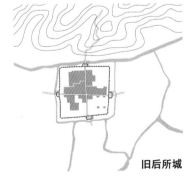

旧后所城

海安所城

　　江口型卫所常位于主要江河的入海口处，扼守海路沿江河入侵内陆腹地的咽喉要地，有磐石卫城、宁村所城、沙园所城（图9-54）。以磐石卫城为例，其位于瓯江入海口北岸，西北枕磐石山、南邻江口，巧借山水之势，负山面海而建城设防，与瓯江南岸的宁村所城相望扼要（图9-55）。侯一元在《重修磐石城记》中如此描述磐石卫城扼守瓯江口的重要战略意义："行海上视要害置戍以备倭。江道所从入，郡门户也，兢兢自守"[62]。

　　关隘型卫所多占据倭寇登陆侵袭内陆腹地路径上有险可依的地理要害之地，环山围水、据险把守、控扼要道，有蒲岐所城、金乡卫城（图9-56）。蒲岐所城北、西、南三面依山，东面大海，镇守蒲江入海口之咽喉要地。金乡卫城坐镇江南平原最南端，东、南、西三面环山，北接江南塘河，纳大屿、小屿二山营城设防，把守经舣艚、炎亭、小渔等地登陆而内袭江南平原的必经之地（图9-57）。

图9-54　江口型卫所示意图
［图片来源：作者自绘］

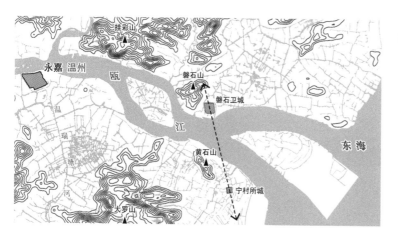

图9-55　磐石卫城与宁村所城相望扼要
［图片来源：作者根据资料改绘］

图9-56　关隘型卫所示意图
［图片来源：作者自绘］

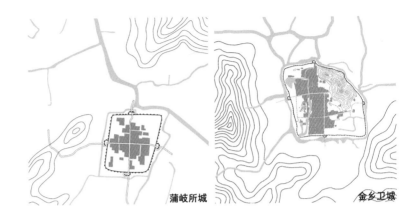

蒲岐所城　　　　　　　　　　　金乡卫城

图9-57　金乡卫城把守江南平原南端关隘
［图片来源：作者根据资料改绘］

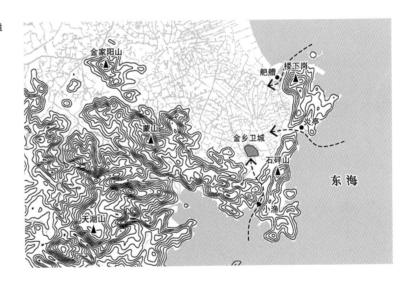

图9-58　磐石卫城与黄华关守望相助
［图片来源：(a)（清）光绪《乐清县志·卷首·图·磐石城图》(b)（清）光绪《乐清县志·卷首·图·黄华关图》］

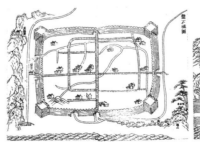
（a）磐石卫城图

（b）黄华关图

海防卫所在营城设防时以修筑卫城、所城的城池为主，并于城外山水要地配以水寨、营台、烽堠等防御工事，如磐石卫城与其东部的黄华关守望相助（图9-58），在滨海一带形成了严密布控设防的防御布局[63]。正如方志所载："金乡、蒲城皆筑城，置戍兢兢，为防御要地也"[15]。卫所城池崇厚朔坚，形成坚固的城防屏障：

"高城深堑，固军甲胄。胜莫若守，守莫若坚壁。又况治夷之略尤上守，狁犹匪茹，而城朔方，古法则然矣哉……大治磐石之城，撤故而新，甃密石焉，崇厚倍之，城修而卫壮矣（明·侯一元《重修磐石城记》)"[62]。

"要地咸宿重兵，所以防未然、威不轨，深筹退虑……各门城楼爰命所司具木甓瓦石之材，朴素浑坚、规制咸嘉……简稽惟谨，制葺有程，精利无窳，坚劲无蜗（明·王瓒《温州卫军器局记》)"[27]。

卫所在营城时既源于方正规整，又融于自然山水，表现为统一模数形制下的多样化表达。一方面，卫所城池的模数形制是营城基础，包括城池规模、布局模式。卫城与所城在城池规模上体现出等级性差异，这与前文中提及的卫所军户数等级性差异相匹配，以满足其驻扎军卫数量的等级性差别。卫城城周一般为4.8km[⑪]左右，面积约为1.44km²；所城城周一般在1.92km[⑫]上下，面积约为0.23km²。温州滨海丘陵平原地区的海防卫所大多遵循这一模数（表9-13）。虽然卫城与所城的规模不同，但其布局模式较为统一，有相似的构成要素与平面形态（图9-59）。从构成要素上看，卫所城市均有城墙与城门系统、街巷与广场空间、城濠与水利系统、公共建筑、居民街坊、校场演武场等内容[60]。从平面形态上看，卫所城市的营建模式方正规整，外环以城濠，内部以各门大街为主干道，内外水系相连。各卫所城周多巧借自然溪河或人工开凿而为城濠，与地区水网相互连通（表9-14、图9-60）。城内中为公署，街巷布局均以"十"字形的东、南、西、北四条城门大街为骨架而分画街衢、列营左右，具

⑪ 1500丈，按明尺1丈=3.2m换算。
⑫ 600丈，按明尺1丈=3.2m换算。

卫所城池规模一览表⑬   表9-13

卫所	周长（m）	高度（m）	址阔（m）	面阔（m）	城垛（个）	门楼（座）	城门（座）		敌台（座）	窝铺（个）
							陆	水		
蒲岐所城	1920	7.04	6.4	不详	750	4	4	1	12	24
旧后所城	1536	6.4	不详	2.56	560	4	4	2	28	36
磐石卫城	4972.8	7.36	不详	4.48	1790	4	4	2	不详	72
宁村所城	1920	7.04	4.48	不详	不详	不详	4	2	不详	不详
海安所城	1920	8	4.48	3.84	不详	不详	4	3	不详	19
沙园所城	2022.4	8	4.48	3.2	不详	不详	4	1	12	22
金乡卫城	4544	6.72	6.4	不详	1650	4	4	3	不详	40

［资料来源：作者根据（清）道光《乐清县志·卷三·规制·寨城附》，（清）光绪《永嘉县志·卷三·建置志一·寨堡附》，（清）嘉庆《瑞安县志·卷二·建置志·城池》，民国《金乡镇志·卷二·建置·城池》等方志整理而成］

⑬　按明尺1丈=3.2m
　　换算。

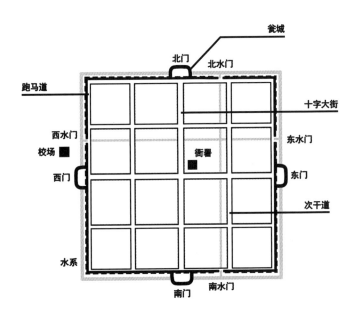

图9-59　卫所城池基本布局模式
［图片来源：作者根据资料改绘：李帅，刘旭，郭巍. 明代浙江沿海地区卫所布局与形态特征研究[J]. 风景园林，2018，25（11）：73-77］

部分卫所城濠一览表[14]

表9-14

卫所	东濠（m）			南濠（m）			西濠（m）			北濠（m）		
	长	宽	深	长	宽	深	长	宽	深	长	宽	深
金乡卫城[64]	不详	16	9.6	不详	19.2	12.8	不详	19.2	12.8	不详	24	9.6
磐石卫城[62]	不详	16	2.88	不详	16	2.88	不详	16	2.88	不详	16	2.88
沙园所城[65]	499.2	9.6	2.24	531.2	9.6	2.24	499.2	9.6	2.24	531.2	9.6	2.24
海安所城[65]	552	1.28	2.24	540.8	1.28	2.24	552	1.28	2.24	563.2	1.28	2.24

[资料来源：作者根据资料整理而成]

（a）蒲壮所城南面鸟瞰　　　　　　　　　　（b）蒲壮所城东面鸟瞰

图9-60 典型卫所的城濠[15]
[图片来源：作者自摄]

[14] 按明尺1丈=3.2m换算。

[15] 因卫所城市鲜有清末民初的历史照片，且今昔格局多变化剧烈，故以温州蒲壮所城的航拍照片来展示卫所城市的典型格局。其中，蒲壮所城隶属于温州金乡卫，位于金乡卫城的西南部，与温州滨海丘陵平原地区卫所城市的建筑年代、使用材料、城池布局等均极为类似。

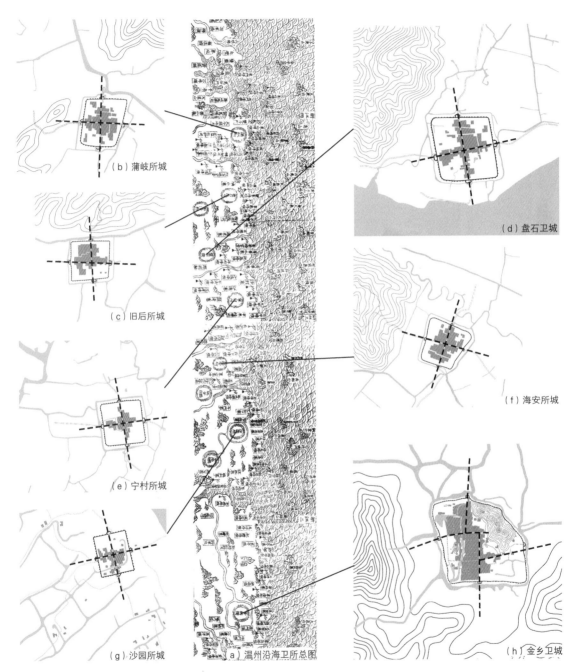

（b）蒲岐所城

（c）旧后所城

（e）宁村所城

（g）沙园所城

（a）温州沿海卫所总图

（d）盘石卫城

（f）海安所城

（h）金乡卫城

图9-61　温州滨海丘陵平原地区卫所一览图
[图片来源:（a）作者根据资料整理:（明）
郑若曾撰.（明）胡宗宪编.《筹海图编·卷
一·舆地全图·浙江沿海山沙图》;（b）
（c）（d）（e）（f）（g）（h）作者自绘]

（a）蒲壮所城东门瓮城中望向城内迎阳楼　　　　　　　　（b）蒲壮所城东门瓮城中望向城外

有便捷通达、便于营守、提振军心的显著军事特征[27]（图9-61）。街
道尽端的各处城门外均筑有瓮城（图9-62）。城内外诸水通过城濠相
连贯通，满足城内军民汲饮、灌溉、防火等日常用水需求，正如查
炳华《双穗场修城浚河记》中所载：

图9-62　典型卫所城池的瓮城
［图片来源：作者自摄］

> "海安地处偏隅，内有腰带河、七星潭。其西有水门，引
> 泉贮水，以资灌溉，兼御火灾。安民利物，法至良而意至美也。
> 居民无风雨漂摇之虑，间阎亦渐致富饶。修举废坠，为之添设
> 城门，开浚河道"[66]384。

另一方面，等级有序、方正规整、四街分城、水贯内外的卫
所城池模数形制也需要与地区丘陵连亘、水网密布的山水环境相调
适，故在实际营城中又巧借场地的山水之利而调整模式化的城池形
态与街巷布局，据山为台、借水为濠，形成了形态多样的卫所城市
（图9-61）。其中，金乡卫城融于地域山水环境的特征最为显著（图
9-63）。城中纳有大屿山（狮山）、小屿山（球山、印山）[67]。方志
将其形胜归纳为："中有两屿、形止气聚，廓外诸山参差秀列、状
若环拱"[68]。卫城结合《周易》以求形胜，负阴抱阳而于坤位建城，
布局时讲究天圆地方、八卦成街、左右旋而九里包罗乾与坤[69]，使

卫所城市与自然山水紧密相融：城池营城时东北面紧贴大嵝山的山脚线，其余各面顺应水系河道，平面形态由方形调整为不规则多边形；东、南、西、北各开一门[64]，但内部街巷布局骨架由"十"字形调整为两个"T"字形的组合。此外，另设有东、南、西三座水门沟通附城内外诸水，与江南塘河水系相连贯通。

海防卫所因抗倭而设，随倭患的解除而逐渐完成了化军为民的过程。卫所设立之初，城内为其他沿海州县抽调而来的异地军户，多姓氏杂居，有别于宗族血缘发展而来的本土村镇。加之制度限制与城池区隔，卫所内军户与外部村镇民户间彼此独立相安。卫所内部实行战时戍守、闲时耕种的军屯制[70]。军户垦田屯种，形成了自给自足的生活方式：

"验丁屯田，不失周人井田之遗意；设都司卫所之长，得周人连帅州牧之成法。故帅有所统而不乱，兵有所养而不穷，加以边徼不惊，兵无征调，蓄资拓产，富于编民。恩以恤廉，威以饬贪，上下相安，事克以济，则军资之富者适足以为部长渔猎之供耳（汪循《重建平阳所治记》）"[27]。

"守战两修，兵民并恤。兵皆素习，器有素备。威智足以慑强梗，声势有以制全胜，隐然有不可犯之严，使襟山枕海之边陬，老逸少嬉，熙熙和豫，目不识狼烟，而耳不聆刁斗之警也。积怠狃于承平，而安不忘危，守不忘战，虞击刺之先机，树桿御之巨防（王瓒《温州卫军器局记》）"[27]。

明中后期，倭患解除后的卫所经历了军屯瓦解、军民融合的历史过程。军屯制度在商品经济日益发展之下逐渐瓦解，屯地完成了私有化过程。屯军兵役解除，屯田与民田科则趋于统一，屯田军户开始向自耕农转化[71]，卫所近郊逐渐有军民混居的乡村出现，军户的地方化过程及军民融合随之展开，正如明代侯一元在《重修磐石城记》中所描述的："已则民为兵焉，已则有戍，戍又有饷焉，此兵不为兵，而农不为农也"[62]。明末清初以来，依托于卫所城内的神明体系及其宫庙等信仰空间中的日常祭拜活动，城内外军户与民户的交流融合不断发展[72]。卫所制度至清初废止，其建置裁撤为寨城，军户退化为民户并完成了地方化过程。但卫所城市作为一类军事特征显著的地理单元，在地域景观上留下了深刻的烙印（图9-64）。

图9-64 卫所军户地方化后而形成的地域景观
［图片来源：作者自摄］

第三节　村镇营建：实用质朴、由山向海、类型多样

温州滨海丘陵平原地区的村镇营建经历了漫长的历史过程，于水网平原上形成了庞大的村镇聚落体系。村镇营建以实用质朴的民居单体为基本单元，与水利建设及圩田开垦紧密关联，逐渐发展成为类型多样的村镇聚落。村镇聚落数量庞大、分布广泛。在较大尺度中研究村镇聚落与农业开发、水利建设等内容的紧密联系，或许更有现实意义[73]。基于此，下文将从分布发展、平面形态两方面进行解读。

村镇聚落的分布发展与地区的开拓发展历史进程紧密关联。在前述章节中，一同领略了水网平原上先民兴修水利、开垦农田这一不断向海要地、化斥卤为沃壤的历史开拓进程。伴随着海岸线外移、塘河水系成形与水网平原扩张，村镇聚落的分布也随之大致经历了山麓平原—塘河水系平原—滨海海塘与陡门沿线平原这一由高向低、由内向外、由山向海的蔓延发展过程[74]65~73（图9-65~图9-67）。

山麓平原地区的村镇聚落大多历史悠久，以始建于南北宋以前的居多。该时期平原水网尚未成形，各处低丘山麓平原背山面水，是营建聚落的理想地带。生产生活方式由渔乡捕捞向农耕垦殖转变，兼有渔盐农耕之利。至北宋时期，村镇聚落体系初现雏形，有平阳县的前仓（今钱仓）、琶曹（今舥艚）与泥山（今宜山），瑞安县的瑞安、永安，乐清县的柳市、白沙等八镇，所辖村落多位于其周边环绕低丘山麓的平原地区。

塘河水系平原地区的村镇聚落多始建于宋元时期，其发展过程与塘河水系的成形过程大体同步。该时期，六大塘河水系相继成形，水网平原不断扩大，移民开发、聚族而居的村镇聚落于水系沿线的圩岸高地散布发展。至明弘治年间，市镇数量显著增多，共计30个：永嘉有南郭、西郭、西山、永嘉场、瞿溪、荆溪、外沙、白沙；瑞安有程头、永安、陶山、瑞安、三港；平阳有县市、迳口、仪山、南监、将军、余洋、南湖、钱仓、松山、蒲门、舥艚；乐清有石马、琯头、乐成、柳市、新市、蒲岐[75]。

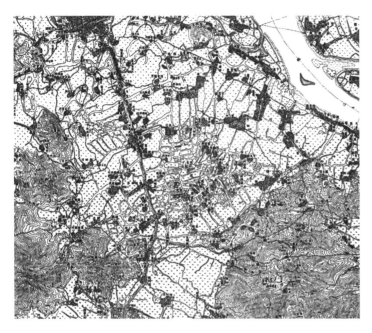

图9-65　永嘉城南温瑞塘河水系的村镇聚落分布［民国十一年（1922年）］
［图片来源：永嘉县城南部地图（局部），台湾"内政部"典藏地图数位化影像制作专案计划］

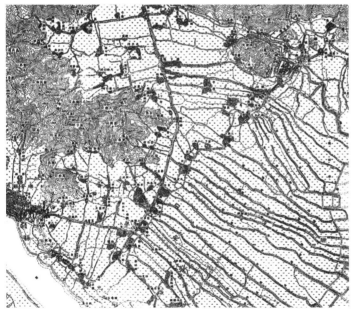

图9-66　瑞安城东温瑞塘河水系的村镇聚落分布［民国十一年（1922年）］
［图片来源：瑞安县城地图（局部），台湾"内政部"典藏地图数位化影像制作专案计划］

　　滨海海塘与陡门沿线平原地区的村镇聚落多兴建于明清时期，与一线的海塘与陡门等水利设施关系密切。此类村镇聚落大多因管理海塘、陡门等水利设施而兴建，也有少部分因滨海制盐业的发展而产生。海塘与陡门在海岸边呈条带状线性分布，其沿线的村镇聚

图9-67　平阳城北瑞平塘河水系的村镇
聚落分布［民国十年（1921年）］
［图片来源：平阳县城等地图. 台湾"内政
部"典藏地图数位化影像制作专案计划］

落多如串珠状连线分布。至清光绪年间，四邑共有市镇42个：其中
永嘉10个，瑞安5个，平阳13个，乐清14个[76]。

　　基于上述分布发展分析，将村镇聚落与农田水利网络叠加，依
据其平面形态与形成时间，可将村镇聚落分为山麓聚落、堤塘聚落、
陡闸聚落和溇港聚落等主要类型[77, 78]（图9-68）。

　　山麓聚落是最早出现的村镇类型。彼时塘河水网平原尚未成
形，海潮内侵、江河易涝、沼泽遍野，地势高爽的山麓平原成为
当时为数不多适宜聚落营建的重要区域。此类聚落多以"山、岙、
岭"等命名，例如茶山镇、宜山镇、北岙村、吴岙村、岭下村等
（图9-69）。平面形态上，背山夹（临）水是其主要空间布局特征：
靠近山麓一侧多紧贴山脚线，或为凹陷内聚的袋状谷地，或为开敞
圆滑的扇形平地，进退有致、有机和谐，山谷溪涧多流经村镇。

　　堤塘聚落是沿海塘、塘河等线性分布的村镇类型。其中，不少
村镇与海塘管理、交通运输等密切相关，在塘线上呈串珠状分布。
随着海岸线持续外推，原本的一线海塘转化为内陆塘河。其作为水
路交通干线而成为重要发展轴线，交通运输、往来贸易促进了堤塘
聚落的进一步发展，常使其沿塘河首尾相接、线性发展。此类聚落
有不少以"塘"命名，例如塘下镇、横塘头村、塘头村、后塘村、
前塘村、官塘村、塘外村、新下塘村、塘下村等（图9-69）。平面形
态上，以支流堤塘主街为主干的鱼骨式布局是其主要空间布局特征，

图9-68　温州滨海丘陵平原地区主要村镇聚落类型及其分布示意图
［图片来源：作者自绘，底图由台湾"内政部"典藏地图数位化影像制作专案计划中17张五万分之一（五万分一之尺）地图拼接而成］

图例

● 山麓聚落
● 堤塘聚落
● 陡闸聚落
○ 溇港聚落
--- 研究范围

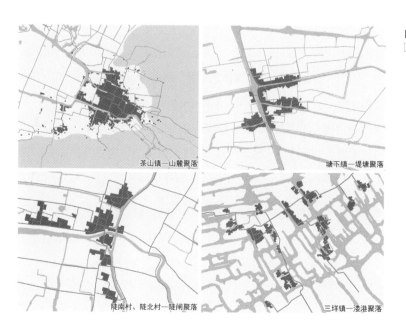

茶山镇—山麓聚落

塘下镇—堤塘聚落

陡南村、陡北村—陡闸聚落

三垟镇—溇港聚落

图9-69　各村镇聚落类型典型代表
［图片来源：作者根据资料改绘］

水网常与街网平行重叠[74]73-74。

陡闸聚落是位于陡门、水闸等水系关键控制节点的村镇类型。陡门、水闸大多设有专门的"闸夫"[26, 79]，按照水则启闭陡闸以管控河网蓄泄。许多村镇因陡闸管理而兴起，常以"陡、闸或陡闸名称"等命名，例如陡南村、陡北村、老陡门村、小陡村、闸桥村、石岗村等（图9-69）。平面形态上，常围绕陡门、水闸蔓延发展。不少村镇以陡闸为中心，形成了重要的公共空间。

溇港聚落是水网平原上数量最多、分布最广的村镇类型。此类聚落常依托圩岸、圩溇线性蔓延发展，并多以"垟、桥、浦、田、埠、港、河"等命名，例如三垟镇、林垟镇、翁垟镇、泮垟镇、虹桥镇、宋桥村、林步桥村、芦浦村、西浦村、汀田镇、鲍田镇、宋埠镇、龙港、七里港、泰河村、河沿村、横河村等（图9-69）。平面形态与圩溇的发育程度相关，空间布局形式主要有尽端式溇沼布局、内河式布局、复合式河港布局等。

此外，地区水网平原上的村镇聚落营建还有一个独特的地域特征——榕亭作为竖向标志物。榕亭是于村镇聚落水岸边的河埠、渡口、水道交汇口等特定区域栽植的榕树，可作为地势平坦的水网平原之上协助水上交通的竖向标志物。因榕树冠大如亭，故民间多称之为"榕亭"。据不完全统计，散布于水网平原上各村镇聚落树龄在百年以上的榕树有近1060株[16][74]46。其中，不少榕亭随着村镇发展而逐渐成为榕亭河埠、榕亭桥梁、榕亭广场、榕亭戏台等公共空间，例如平阳的梧梅渡是典型的榕亭河埠。宋代赵希迈作有《梧梅渡》："郁郁栖凤枝，青青止渴林。两树交江渍，数为十亩阴。朱光灿万宇，唤渡人烦襟。一憩爽乌匦，方知树德心。嘉哉建安子，繁衍徵在今。"

⑯ 其中，500年树龄以上的古榕36株，300～500年树龄的古榕80株。

参考文献：

[1] （清）光绪《永嘉县志·卷三·建置志一·城池》.

[2] （清）光绪《永嘉县志·卷二·舆地志二·山川·叙山》.

[3] （民国）瑞安县志稿[M]. 香港：蝠池书院出版有限公司，2006.

[4] 郑立于主编.《平阳县志》编纂委员会编纂. 平阳县志[M]. 上海：汉语大词典出版社，1993：30.

[5] （民国）民国《平阳县志·卷三·舆地志三·山川上》.

[6] 马升永主编. 乐清市地方志编纂委员会编. 乐清县志[M]. 北京：中华书局出版社，2000：173.

[7] （清）光绪《乐清县志·卷二上·邑里志二·叙山》.

[8] 吴庆洲. 中国古城防洪研究[M]. 北京：中国建筑工业出版社，2009：536.

[9] 《荀子·强国》.

[10] 吴良镛. 中国人居史[M]. 北京：中国建筑工业出版社，2014：424.

[11] （清）光绪《永嘉县志·卷一·舆地志一·疆域·形胜》.

[12] （明）弘治《温州府志·卷一·温州府·形胜》.

[13] （清）嘉庆《瑞安县志·卷一·舆地·疆域·形胜》.

[14] （清）乾隆《平阳县志·卷一·舆地上·形胜》.

[15] （清）乾隆《平阳县志·卷首·序》.

[16] （清）道光《乐清县志·卷一·舆地上·形胜》.

[17] （清）光绪《乐清县志·卷一·邑里志一·形胜》.

[18] 《周易·系辞下》.

[19] （汉）班固《汉书·卷三十·艺文志第十》.

[20] （宋）祝穆.《方舆胜览·卷九·瑞安府·永嘉·形胜》.

[21] （清）道光《乐清县志·卷三·规制·城池》.

[22] （民国）民国《平阳县志·卷六·建置志二·城池》.

[23] 张驭寰. 中国城池史[M]. 天津：百花文艺出版社，2003.

[24] （明）弘治《温州府志·卷一·城池》.

[25] （清）嘉庆《瑞安县志·卷二·建置·城池》.

[26] （民国）民国《平阳县志·卷七·建置志三·水利上》.

[27] （明）弘治《温州府志·卷十九·词瀚一·记》.

[28] （清）光绪《永嘉县志·卷二·舆地志二·叙水》.

[29] （宋）叶适. 水心先生文集·卷十·东嘉开河记[A]. 叶适集[C]. 北京：中华书局，1981.

[30] 吴庆洲. 斗城与水城——古温州城选址规划探微[J]. 城市规划，2005，29（02）：66-69.

[31] （清）嘉庆《瑞安县志·卷一·舆地·山川·江湖河》.

[32] （清）嘉庆《瑞安县志·卷二·建置·水利》.

[33] （明）弘治《温州府志·卷五·水利》.

[34] （清）道光《乐清县志·卷二·舆地下·叙水·县城内外之水》.

[35] （清）乾隆《平阳县志·卷三·建置上·城池》.

[36] （明）弘治《温州府志·卷五·水利·永嘉》.

[37] （明）弘治《温州府志·卷五·水利·乐清》.

[38] （清）光绪《永嘉县志·卷二·舆地志二·水利》.

[39] （明）弘治《温州府志·卷三·山》.

[40] （清）光绪《永嘉县志·卷三十六·杂志一·寺观》.

[41] （明）弘治《温州府志·卷十六·寺观》.

[42] （清）光绪《永嘉县志·卷七·学校志·书院》.

[43] （明）弘治《温州府志·卷二·学校·书院书塾附》.

[44] （清）同治《温州府志·卷七·学校·附书院义塾》.

[45] （清）嘉庆《瑞安县志·卷二·建置·学校·书院社学附》.

[46] 鹿城区地方志编纂委员会. 温州市鹿城区志上册[M]. 北京：中华书局，2010.

[47] 施菲菲，陈耀辉. 古雅依稀上横街[J]. 温州瞭望，2005（09）：62-65.

[48] 相国. 千年老巷墨池坊[N]. 温州日报，2011-09-01（014）.

[49]　陈士洪. 明代温州府作家研究[D].
　　　上海：上海师范大学，2013：59.

[50]　徐定水. 玉介园·瓯隐园·墨池公
　　　园[N]. 温州日报，2006-02-07（009）.

[51]　瞿炜. 籀园梦寻[J]. 温州瞭望，2007
　　　（03）：69-73.

[52]　徐日椿. 从周宅花园走出来的佳丽
　　　[J]. 温州人，2015（19）：90-92.

[53]　黄培量. 东瓯名园——温州如园历
　　　史及布局浅析[J]. 古建园林技术，
　　　2011（02）：39-44.

[54]　施菲菲，陈耀辉，郑鹏. 纱帽河，
　　　流动着美丽[J]. 温州瞭望，2006
　　　（09）：66-69.

[55]　施正克. 广场路一带历史变迁[N].
　　　温州日报，2005-07-23（005）.

[56]　（清）同治《温州府志·卷六·公
　　　署·府志》.

[57]　沈克成. 复建玉介园[N]. 温州日
　　　报，2006-02-14（009）.

[58]　董鉴泓. 中国城市建设史[M]. 北京：
　　　中国建筑工业出版社，2004：153.

[59]　刘景纯，何乃恩. 汤和"沿海筑城"
　　　问题考补[J]. 中国历史地理论丛，
　　　2015，30（2）：139-147.

[60]　李帅，刘旭，郭巍. 明代浙江沿海
　　　地区卫所布局与形态特征研究[J].
　　　风景园林，2018，25（11）：73-77.

[61]　罗一南. 明代海防蒲壮所城军事聚
　　　落的整体性保护研究[D]. 杭州：浙
　　　江大学，2011：11.

[62]　（清）道光《乐清县志·卷三·规
　　　制·寨城附》.

[63]　施剑. 明代浙江海防建置研究——
　　　以沿海卫所为中心[D]. 杭州：浙江
　　　大学，2011：105.

[64]　（民国）民国《金乡镇志·卷二·建
　　　置·城池》.

[65]　（清）嘉庆《瑞安县志·卷二·建置
　　　志·城池》.

[66]　陈邦焕主编. 浙江省瑞安市水利志编
　　　纂委员会编. 瑞安市水利志[M]. 北
　　　京：中华书局，2000.

[67]　（民国）民国《金乡镇志·卷一·舆
　　　地·山川》.

[68]　（民国）民国《金乡镇志·卷一·舆
　　　地·形胜》.

[69]　周思源.《周易》与明代沿海卫所城
　　　堡建设[J]. 东南文化，1993，（04）：
　　　165-170.

[70]　林昌丈. 明清东南沿海卫所军户的
　　　地方化——以温州金乡卫为中心[J].
　　　中国历史地理论丛，2009，24（4）：
　　　115-125.

[71]　张金奎. 明末屯军自耕农化浅析[A].
　　　中国社会科学院历史研究所明史研
　　　究室专题资料汇编. 明史研究论丛
　　　（第六辑）[C]. 合肥：黄山书社，
　　　2004：459-485.

[72]　宫凌海. 明清东南沿海卫所信仰空
　　　间的形成与演化——以浙东乐清地
　　　区为例[J]. 浙江师范大学学报（社
　　　会科学版），2016，（05）：42-49.

[73]　侯晓蕾，郭巍. 场所与乡愁——风景
　　　园林视野中的乡土景观研究方法探析
　　　[J]. 城市发展研究，2015（04）：80-85.

[74]　温州市政协文史资料委员会编. 温
　　　瑞塘河文化史料专辑[Z]. 温州：温
　　　州市政协文史资料委员会，2005.

[75]　（明）弘治《温州府志·卷六·邑里》.

[76]　陈丽霞. 温州人地关系研究：960—
　　　1840[D]. 杭州：浙江大学，2005：
　　　106-107.

[77]　郭巍，侯晓蕾. 筑塘、围垦和定
　　　居——萧绍圩区圩田景观分析[J].
　　　中国园林，2016，32（07）：41-48.

[78]　郭巍，侯晓蕾. 宁绍平原圩田景观
　　　解析[J]. 风景园林，2018，25（09）：
　　　21-26.

[79]　（明）嘉靖《温州府志·卷三·贡赋》.

基于温州滨海地区的自然山水地域条件，世代邑人兴修水利以改造与调适自然。开垦农田以根植于土、殖资民用。营建城乡以保境安民、安居栖身。化育点景以人文点染、塑景成境。地区地域景观这一复杂时空连续体在人与土地的相互作用下经历了秦汉及以前的源起孕育、魏晋南北朝的萌芽奠基、隋唐五代的融合发展、宋元时期的转型创新、明清时期的曲折成熟，形成了相对稳定与成熟的温州滨海丘陵平原地区传统地域景观体系（图10-1、图10-2），主要包含总体格局与四邑地域景观两个尺度层级上的内容。

第一节　总体格局：山峦为骨、水网成脉、农耕立本、城卫安民、人文成境

有关温州滨海丘陵平原地区地域景观的总体格局，古人在历代方志及文存中多有精辟提炼与概括：

"当闽粤（越）之交，前接福宁，后抵括苍。东南濒海，幅员千里。华盖、吹台、龙湫、雁荡，仙灵之宫阙交错其中。

图10-1 温州青绿山水舆图
［图片来源：钟翀. 温州古旧地图集[M].
上海：上海书店出版社，2014. 引（清）
佚名《浙江温州府道里图》，藏于中国
台湾台北"故宫博物院"］

图10-2　温州滨海丘陵平原地区测绘地图［民国十年（1921年）前后］
［图片来源：作者根据台湾"内政部"典藏地图数位化影像制作专案计划中17张五万分之一（五万分一之尺）地图拼接而成］

利兼水陆，鱼盐充物，商贾四集。其民勤于治生，工织纴而善制器。沿海诸所自金乡、沙园而东，放乎海安，至于磐石，寨台林立，烽堠如云。盖虽帝德广运，海宇大同而设险卫民，相形势以厚屏藩固，安内辑外之长虑也（佚名《温州府图说》）"[1]。

　　"温之为州，最浙东极处，负山滨海（宋·赵凯《厅壁记》）。东界巨海，西际重山（《元志》）。郡当瓯粤之冲，地负海山之险，环地千里，负海一隅（《方舆胜览》）。控山带海，利兼水陆，实东南沃壤，一巨都会（《艺文类聚》）"[2]。

　　由此可知，温州滨海丘陵平原地区地域景观的总体格局包括山峦为骨、水网成脉、农耕立本、城卫安民、人文成境五个方面（图10-3）。

图10-3　温州滨海丘陵平原地区地域景观的总体格局
[图片来源：作者自绘]

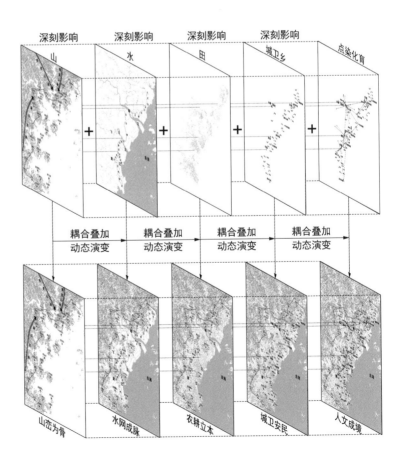

其一，山峦为骨（图10-3）。地区天然的山形地势生于天地造化，是承载一方邑人生产生活的重要自然本底，成为构成地区地域景观的基本骨架，从根本上决定了地区潮汐河自西向东的流向与路线，深刻影响着地区的山水格局。脉由西来、东入大海的洞宫山脉、括苍山脉与雁荡山脉分支派合，形成了枕山带水、横亘绵延的山峦，成为邑人生产生活物资的重要来源、调适改造的利用对象、城乡建设的自然本底、营城设防的天然屏障、园林营建的山水佳地、人文点染的审美对象、化民成俗的附会原型：

> "瓯郡控接闽越，枕连沧海，层峦危巘，屹布四维，重冈峻阜，联亘平壤。而凡郡邑之所建，仙佛之所宅，村落民居之所凭依，皆磅礴蜿蜒，千态万状，所以钟神秀而擅名胜者，自昔盛矣。观灵运游山之记，赵抃江山称永嘉之咏，其诚可征哉。若夫草木禽兽蔬果之蕃殖以资瞻民用，亦非他郡比也"[3]。

其二，水网成脉（图10-3）。由山峦为骨所引导的瓯江、飞云江、鳌江三江自西向东汇入东海，是地区的水网骨架，并依托水利工程建设而不断蔓延生长出六大塘河水系，构成三江下游滨海平原的丰富水网。纵观地区城乡发展与地域景观形成演变的历史脉络，从山多地少鲜有田畴、江河溪流程短流急、土地碱卤不宜农耕的贫瘠之地，到水网密布纵横交错、湖潭荡浃相互贯通、田畴平衍尽为膏腴的沃壤平原，水网梳理始终是重中之重。平原水网紧密连接了四邑的城邑、卫所与村镇。塘河之上舟楫往来穿行，沿线荷菱榕柳遍植，平原水网与三江东海共同组成了通达的地区水网，成为组织城乡建设发展与邑人生产生活的重要脉络：

> "温为东南山水之窟，素号奇胜。郡之水唯海最大，其次则三江，次则诸溪涧焉。溪涧者，山流之注；而海则三江万流之所毕会者也。其潴而为潭，流而为渠，止而为浃，环而为荡，汇而为湖，俗语总谓之河。经络于原野之间，纵横旁午，支分

派合，虽小大浅深之不同，其所以沃土壤，饶百谷，运舟楫，济不通，育鱼鳖而殖货具，钟清明而疏污秽，为利一也。地势西高而东下，诸水多自西向东。吏兹土者，相度地宜，各有塘堘以捍其羡溢，斗门以时其蓄泄，故浃旬淫雨而无吞啮之患，弥月继晴而无沽涸之忧，民有攸藉，岁以恒稔，水之时用大矣哉"[4]！

其三，农耕立本（图10-3）。农耕立本是农业社会时期长期积淀而来的"农为政本"观念，是邑人通过精耕细作、垦殖土地而逐步建立起来的人与土地之间的深厚情感纽带[5]。水网成脉为农田建设构建了地区水系的空间格局骨架与流域管理系统，极为深刻地影响着农田的建设方式、开垦类型、景观特征与作物种植。在"农为政本，水为农本"观念的引导下，持续的水利建设、农田建设与农业生产协同开展，塑造了以圩田肌理为主的水网农田。它在广袤的地区尺度上梳理与组织土地肌理，既是一方民众的衣食之源，又成为城乡建设的土地本底，奠定了地区内外一体、城乡同构的景观肌理。与农耕立本观念下的生产方式相对应，地区逐渐形成了珍视土地环境、谨守岁时月令、勤于疏浚水网、早晚耕耘劳作的乡间村居生活方式，这也正是水网农田得以良好维护并不断拓展的重要基础：

"水利之于温盛矣，塘堘斗门所以致人力以辅相乎天者也。否则，晴虞旱，雨虞涝，虽膏腴之田弗敢冀有秋矣。是以晴平则蓄，桔槔得以奏功，舟楫得以稳运；雨溢则泄，杀弥漫之势而顺其性，除泛浸之患而复其常。盖温多坦壤则宜蓄，而近江濒海则易泄，启闭以时，缓急有备，其不在于长民之吏哉！惟沿江之地，渠浅滩驶，水趋下流，或以旱为忧，此又不可不知也"[6]。

"厥篚织贝，厥包桔柚，锡贡。其利金锡竹箭，其畜宜鸟兽，其谷宜稻。会稽数郡，饶于海陆此非专指温，而温实在焉。

盖倚山颜海，土薄艰殖，民勤于力而以力胜。旧志所谓织纴工，器用备，秔稻足，海育多于地产，信其然矣。由今观之，则水陆之产兼有并致，腴田沃壤一岁三获，层峦广谷，材木丛植，矾铁渔盐、谷粟柑桔之类赡于境而他郡资焉。斯民之安土重徙，凡以此也"[7]。

其四，城卫安民（图10-3）。山峦为骨、水网成脉、农耕立本三者耦合叠加，为城乡营建构筑了重要的空间基底、景观肌理与供给支撑。以城池为依托的城防体系，是邑人防御自卫以保安全的重要屏障。四邑城池顺应地区山形地势，借堪舆以连山为城或依山筑城，并巧借自然河溪或人工开河以为城濠，构筑了融于自然、山城相依的城防体系。至明弘治年间，四邑城墙已是一派坚固规整、雄踞东南的壮观景象："城悉用石甃，巩坚峭峻……雉堞星罗，棚楼岩立，势形险壮，屏蔽周完，而雄视于东南"[8]。此外，磐石、金乡2卫统领的蒲岐、旧后、宁村、海安、沙园5所因海防抗倭需要而设立。其营城设防时控扼地理险要之地，巧借地域山水以筑城为濠，并于卫所四周巧筑水寨、营台、烽堠等防御工事以互成犄角守望之势，形成了沿海一线卫所列布、兢兢设防的地区海防体系。

基于此，外保安全、内便民生的聚居环境得以营建。城内，通过城邑整体空间结构、街道布局的确立与城池内外府署、庙坛、学宫、文庙、楼塔等主要建筑节点的营建，构筑了包容和睦、教化齐同的社会秩序[9]。城外，数量繁多的村镇依托塘河水系顺势发展，广布于水网农田肌理之上，与城邑、卫所一道共同构成塘河为脉、城卫分置、村镇散布的城乡空间格局：

"设险以守其国，莫如城池。况瓯郡数县倚山滨海，为浙东控接八闽要地。列城相望，襟江带溪，形势雄壮。又因地险，以长巩揆文奋武之全盛乎哉。金乡、磐石诸水关营寨，百雉屹然。外斥藩篱，内键门户，若能时勤浚筑，俾金汤有增勿坏斯，亦未雨绸缪良策也"[10]。

　　其五，人文成境（图10-3）。山峦为骨、水网成脉、农耕立本、城卫安民四者耦合叠加、动态演变，其历时性发展过程孕育与积淀了人文成境。地域景观源于天造地设的自然山水环境，源于人工调适的水网梳理与流域管理，源于前赴后继的土地开拓与农田建设，源于日臻完善的城乡环境营建，源于循吏能臣的局部重点经营，但更离不开文人墨客对各类景致的人文点染化育。人文点染化育是文人士大夫对山水风景、农耕景致、城乡环境等的提炼概括与人文升华，包括八景的归纳总结、颂扬各类景致的辞翰艺文等内容。景致因人文而添光增色、历久弥新，人文因景致而世代相传、钟秀隽永，二者交融、化景成境（图10-4）：

　　　　"郡自晋迄今，名公巨儒作为文章，各有编帙行于世，是志固不必录也。然记序以载事实之详，歌诗以写景物之胜，奏疏以示趋向之正，或得于累朝宸翰之颁，或得于外郡名贤之制，或出于守土之吏，或出于兹郡之儒，凡有关于山川人物之大与夫世道之要者，抡采而入之，一郡之文概见于斯矣……某山、某水、某人、某事之下，篇题浩繁，遽难遍匦……铺览而统得之，有所振发焉"[11]。

图10-4　新中国成立初期的江心屿
［图片来源：李震主编. 温州老照片：1949～1978[M]. 北京：中国对外翻译出版有限公司，2012］

第二节　四邑地域景观

城邑、卫所与村镇拥有共同的山水本底、塘河水系与农田肌理，其地域景观具有融于山水、顺应自然、水网成脉、相互贯通等共同特征，但也在政治、经济、社会、军事等因素的影响下，形成了显著的地域景观差异（表10-1）。

城邑、卫所与村镇的地域景观特征比较　　　　　　　　表10-1

特征	城邑	卫所	村镇
形成发展历史	于东晋时期（323—374年）相继建置营城，并于原址增筑、发展	于明洪武二十年（1387年）同时建置营城，多于原址城池内缓慢发展	与滨海平原开拓发展紧密关联，依托六大塘河水系的形成与完善，大致经历了由山麓平原向塘河水系平原再向滨海海塘与陡门沿线平原发展的历史过程
主要功能	府县治理、地区商贸、教化齐同、便利民生等	军事海防、抵御倭寇、保境安民等	平原开拓、水利建设、农业生产等
与自然山水环境的关系	**度地：** 在自然山水环境中基于堪舆的城址选择。 **营城：** 巧借自然山水之利依山就势、因地制宜的城邑营建。 **理水：** 城邑内外水系统筹考虑观念下内外贯通、水系管控、便利民生的水系梳理。 **塑景：** 择城内外自然山水佳处重点经营、人文荟萃、塑景成境	**建置选址：** 总体特征表现为以点控线、以线控面。多位于扼控江海而又有险可依的地理要害之处，分为平原型、江口型与关隘型三类。 **营城设防：** 营城时既源于方正规整，又融于自然山水，表现为统一模数形制下的多样化表达。并于城外山水要地配以水寨、营台、烽燧等防御工事	**民居单体：** 村镇聚落的基本单元，与当地自然与文化环境相适应，形成了注重实用、通透开敞、横向发展、宋风木作、质朴乡野砖石作、檐多深远等地域民居特征。 **村镇聚落：** 与农田水利网络叠加，依据其平面形态与发生，可分为山麓聚落、堤塘聚落、陡闸聚落和溇港聚落
外部边界	山丘—江河—城墙—壕池共同组成的外部围合边界	山丘—塘河支流水系—城墙—壕池共同组成的外部围合边界	山麓聚落多以山丘、塘河水系组成外部围合边界，堤塘聚落、陡闸聚落和溇港聚落多以塘河水系为外部围合边界
内部结构	内部街道多为水街形式，街道布局与城内水系梳理建设过程密切相关，多呈现出"河湖成网、分画坊巷""一渠两街、上下为岸""一街一河、状若棋枰"的格局。城市轴线与外部山水有显著的朝对关系	内部街道多以十字形的东、南、西、北四门大街为主要骨架，街道的布局与其军事特征密切相关，多呈现出"中为公署，十字四街""分画街衢、列营左右""巧借溪河、水贯内外"的格局	内部街道多顺应自然溪河与塘河水系，呈现出"小街小巷""鱼骨状街巷""水网与街网平行重叠"的格局

续表

特征	城邑	卫所	村镇
景致	山环水绕、城融其中、山城一体、水贯内外、街水分画、状若棋枰、鸿儒汇聚、商贾四集、衙署中置、园林广布、宫阙交错、亭台林立、车马穿梭、舟楫往来	卫所棋布、置戍兢兢，负山面海、营城设防，依山环水、高城深堑，中为公署、四街分城，营台烽堠、相望扼要	依山临水、质朴乡野，屋舍低矮、榕亭间立，河网密布、舟楫穿行，榕柳抚岸、菱荷遍植，桥梁遍野、码头散布，稻田四绕、橘柚生香，禽鸣渔唱、风枭灶烟
景观意象	山丘、江河、城墙、壕池、水街、衙署、庙坛、亭台、古塔、园林、风景名胜等	山丘、江河、城墙、壕池、十字（井字）街道、坊牌、营台、烽堠、水寨等	山丘、江河、榕亭、桥梁、码头、戏台、文峰塔、风景名胜等

［资料来源：作者自制］

关于城邑的舆图、测绘图、方志、辞翰、艺文等各类资料全面而准确，为科学准确地把握其地域景观研究提供了可能。而关于卫所与村镇的相关资料相对零散，且二者数目繁多、类型多样，加之无该时期清晰准确的局部测绘地图，难以严谨地开展其地域景观的详细研究。因此，以城邑为核心统筹卫所与村镇，不失为一种可行的四邑地域景观研究视角。

通过图解方式对四邑景观分层体系进行叠加分析，归纳总结各邑地域景观体系，进而结合城乡"八景"与历史图文资料展开解读。用抽象的图示语言提取自然山水、水利建设、农业生产与城乡营建各层景观要素进行叠加分析，以归纳总结四邑地域景观体系。"八景"是文人士大夫对地域景观的凝练与总结，景点选取多位于城乡近郊"城—景"合一、"乡—景"合一且融自然山水之美与人文积淀之美的关键区域[12]。景点命名多有点拨画题、刻画意境、解说典故、引人联想等功能，是中国有别于西方而独有的传统审美情趣[13]。温州滨海四邑的城乡发展与景观营建过程始终根植于地区山水本底，形成了"城邑—乡镇—景致—自然"互融的地域景观，多有各类传统"八景"，是构成地域景观体系的重要内容。此外，舆图、测绘图、辞翰艺文等历史图文资料是解读主要景观意象的重要媒介。舆图所传递的内容超出了图像画面本身，其通过符号图解的表达方式对环境空间的布局组合关系进行简化、排除、突显、附加、融汇后

的重组描述，向读图者描绘了整体而连续的景观意象[14]。四邑方志
卷首多有内容丰富的各类舆图，是研究其景观意象的重要图像资料。
部分测绘于民国时期的军用地图，有助于精准把握主要景观意象的
形态、方位等内容，与舆图互为补充。诗、词、记等种类多样的辞
翰艺文记载了历代文人对各类城乡景致的精炼总结与生动描述，成
为挖掘与解读主要景观意象的重要文字资料。

　　以下基于以城邑为核心统筹卫所与村镇的视角，分层叠加以图
解分析与总结各邑地域景观体系，充分挖掘四邑城乡"八景"，并运
用舆图、测绘图与辞翰艺文等历史图文资料解读四邑主要景观意象。

　　永嘉的地域景观体系（图10-5）主要为：首先，洞宫山脉、括
苍山山脉余脉南北环抱，形成内外二重山势。外围山势为大罗山—
吹台山—岷岗山—赤水山—天台山—永宁山—挂彩山序列，内部山
势有"斗城"九山环城而绕。城北瓯江东流入海。其次，城南温瑞

图10-5　永嘉地域景观体系示意图
［图片来源：作者自绘］

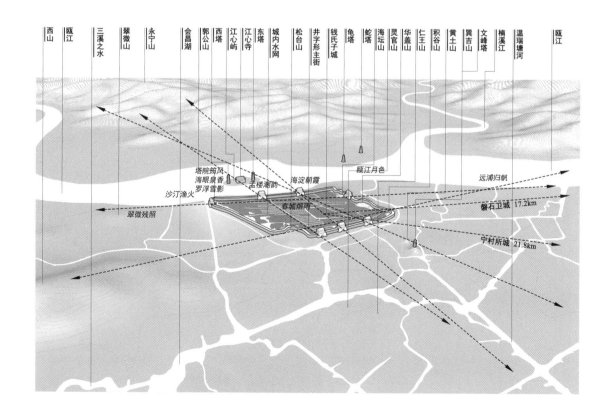

塘河水系汇三溪之水而东南流，沿线圩田遍野、村镇散布、菱荷广植、榕柳拂堤。再次，城邑营建连五山为城，城内主街近"井"字形划分，开河筑渠、连湖通潭、凿井挖池，形成了河湖成网、纵横贯通、河渠如栉的水网。宁村所城控扼瓯江口南岸，与江北磐石卫城守望相助、以线控面。最后，"城—乡—卫"统筹一体，重点经营、人文点染、塑景成境。正如《永嘉县图说》（图10-6）所载：

> "其地自南届东，以海为障。鹿城跨山，九峰如斗。蜃江、雁池，萦绕其间。厥壤斥卤，艰于树艺。然亩不宜粟麦而民食足，土不宜植桑割漆而工于器用。勤于织纴，士尚礼，人无犷悍之习，雅号彬彬焉"[15]。

图10-6　永嘉青绿山水舆图
［图片来源：钟翀. 温州古旧地图集[M]. 上海：上海书店出版社，2014. 引（清）顺治佚名《浙江温州府属地理舆图·永嘉县图》，藏于中国台湾台北"故宫博物院"］

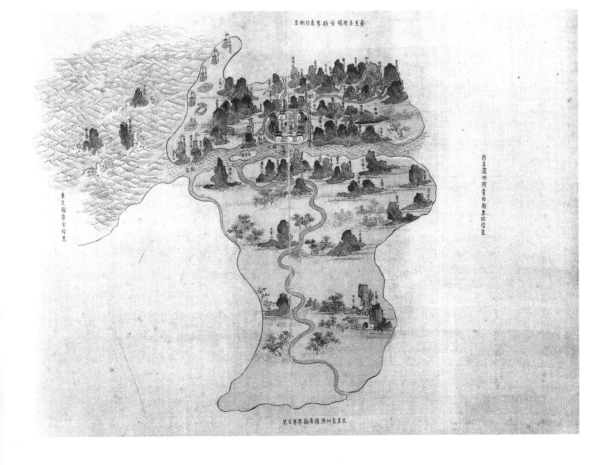

　　永嘉城乡八景主要有孤屿十景与东山八景（表10-2），均为附城局部区域的景致提炼。孤屿是永嘉城北瓯江之中的江心屿，原为江中的东西两座小山，后淤涨为沙洲，随唐宋以来东西二塔及江心寺的营建而日益扩大，自永嘉建置营城起便一直是城外江中的重要景致。孤屿十景是对永嘉"山—水—城"地域景观特征的精妙凝练，景致题名融"江海—山峦—城郭—孤屿—民生"为一体（图10-7）。东山八景描述了永嘉城内东南隅积谷山一带的景致，属于城内局部地域景观的详细归纳，景致题名融"湖池—书院—道洞—亭桥"为一体。

　　综合永嘉主要舆图（图10-8）、测绘图（图10-9），结合地域景

永嘉城乡八景汇总

表10-2

名称	景致题名	景致类型	景观要素	八景诗叙述内容
孤屿十景[16]	春城烟雨	城郭景致	永嘉城郭、春雨	终日闲云在刹竿，对门何处认诸峦。万雉曙色含烟湿，百雉孤城浸水寒。长见轻阴浮璐块，几回春雨倚栏杆。米家画法原相似，更好模糊隔岸看
	塔院筼风	孤屿景致	江心寺、竹林中的风	绕塔谁栽竹万竿，江风昼落步檐宽。新凉弄影摩天碧，爽籁生空戛玉寒。此地无人来袒裼，于时有客倚栏杆。披襟好就阴浓处，茗椀香炉次第安
	瓯江月色	江海景致	瓯江、明月	江心皓月正逢秋，湛湛秋光海国浮。隔岸潮声催玉漏，半边山影挂东瓯。渔船飞渡空明镜，宿鹭低藏清浅洲。节有文山诗有谢，澜延既倒砥中流
	罗浮雪影	孤屿景致	东塔、西塔	却疑重粉绘层峦，昨夜罗浮雪未干。素影初分江岸仄，晓光飞落寺门寒。凭谁绮语抽豪写，时共闲僧倚仗看。遥认梅花疏冷处，山家茅屋自团栾
	海淀朝霞	江海景致	江滩、朝霞	隔树双禽正欲啼，朱霞沙汭影离迷。九芒直射僧窗曙，一抹平横蟹舍低。晓气润深蒸沆瀣，江流红软浸玻璨。东方第一天何处，我欲飞凌万仞梯
	翠微残照	山峦景致	翠微山、夕阳	树影参差塔影横，西山云饮夕阳晴。金临平楚茅茨冷，半上孤帆港汊明。深碧千层分晚岫，淡红一角露春城。无端薄向檐梢过，催起禅堂法鼓声
	孟楼潮韵	孤屿景致	浩然楼、江潮	诗人已去旧楼存，楼外潮声晓复昏。带雨遥听归别浦，因风暗忆落孤村。似闻淅沥生松顶，却惯玲珑漱石根。楼被夜深高枕卧，梦中相与弄潺湲
	海眼泉香	孤屿景致	龙翔寺旁的寒井	寒泉有冽隔江分，海眼标明旧所闻。碧乳润添三月雨，红阑深蔼一潭云。谁搜怪石窥灵脉，暗点苍苔拢细纹。试傍银床烹茗饮，老僧闲共话清芬

名称	景致题名	景致类型	景观要素	八景诗叙述内容
孤屿十景[16]	沙汀渔火	民生景致	孤屿四周江面上的渔船	沙汀旁带屿西东，渔火黄昏出短篷。数点远浮江路黑，一星独暎佛灯红。参差正是潮平侯，明灭时当细雨中。清影夜阑被欲尽，几声长笛在芦业
	远浦归帆	民生景致	东海远浦满载而归的帆船	雨过潮生江势平，闲看尽得畅幽情。诸天阙镇蛟螭伏，四水云扶岛屿轻。槛外帆樯飞远浦，镜中人马闹严城。彩峰落照催归棹，输却渔翁钓月明
东山八景[17]	飞霞春晓	道洞景致	山中飞霞洞、春晓	—
	池塘春草	湖池景致	山西麓春草池	—
	山楼夜雨	道洞景致	山南龙母宫、夜雨	—
	赤壁夕照	书院景致	东山书院后小赤壁、夕阳	—
	碧波秋月	书院景致	东山书院前碧波潭、秋月	—
	寥岸归鸿	湖池景致	山南麓花柳塘岸、鸿雁	—
	带桥残雪	亭桥景致	山麓玉带桥、雪	—
	雪亭松涛	亭桥景致	山巅留云亭、苍松山道	—

[资料来源：作者根据资料整理]

图10-7 孤屿十景分布
[图片来源：作者自绘，底图改绘自钟翀.温州古旧地图集[M]. 上海：上海书店出版社，2014]

图10-8　永嘉主要舆图
［图片来源：作者整理自前文］

图10-9　永嘉［民国三十三年（1944年）］
［图片来源：作者自绘，底图改绘自钟翀.
温州古旧地图集[M]. 上海：上海书店出
版社，2014］

观体系示意图（图10-5），可知其景观意象为：城北的江心屿、龟蛇二塔，附城的"斗城"九山（山城一体的连城五山与"斗柄"四山），城西的西山，城南的温瑞塘河（村镇景观），城墙（连五山为城）与城门（7陆门3水门），城内主街（近"井"字形布局），城内水街（通五潭之水与一渠两街布列如井田的纵横水街），城东瓯江口两岸的磐石卫与宁村所等。

江心屿（图10-10、图10-11）是城北瓯江中的标志性景观，是永嘉最为重要的景观意象之一，主要由江心寺与东西二塔组成，兼有浩然楼、谢公亭、澄鲜阁等诸景，有孤屿十景。其中，"塔院筼风""孟楼潮韵""罗浮雪影""海眼泉香"四景为孤屿景致。《塔院筼风》中的"绕塔谁栽竹万竿，江风昼落步檐宽"描绘了江心寺丛竹掩映、规模宏大的景观特征；《孟楼潮韵》中的"诗人已去旧楼存，楼外潮声晓复昏"突出了浩然楼之营建所强调的孤屿作为"诗之岛"的人文特征，并描绘了楼外亘古如一的潮景；《罗浮雪影》中的"却疑重粉绘层峦，昨夜罗浮雪未干。素影初分江岸仄，晓光飞落寺门

图10-10　新中国成立初期的江心屿
［图片来源：李震主编. 温州老照片：1949～1978[M]. 北京：中国对外翻译出版有限公司，2012］

图10-11　永嘉城北江心屿全景图
［图片来源：（清）嘉庆《孤屿志·卷首·图·孤屿图》］

寒"展现了东西二塔层檐披雪、素影江中的优美景致;《海眼泉香》中的"寒泉有洌隔江分,海眼标明旧所闻……试傍银床烹茗饮,老僧闲共话清芬"描绘了江心寺旁寒井泉水清洌、僧人提水、煎茶、品茗的人文景致。

除孤屿十景的题诗外,文人墨客也多有诗文题咏。清代胡森桂《温州孤屿之胜》:"宛然浮玉在中流,山色涛声四面收。佛呪莲花开宝界,人寻瑶草到瀛洲。塔铃自语风生夜,渔笛谁吹月正秋。约略西湖堪比拟,不妨唤作小杭州"[18]强调了孤屿尽收四面山水美景,并将之与杭州西湖作类比。清代林岱高《游孤屿》:"扁舟晴日渡中川,绿树参差列几前。佛住龙宫缘说法,僧从蜃市得栖禅。两峰常卧烟波里,双塔高撑霄汉边。咫尺蓬瀛人不识,却于海外觅神仙"[18]突出了孤屿植物参差有致,僧佛相融其中,东西二塔高耸的景观特征。清代谢天埴《江心寺》:"谁将卷石屹江中,不与尘寰烟火通。三岛分支仙子宅,六鳌背负法王宫。云翻塔影浮波面,潮带钟声过海东。共道老龙眠欲起,须臾雷雨满长空"[18]提及孤屿源于江中两座小山的沙涨淤积,描述了塔影倒影江中,江水东入大海的美景。清代陈振麒《游孤屿》:"双塔连天际,嶙峋不可攀。潮声两岸急,山色隔江间。城郭烟云里,亭台水石间。漫言尘俗累,咫尺是元关"[18]重点强调了孤屿作为江中美景,融"山水—孤屿—城郭"为一体,成为永嘉山水审美情趣的缩影。

"斗城"九山包括连城五山与"斗柄"四山,是附城的主要景观意象。元代陈刚登山楼一览"斗城"九山与环城诸山,作有《山楼记》以描述其美景:

> "山之列于四面者尽得之。东则崭然峭竖,出于海坛之上,而接乎华盖者,罗浮、挂彩、瑁头、枕江诸峰也。华盖之南,远如拳石者,积谷也。南则松台最近。外则帆游、大罗,宗生支走,绾而如髻,舒而如眉,纤余绵延,在数十里外。而吹台、岷岗之高大岈岈,又在其西焉。岷岗转而北为西岑,其近者偃蹇回郁,若绮错绣积,空翠袭人;其远者间见迭出,为芒角上

指，为波涛起伏，愈远愈淡，愈淡愈佳。意其间，必有巨谷深林，幽泉怪石，为隐士徜徉容兴之适，而吾未之接也。由西岑逶迤而北，层峦叠巘，争巧竞秀，上轶郭公，而远见林木翳蔽之外，盖跨溪诸山也。又北至北山而渐近焉。北山之下，则孤屿两峰也。四山环立，远近大小，高下如画"[19]。

城北门有江山胜概楼，宋代戴栩登楼远眺江中孤屿与回望"斗城"美景，作有《江山胜概楼记》：

"白漾界其前峙，罗浮接其右限。斗山四缭，迭为崔嵬。大江横以东下，势欲去而徘徊。见夫云霞出没，景魄往来，寺塔映乎林壑，艘舶凑乎帆桅，于是江山之胜与目力不约而谐矣。牓曰'江山胜概'，以与众共之，而题康乐诗于屏间……昔人论江山之胜者，以险持壮，以德持险……而观眺之胜从之也。郡城之十而隅居其五，盖屏蔽大江，便于守御。自郭山抵海坛，然后达于三隅，延袤十八里"[20]。

松台山及山下蜃川是城西南的主要景观意象。明代余元溪《松台山》："一声啼鸟破春愁，直上松台顶上游。碧树低藏花迳小，白云深锁竹房幽。千家桃李迎晴日，九斗烟霞拥画楼。徙倚危栏更回首，恍疑身在六鳌头"[21]描绘了山上碧树幽竹、飞禽来栖的景观特征。山下为城西内濠蜃川，以西城枕水如卧蜃象而得名，山水相映、景色秀美[22]。宋代戴栩《题浣川》："浣纱元是此川名，鸥鹭蒲荷物物清……两山影浸青於染，十亩光涵玉不玼"[23]30。清代林必登《赠体印上人》："莲宇依鳌背，花台倚蜃川。山山青送黛，树树绿生烟"[18]。

华盖山及其上冠华亭是城东的主要景观意象，登高可尽览永嘉胜景。明代王叔杲赞美华盖山为郡之主山，出玉介园登山而四望郡城、瓯江与城郊美景，作有《玉介园记略》：

"华盖为郡主山，屹立屏展……俯视城中官廨民居，万井鳞次，街渠弦布，左带长江，右环诸溪，四山列绕数十重。登眺间，令人应接不暇，真一方伟观也，榜曰'江山胜览'……正值巽山塔，尽收郡城远近东南诸景……江心寺中浮海面，双塔刺天，云帆来往，四顾若图画，其胜不减吴山西湖……松竹交翠，拥匝奥区，不见阛阓……华盖山颠为亭曰'冠华'。郭外之江山川原，望中可尽。盘旋而下，指视玉介园，绿荫环接林麓，则若跬步间矣……华盖上下诸景，亦烂然易观，其惠于兹山……园密迩居室，望华盖山如家山"[20]。

积谷山（东山）及其上东山书院、留云亭与飞霞洞是城东南的主要景观意象（图10-12）。东山书院（图10-13）巧借山麓的山形地势，与积谷山相融成景。严暟作有《东山书院诗》："环林叠巘耸层台，下抱涟漪讲席开。曲径玲珑储秀气，疏窗窈窕屏氛埃。宵沈玉漏吟声彻，晓映牙签翠色来。邹鲁遗风犹未坠，于今追琢日多材。"芮复传作有《积谷山书院峰顶留云亭碑记》："既拓书院，基构讲堂，波池辟轩，环筑书舍……山之胜甲一郡，而书院坐收之。千岩笏峙，一水虹绕，秀木美箭，森蔚檐际"[24]。此外，山上自上而下还有留云亭、飞霞洞、云根、池上楼、玉带桥诸景，清代张正宰作有《城南池馆即事夏日雨中作》四首："急雨初过云自闲，留云亭子卧云间。江风渐渐将云去，剩下云中积谷山。""路入云根一径幽，枕流石畔漱清流。雨中树色青如沐，坐卧看山池上楼。""北窗凉吹送冷冷，华盖峰青入画楹。欲俯一杯瓯海水，负琴直上大观亭。""飞霞洞外松如鬣，玉带桥边水似纱。数点雨余深绿暝，斜阳一桁送归鸦"[18]。留云亭占据山顶制高点，是绝佳的观景点，清代何应溥作有《留云亭》："翠色涌东城，华盖连积谷。古洞飞丹霞，仙踪留白鹿。登临畅襟抱，视听豁心目。海影三千寻，人烟十万屋……山川不改颜，云物长如沐。旧址一朝新，孤亭相望矗。石磴上层层，松涛起谡谡"[18]。

巽吉山及其上的文峰塔是城东南外的主要景观意象与标志性景观。明代王激作有《游巽山记》：

图10-12　永嘉东山书院（城内积谷山上）
［图片来源：（清）同治《温州府志·卷首·图·东山书院图》］

图10-13　永嘉东山书院老照片
［图片来源：李震主编. 温州老照片：1897～1949[M]. 北京：中国对外翻译出版公司，2011］

"出城南五里许，为巽山，按瓯土在巽吉之地，故山以巽名。群峰峻削，岿然具瞻，草丛林薄……石径逶迤，下俯枯涧，稚松种种，缘壁不绝……由旁麓四五绕，始达峰顶……纵观寥廓，乱山、怪石、乔木、奇屿，如驰如涌，如立如拱，如奋而怒，如畏而恭。江远帆没，村暝鸟归，落霞满川，波光如绛，牧唱渔歌，杳然空濛潋滟之外"[20]。

巽吉山虽小，但位于郡城的巽吉位，是重要的文峰，山巅建有文峰塔（巽吉塔）。明代王诤作有《巽吉山建塔记》："巽吉山在城南三里所，则两校之应案也。山巅旧有塔，堪舆家所谓文笔峰也。尔时民安物阜，而科第每得高等"[25]。

西山及其上的护国寺是城西外的主要景观意象。西山，"在州西者独细而秀"，景致灵动，为一邑"临望之美（宋·叶适《醉乐亭记》）"[26]，是城西的标志性景观。明代张天麟作有《西山晓望》："风嘶铁骑草萋萋，碧落晴分唱曙鸡。佳气渐浮平楚外，清光遥接蓟门西。锁开阊阖千岩晓，雾卷沧江万木齐。多少废兴烟草里，西山云压翠鬟低"[21]。可见其山体高耸挺拔、多峭岩林木。西山上有护国寺，坐西向东、位于山腰，寺旁山高林茂、环境清幽。明代何坚作有《西山护国寺》："暂谢尘氛地，来寻鹿豕群。山行迷翠霭，野望足黄云。古寺林中见，天香坐里闻。长吟忘去住，樵牧下斜曛"[21]。描绘了护国寺一带雾霭绕林、寺中香火兴旺的优美景致。此外，西山还是城西重要的登高览胜之地，山巅建有揖峰亭，亭旁有园林，可登高一览江山城景。清代秦瀛作有《揖峰亭图记》：

> "郡城诸山，海坛、郭公、华盖、翠微之胜，环绕麃霭……台榭池馆，垒山石玲珑巉刻。而其巅有所谓揖峰亭者，俯瞰瓯江，而挂彩、华严诸峰若相拱揖状……登高眺远，俯察仰观，足以抒其郁伊，导其悦豫……凭阑四望，抚城郭之壮丽，睇山海之浩渺……至于亭之左右，双桂有堂，七贤有石，濯缨有亭，鉴池清冷，石梁绵亘"[27]。

温瑞塘河是城南通往瑞安的重要塘河，沿岸村镇散布、圩田丰饶，自唐宋起便是一派舟楫穿梭、渔樵劳作、菱荷遍植、榕柳拂堤的优美景象，是永嘉典型的村镇地域景观。历代多有邑人登高而望塘河沿岸村镇景观的辞翰艺文。明代文林《积谷亭记》："湖泺溪涧，畎浍沟塍洫堰，衡缩方斜，高下巨小，棋布左右，不知几亿万顷亩也……兹山又得温之胜者也，三时于焉视农，捷于览观，乃建亭其上"[28]。可见积谷亭的营建是出于登高视农的目的。塘河沿线水网密布、圩田广阔。明代王志言《登永宁山》："山控孤城封薜荔，潮回双塔出芙蓉。平原绿映千畴稼，邃壑声旋十里松"[21]描绘了城外南部平原一带千畴绿稼的乡野景致。此外，也多有对塘河沿线村镇淳朴农家生活的描绘。明代王瑞《罗浮山斋作》："农歌远近出村坞，商声互答良其时……田家此乐无人知，春耕夏耘秋有获"[21]。宋代徐献可《南塘》："南塘新雨过，风暖橘洲香。水长侵官路，桥低碍野航。"宋代卢祖皋《种橘》："小擎枝头满袖香，累累秋实正宜霜。"宋代薛师石《题南塘薛圃》："门对南塘水乱流，竹根橘柢自成洲"[23]41。可见沿岸村镇为一派水网密布、舟楫穿梭、稻橘广种、农歌互答的地域景观。

瑞安的地域景观体系（图10-14）包括：首先，洞宫山脉延伸为南北两支余脉东迤入海，北倚群山、西南望山，形成内外二重山势。外围山势为宝香山—集云山—云顶山序列，内部山势为西岘山—横山—马岙山—栖隐山—万松山—马鞍山—隆山—安禄庙山序列。城南飞云江东流入海。其次，城东温瑞塘河水系汇集云山诸流之水而东流，沿线圩田阡陌、鳞次遍野、村镇散布。再次，城邑营建跨二山为城，城内主街近"丰"字形划分，通四湖而流贯城中，一街一河、纵横贯通，形成状若棋枰的水网。沙园所城、海安所城控扼飞云江南北两岸，以线控面。最后，"城—乡—卫"统筹一体，重点经营、人文点染、塑景成境。正如《瑞安县图说》（图10-15）所载：

　　　　"其地巨浸，稽天拍浮。东岸大罗、云峰诸山自西亘北。濒江为城，云水南绕，奔流霅然。深水腴田阡陌鳞次，民皆尚力而勤耕，渔海煮盐足供利用，庶几沃饶之邑"[29]。

瑞安城乡八景主要有集云山八景、罗阳八景（表10-3）。集云山八景属城郊型景致，位于城北门至集云山一带。集云山是瑞安城

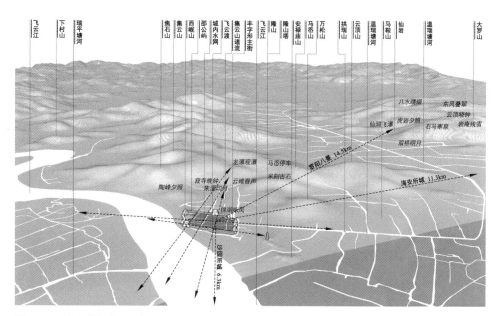

飞云江　下村山　瑞平塘河　焦石山　集云山　西岘山　邵公屿　城内水网　飞云渡　集云山诸流　丰字扬丰街　飞云江　隆山　隆山塔　隆庙山　安禄庙山　马岙山　万松山　拱瑞山　云顶山　温瑞塘河　马鞍山　仙岩　温瑞塘河　大罗山

八水晴烟　东风叠翠
云顶晓钟
仙洞飞瀑　虎岩夕照　石马寒泉　岩庵残雪
双桥明月
龙潭观瀑　罗阳八景　14.5km
敌寺晚钟　马岙停车
陶峰夕照　朱漢印月　云碓春声　米刻古石
镇湖咏凤　海安所城　11.3km
沙园所城　6.3km

图10-14　瑞安地域景观体系示意图
［图片来源：作者自绘］

图10-15　瑞安青绿山水舆图
［图片来源：钟翀. 温州古旧地图集[M]. 上海：上海书店出版社，2014. 引（清）顺治佚名《浙江温州府属地理舆图·瑞安县图》，藏于中国台湾台北"故宫博物院"］

瑞安城乡八景汇 表10-3

名称	景致题名	景致类型	景观要素	八景诗叙述内容
集云山八景	龙潭观瀑	河湖景致	愚溪底龙潭、瀑布	—
	马岙停车	山峦景致	马岙山、驿道	—
	朱溪印月	河湖景致	愚溪（古称"朱溪"）、月亮	—
	锦湖咏风	城郭景致	锦湖（即北湖，为城墙北濠）	—
	米刻古石	古迹景致	马岙山米芾的"第一山"石刻	—
	寂寺晚钟	寺庙景致	本寂寺、傍晚钟声	—
	陶峰夕照	山峦景致	集云山陶峰、夕阳	—
	云碓春声	民生景致	愚溪、溪滩水碓	—
罗阳八景[30]	双桥明月	津梁景致	双桥村石梁、月亮	石梁纵横如置矩，桂花影净天连水。骊龙争珠贝阙开，彩虹夹镜金波委。万里云霄鹤已仙，九秋风露人如市。停杯有问孰应之，题柱无心吾老矣
	八水晴烟	溪湖景致	八水溪、紫烟	罗岑削翠如庐阜，中泻飞泉三五道。银河遥挂长松颠，紫烟散入扶桑杪。浓随岚气相细缊，淡映波光同浩渺。忽听沧浪歌濯缨，欸乃一声山更窅
	虎岩夕照	山峦景致	虎岩、夕阳	烛龙余晖射东岭，怪石耽耽如顾影。朱霞绿雾之气凝，丹砂黑漆其文炳。莽苍伏草汉将瞑，昏黄负嵎晋人警。牧童吹笛牛羊归，风挠栖鸟号绝顶
	云顶晓钟	寺庙景致	香山寺、钟声	重重花鬘云为顶，无尽明灯常闶阆。金鸡鼓翅曙色分，华鲸沸声昏梦醒。雾深余韵山林迟，霜清逸响兼天永。胜游安得少陵诗，更宿招提发深省
	石马寒泉	溪湖景致	石马泉	层崖何年坠房星，神骏应图依翠屏。王良无由调辔策，曹霸不敢加丹青。仰观雪风天澹澹，俯瞰碧沼秋泠泠。绝胜汗血古城下，向北惊嘶闻水腥
	岩庵残雪	寺庙景致	岩头庵、雪	玲珑萝窦当元冬，一夕变幻银芙蓉。黔乌已烛冷泉洞，素龙尚挂飞来峰。宛转大千玉毫相，照耀丈六金仙容。老僧画尽芋炉火，细话灵隐元宗同
	仙洞飞瀑	溪湖景致	仙洞、漱玉潭瀑布	漱玉古潭龙所都，余波喷雪东西趋。摩崖直倚崆峒剑，激石乱走蜿蜒珠。声震雷霆转砰湃，骨寒草木皆清癯。临流试问饮牛者，过客宁无孙楚乎
	东风叠翠	植物景致	梧桐、松柏等	谁把波斯万斛螺，白云深处结嵯峨。朝阳奉奉梧桐茂，夕照苍苍松柏多。鳞鬣似看龙天矫，羽毛思见凤婆娑。盘盘祖陇依林簏，雨露其知感慕何

［资料来源：作者根据资料整理］

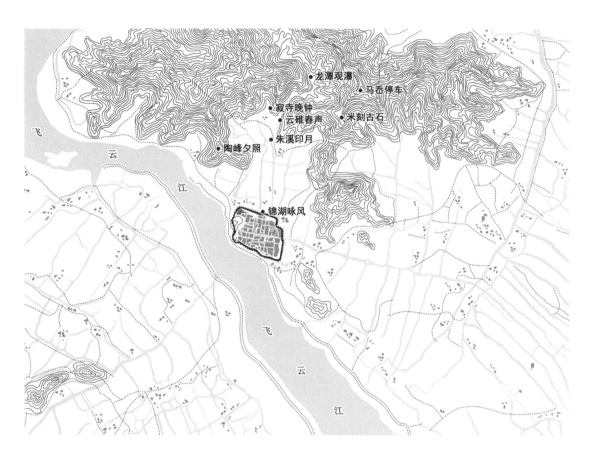

龙潭观瀑

马岙停车

寂寺晚钟

云礁春声　　米刻古石

朱溪印月

陶峰夕照

锦湖咏风

北主山，为堪舆中一邑山脉之来龙。据《集云山志》所载："吾邑集云山者，一城之主山也……冈峦回互，林壑深秀，襟江带湖，屏蔽北郭，巍然特出于诸山之上"[31]。城乡营建与风景营造的过程始终与城外集云山一带的山水密切互动，形成了城邑与自然山水紧密相融的地域景观。集云山八景是对瑞安"山—水—城"地域景观特征的精辟归纳，景致题名融"山峦—河湖—城郭—古迹—寺庙—民生"为一体（图10-16）。罗阳八景属乡镇型景致，位于城东北大罗山一带，所纳景致范围较广，是对自然美景与人文景观的提炼总结，景致题名融"津梁—溪湖—山峦—寺庙—植物"为一体。

综合瑞安主要舆图（图10-17）、测绘图（图10-18），结合地域景观体系示意图（图10-14），可知其景观意象为：城北的集云山、北湖，城东北的大罗山（仙岩一带），附城的邵公屿、西岘山二山（山城一体的连城二山），城南的飞云渡，城东的温瑞塘河（村镇景

图10-16　集云山八景分布
[图片来源：作者自绘]

图10-17 瑞安主要舆图
[图片来源: 作者整理自前文]

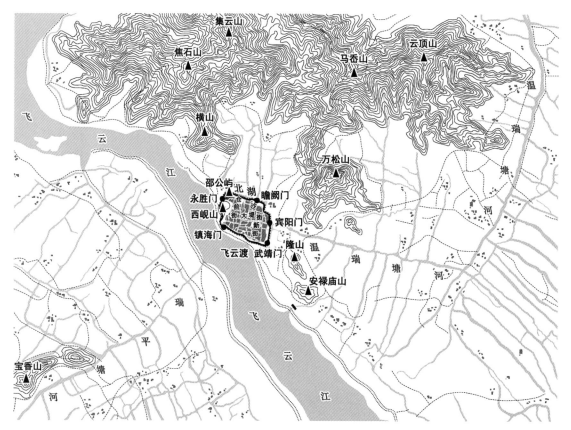

图10-18 瑞安[民国十一年(1922年)]
[图片来源: 作者自绘, 底图改绘自瑞安
县城(局部), 台湾"内政部"典藏地图
数位化影像制作专案计划]

观），城东南的隆山（上有塔、山麓有月湖）、安禄庙山，城墙（连
二山为城）与城门（5陆门3水门），城内主街（近"丰"字形布局），
城内水街（一街一河、状若棋枰的纵横水街），城东飞云江口两岸的
海安所与沙园所等。

　　大罗山仙岩一带为城东北的主要景观意象（图10-19）。融岗峦
起伏、瀑泉飞洒、潭井秀美的自然山水与书院、佛庵、亭台等人文
景观为一体，为一邑之胜景。据民国《仙岩山志》载："东瓯多佳山
水，大罗之阳曰'仙岩'……游者舍车马之劳，乏登顿跋涉之烦，
朝夕往还，可罗万象……周览山川，徘徊祠宇，则攸然穆然"[32]。
仙岩自入口起由外入内主要有虎溪、慧光塔、积翠峰、文节公祠堂、
圣寿禅寺（仙岩寺）、狮子峰、卧象山、嘉树台、流觞亭、白莲池、
翠微岭、仰止亭、读书台、梅雨潭、通玄洞、观瀑亭、喷玉矶、三
皇井、炼丹井、黄帝池、雷响潭、龙须潭等诸景（图10-19）。民国
《仙岩山志》卷首中陈谧的游记有载：

　　　　"舟行抵境有石坊，则晦庵所书额也。入虎溪，桥南为慧
　　　光塔，耸然直立。桥北积翠峰，下则文节公祠堂在焉。复东行
　　　为超览庵故址，有狮子峰、卧象山左右环抱。折而北为嘉树台，
　　　台东流觞亭，有白莲池。出亭北行为翠微岭，下仰止亭。西山
　　　为止斋读书台，台表高处有石如砥，方可数丈。由亭北行至梅
　　　雨潭为仙岩最胜处。复折而东曰通玄洞，洞背观瀑亭。望见瀑
　　　布之水若悬长空有自天上来者，令人悠然生遐想也。潭前有巨
　　　岩曰喷玉矶，东则三皇井、炼丹井、黄帝池，上为雷响潭。潭
　　　深数百丈，莫知其底。以巨石投之，硿然有声若雷鸣。自潭中
　　　起龙须潭，复在雷响潭之上，其水循崖而下如悬布，故名。更
　　　上无可登者"[33]。

　　圣寿禅寺（仙岩寺）是核心景观之一，其位于积翠峰下而滨
临虎溪，肇始于隋唐年间，至清末时占地约2hm^2。依山就势设寺宇
五进，殿堂、楼阁、轩厅等共120余间。寺院巧借山水之势，形成

图10-19　瑞安城东北仙岩全景图
［图片来源：（民国）民国《仙岩志·卷
首·图·仙岩图》］

仙岩入口处秀美的山林禅意。明代张逊业《游仙岩寺》："支杖探奇度远峰，云门遥见翠微重。珠宫缥缈悬银汉，宝树参差锁玉龙。咽露蝉声和法偈，出林香霭带疏钟。寻僧拟结青莲社，应觅庐山惠远踪"[21]着重描绘了寺院融于翠微山林之中的清幽景致。明代王瓒《游仙岩寺》："清兴渺何许，登山极上层。境幽无俗驾，寺古有高僧。翠霭屯林木，流泉溅石棱。探奇归去晚，枯榦爇为灯"[21]突出了寺院清新脱俗、亲近山水的景观特征。清代曾佩云《游仙岩寺》："佛像最森严，龙颜又虎髯。昙云香气结，僧衲早寒添。蜡屐行厨便，鲈鱼美酒兼。真成仙世界，不厌久留淹"[18]展现了恢宏森严、香火兴盛的寺内景观。

流觞亭是一览仙岩秀美山水的绝佳之处。春风和煦时节，流觞亭前瀑布飞奔直下而萦绕山间，有宛如身居濠濮兰亭的秀美景致。明代戴宗墦作有《仙岩观瀑集流觞亭》："宝地寻丹壑，春风漾彩舲。山容开远黛，水镜合中泠。徙倚云松暝，低徊泻瀑縈。飞扬奔素练，喷薄敌春霆。乐意同濠濮，澄襟契瀚溟。羽觞流竹涧，禊饮续兰亭。良会犹难再，高歌且暂停。林光昵宿鸟，野火吹沙汀。归醉茗花椀，还翻贝叶经。余情犹未辍，遮莫动晨莛"[21]。

此外，山峦险峻、飞瀑雷鸣、野趣盎然的自然美景也是其重要的景观特征。清代曾裔云《春日偕友人游仙岩寺》："览胜上危巅，山川别有天。雷鸣千丈壑，雨散一溪烟。岚翠供春媚，花藤冒石妍。莫嫌腰脚倦，随意抱云眠"[18]着重描绘了仙岩山川险秀、瀑响如雷、山花烂漫的优美景致。明代王毓《游仙岩和韵诗》："山门深邃倚云斜，绀宇缤纷绚彩霞。沓嶂萦青连野树，方池湛碧映岩花。泥沾贝叶梁间燕，声杂昏钟柳外鸦。有约他年来结社，共谈元趣谢纷华"[21]刻画了仙岩云霞相伴、树花掩映、燕鸦来栖的自然景致。

北湖为北城墙外的主要景观意象。湖边遍植桃柳，是诸流潴汇为湖、桃柳近水成荫、山水清幽相映的重要水利风景，历代多有文人题咏："北湖，由北水门入城，东出。昔沈仙隐尝于湖边栽桃柳，栖迟其上，因又名'锦湖'。三宝柱《重游北湖诗》：'湖边桃李已成阴，荡荡风光游子心。卖茶船小巧相寻，手捻江篱和楚吟。'朱霖

《锦湖怀古诗》：'沈氏幽栖处，湖边手植多。桃枝低绿水，柳叶点晴波。地有云山僻，门无车马过。只今千载下，犹忆考槃歌'"[34]。

飞云渡是城南外的主要景观意象（图10-20），其位于瑞安城南镇海门外飞云江北岸，南连瑞平塘河接平阳，是往来两岸的重要渡口[35]，为城南的标志性景观。飞云渡一带附城通河、临江望海，美景宛如画，多有士人题咏。陆舜《飞云渡》："百尺飞云渡，晴飞满渡云。沧桑四时变，闽越一江分。海色阴还见，边声静不闻。莫言春汛早，庙算正殷勤"[34]描绘了飞云渡四时晴雨间渡船往来的美景。宋代林景熙《飞云渡》："人烟荒县少，淡淡隔秋阴。帆影分南北，潮声变古今。断碑僧塔远，初日海门深。小立芦风起，乘槎动客心"[35]展现了飞云渡东望隆山古塔与东海的萧瑟秋景。

温瑞塘河是城东外的主要景观意象。瑞安城东门外有东湖与丰湖，接温瑞塘河通往永嘉。东湖与丰湖紧邻城池，波光粼粼、风景秀美。明代胡袍作有《丰湖》："湛湛波光一镜磨，岘城门外接东湖"[23]68。湖东为温瑞塘河，沿岸水网密布，四望圩田交错、阡陌纵横、村镇散布，是瑞安典型的村镇地域景观（图10-21）。陈世修作有《耕绿亭记》，描绘了春季城郊塘河沿线耕牛劳作、乡民插秧，乡野农事与青山白云、蓝天碧水相映成景的田间美景：

> "闲尝历北郊而遥望，阡陌纵横，畎亩交错。方春土膏既动，新秧刺水，壮者驾牛行畦中，叱牛声往往与田歌相应和。馌食之妇稚或踞坐草茵，或身倚柳陌，欲莳未莳之禾苗交卧于田塍沟隙，野卉纷披，禽声宛转。蔚蓝之天覆于上，澄碧之水映于下……景物如昨，奚俟月槛风棂、耸峙于山隈水曲，而始曰耕绿之胜在是哉"[36]。

隆山（又称"龙山"）是城东南外的主要景观意象（图10-21）。因其位于县城的巽位，山巅建有隆山塔，为振兴一邑科甲之关键，是城东南的标志性景观。明代蔡鼎作有《登隆山塔》："白云深处昔曾游，寥郭空青万籁幽。风竹浑消六月暑，壑松长占一天秋。影参碧落浮屠

图10-20　飞云渡
［图片来源：（清）同治《温州府志·卷首·图·飞云渡图》］

（a）瑞安东门外近郊（隆山、隆山塔、近城村镇等）

（b）瑞安东门外远郊（隆山、隆山塔、安禄庙山、温瑞塘河等）

图10-21　瑞安城外风景老照片
［图片来源：瑞安老照片数据库网］

峻，冷沁诗脾曲涧流。唱饮不须弦管乐，鸟歌清韵似相酬"[30]描绘了隆山松竹相映、溪涧幽幽，山巅隆山塔矗立高耸的优美景致。山麓有月湖，月湖一带为澄湖疏林掩映、湖水遇旱不竭、农家树篱栖居的景致："月湖，在龙（隆）山之西，南通月井，俗名'东大湖'。空阔澄流，虽旱不竭，常宜疏瀹，以蓄龙鼻之水。赵克非《秋夜步登月井诗》：'幽趣相关睡不成，疏林有月夜三更。路绕村篱犬独鸣，归来却讶打门声'"[34]。

　　平阳的地域景观体系（图10-22）包括：首先，南雁荡山脉分南北两支，派生出数支余脉分列而东入海。主要山势为虎头山—沙岗山—甸阳山—昆山—九凰山—仙坛山—新罗山—大坪山—半天山序列。城南鳌江东流入海。其次，城北瑞平塘河水系汇主要山势序列阴坡诸水而东北流，城南平鳌塘河水系汇主要山势序列阳坡诸水而南流，沿线圩田阡陌、田畴遍野、农渔为业、野趣盎然。再次，城邑营建顺应九凰山—峡谷—仙坛山一线山脚线依山筑城，城内主街近"丰"字形划分，由龙湖调蓄入城的白石河，形成了纵横交错、经纬贯通的水网。学宫书院文风鼎盛。金山卫城镇守江南平原南端，以点控线。最后，"城—乡—卫"统筹一体，重点经营、人文点染、塑景成境。正如《平阳县图说》（图10-23）所载：

　　　　"其地东濒大海，巨浪洪涛，浮天撼郭。横江贯其中，仙
　　坛、石塘诸峰森列前后，江之西南雁荡、玉苍吐纳云霞，蔽亏
　　日月，气候夏霖而冬燠，壤尤斥卤，树艺为难而风尚朴略，不
　　务斗争。士知向学，昔人称为小邹鲁云"[37]。

　　平阳城乡八景有塘川八景，为乡镇型景致，位于城西南的塘川乡。塘川为三面环山、一面临江的盆地村镇，境内山峰众多、壁立千仞、奇石林立、景致众多，可登高远眺鳌江、飞云江一带的秀美景致。自古有诗云："塘川景色最葱茏，环绕山峦重叠峰。月屿啼乌林寂寂，天池浴凤水淙淙。罗垟石插云霄汉，箭岭晖含枫叶红。石

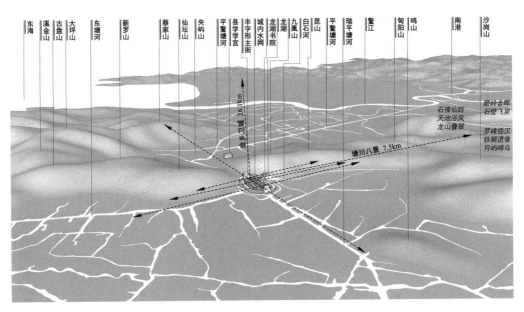

图10-22 平阳地域景观体系示意图
[图片来源: 作者自绘]

图10-23 平阳青绿山水舆图
[图片来源: 钟翀. 温州古旧地图集[M]. 上海: 上海书店出版社, 2014. 引（清）顺治佚名《浙江温州府属地理舆图·平阳县图》,
藏于中国台湾台北故宫博物院]

壁雨来飞瀑急，云开日出现霓虹"[38]。塘川八景的景致题名为：石佛仙踪、天池浴凤、龙山叠翠、罗峰插汉、铁狮遗像、月屿啼鸟、箭岭含晖、石壁飞泉[38]。

综合平阳主要舆图（图10-24）、测绘图（图10-25），结合地域景观体系示意图（图10-22），可知其景观意象为：城西南的龙湖书院，城东南的县学学宫，城北的瑞平塘河（村镇景观），城墙（依东西两翼诸山为城）与城门（4陆门3水门），城内主街（近"丰"字形布局），城内水街（以运粮河为主干的经纬交错河网），城南江南平原的金乡卫城等。

运粮河是城内的主要景观意象之一。其作为平阳城内贯通南北的河渠，北通城外的瑞平塘河，南接东西向白石河与龙湖相通，是城内林水相依的重要水街："周岸悉砌石，令牢固，遍栽榆柳其上，以荫行人（何子祥《浚平阳环城内外河记略》)"[39]，"渠上皆植冬

图10-24　平阳主要舆图
［图片来源：作者整理自前文］

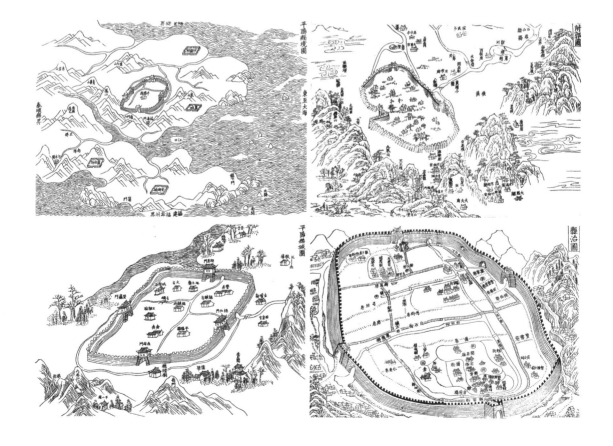

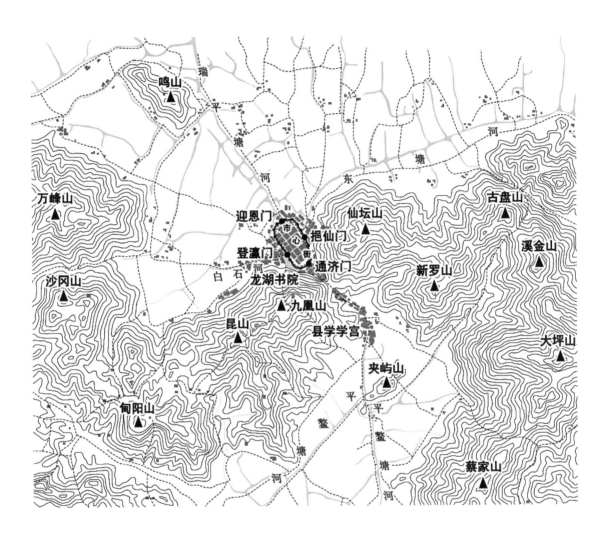

图10-25 平阳［民国十年（1921年）］
［图片来源：作者自绘，底图改绘自平阳
县城.台湾"内政部"典藏地图数位化影
像制作专案计划］

青垂柳，往来之人如行翠幄间"[6]，"其时人文振起，科第郁兴（张
德标《重浚城河记》）"[35]。可见运粮河一带为溪河南北贯城、榆柳
冬青列植、荫下邑人往来、人文科甲振兴的景致。

龙湖书院为城西南外的主要景观意象之一。其占据一邑龙脉入
城西之首，背靠连峰叠嶂的诸山，依托城西龙湖湖畔坐东向西、临
湖对山而建，为全湖之胜与读书灵区，融人文化育功能与秀丽山水
景致为一体，四周山水村居宛如画，成为城西南一胜景：

"书院葛以额龙湖？郡伯李公即其景命名，且寓属望之意
也。平阳龙脉从昆山来。昆山连冈插霄，叠嶂凌云，踊跃腾翔

不可名状。至五凤山再耸四峰，然后蜿蜒而见……从西门入，复蟠其首于西水门外之左，有地隆然，还望昆岩……邑号泽国，湖水周焉……凝碧澄清，亢旱常满，则龙湖为最（清何子祥《龙湖书院序》)"[40]。

"隔岸人家数十，柴扉竹槛，掩映树林中……以葛坛横山为案。山外三峰，为昆岩山标青四五十里，独对书院。南联屏山、凰山，倒影龙湖。北则谯楼高峙，照耀白石诸村。后则丹山为宸……实擅全湖之胜，为士子读书之灵区"[41]144。

县学学宫为城东南外的主要景观意象之一，其位于城东南三里的凤凰山下，于诸山若凤凰展翅之要地营建，将儒学教化空间与一邑山水形胜之要相融合，成为城东南外之胜景。县学所处之地为平阳山峦拥翊、数水萦带、人文兴盛的形胜要地。元代高昶《重修儒学记》有载："平阳州学在坡南凤山之阳，新罗、九凰、夹屿诸峰拥翊后先，七弦之水萦绕左右，古今人物之盛，为永嘉郡邑最"[42]。学宫的营建过程注重其与凤凰山的山水对位关系，以山水形势来确立学宫的中轴线，并浚溪池、开双井，使其与"凤嘴岩"及左右"凤翼之山"共同组成"凤凰来仪飞腾"之象，形成人文与自然紧密相融的地域景观：

"凤嘴岩在明伦堂后半山，世传此山为凤山，岩为凤嘴，定子午位建堂正中。而双井在明伦堂前檐左右，以象凤目，泄文明也，右井甘美可食。左右山坡为凤翼，象飞腾也。浚七弦溪、三星池，象琴轸鼓动、凤凰来仪也"[43]。

瑞平塘河是平阳城北的主要景观意象。塘河沿岸一带是水网圩田密布的万全平原，村镇散布其间，是平阳典型的村镇地域景观。宋代林芘《鸣山》："杏花舞径乱红雨，麦浪涨空摇翠烟。十里春风寻小寺，快船如马水如天"[44]记叙了春季城北郊鸣山一带塘河沿线杏花缤纷、田畴绿浪的优美景致。清代刘德新《行田至平阳》："山城带海翠屏围，陌垅烟和静晓晖。高陟林亭观旭日，遥探簾瀑发清

机。岭经灵运留诗去，楼宿钱镠得月归。最喜桑麻春雨足，青郊一
望正芳菲"[45]描绘了春雨霏霏的行田途中，塘河沿岸圩田阡陌遍野、
垅间晨晖生烟、春雨足润桑麻、城郊绿野芳菲的乡野美景。塘河沿
线的村居生活呈现出农渔为业、野趣盎然的特征。清代徐恕《劝
农》："农事方兴作，宵行出戴星。桑柔晴后绿，秧苗雨前青。勤
劳言频及，陇畔足徧经。田歌四野起，入耳最堪听"[45]。宋代蔡幼
学《田园》："野水萍无主，晴风草自香……岸树鱼依绿，畦花蝶
斗黄"[30]。

金乡卫城是平阳城南江南平原上的主要景观意象。其作为鳌江
以南的海防卫所之要，于广阔水网平原上纳山环水、置卫营城而兢
兢设防，形成"山—城—水"融为一体的地域景观。清代余象乾在
《复南水门记》中强调了金乡卫城借山水之利以为防御保障，突出其
山、城、水紧密相融、宛如生长自大地山河的景观特征，并将其与
人的身体发肤做类比，强调了贯城内外水系的通达：

> "山镇险于外，水环通中，堡障焉耳……然择地必择山，
> 择山必择水……盖山水之钟灵非细，故山与水，实两者并
> 重……城廓，譬则人也。肤肉者，土；骨络者，山；爪发者，
> 林；阴翳者，五官；通窍者，阓；人居心而实，均资于血脉之
> 水。故心灵则窍通，窍通则爪发盛，爪发盛则骨肉坚。必血脉
> 涌荡，筋骸而敷荣畅达，端由是也，若金城者"[46]。

城内纳有大屿山（狮山）、小屿山（球山）二山，既是城内主
要山景，也是登高环顾卫城景致的佳地（图10-26）。大屿山层峦高
耸，是城内主山。重要的教化祭祀空间文昌阁建于其山麓，选址营
建巧妙地融入了大屿山秀美的自然环境中，形成了松柏桃杏繁茂掩
映，层峦高耸镇峙阁后的景致：

> "宜经营其地之爽垲者，踌躇三后，莫如卫厅后基，依狮
> 屿（大屿山）则朴茂可掬，面金华则文焰堪瞻，翠柏苍松，龙

盘而虎踞，红桃白杏，凤起而蛟腾……历九月告竣。俨耸层峦，临百丈，四望低围攒苍秀（《文昌阁记》）"[46]。

小屿山为城西的主要山景与观景地。清代卢镐《季春登金镇小屿》："宦冷寻山兴未阑，长松阴下共盘桓。隔桥艳艳开红萼，绕郭潺潺涌碧湍"[47]描绘了小屿山上松林成荫、山旁红花映桥、城外碧水绕城的景致。清代管永地《题小屿山房》："漫思镌石寻康乐，爱雅名亭倩子瞻。吟罢碧栏供晚眺，乱云堆里数峰尖"[47]刻画了夜晚于小屿山房凭栏远眺城外峰峦插云的秀丽风景。明代徐尚宾《登小屿》："莺啼荒院声偏苦，人上危巅骨欲仙。满地落红添夜雨，千家新绿锁寒烟"[48]记叙了初春于小屿山回望城中千户人家烟雨朦胧的壮丽景致。

乐清的地域景观体系（图10-27）包括：首先，括苍山脉余脉分为东向、西南向的两大支、数小支，形成环绕式的山势，表现为西塔山—萧台山—丹霞山—县后山（凤凰山）—九牛山—东塔山序列。苍茫大海界于东南。其次，乐琯塘河、乐虹塘河纳诸水与西溪、东溪相通，分趋西南与东北，沿线沃壤千里、沟渠交错、圩田遍野、村镇散布。再次，城邑顺应自西南向东北一线的环绕式山形轮廓依山筑城，城内主街近"十"字形划分，以东溪、西溪为骨架，形成了南北贯通、东西相连的水网。蒲岐所城、旧后所城以线控面，镇守滨海要地；盘石卫城控扼瓯江口北岸，与江南岸的宁村所城守望

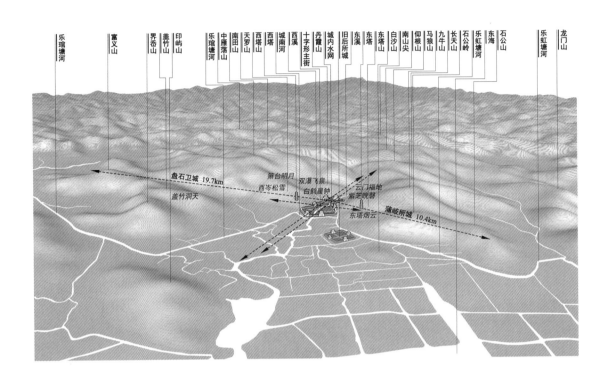

图10-27　乐清地域景观体系示意图
[图片来源：作者自绘]

相助。最后，"城—乡—卫"统筹一体，重点经营、人文点染、塑景成境。正如《乐清县图说》（图10-28）所载：

> "邑以雁荡为镇，文峰左蟠，萧台右峙。大海绕其东南，亘三百余里。列置烽堠以控磐石蒲岐。山川之宏丽，它邑鲜并向者。海波未靖，不惜弃地以绝寇燹。今则转徙者复还，陇亩耕耘且将偏矣"[49]。

乐清城乡八景主要有乐成八景（萧台八景）[50]（表10-4）。乐成八景（图10-29）始于宋代，元代李孝光为其作有八景诗，自宋元以来便是附城一带重要的山水人文景致，景致题名融"山水—寺观—古塔—古迹"为一体。

综合乐清主要舆图（图10-30）、测绘图（图10-31），结合地域景观体系示意图（图10-27），可知其景观意象为：城西的西塔山（上有西塔），城东的东塔山（上有东塔），城南的乐琯塘河—乐虹塘

图10-28　乐清青绿山水舆图

[图片来源：钟翀. 温州古旧地图集[M]. 上海：上海书店出版社，2014. 引（清）顺治佚名《浙江温州府属地理舆图·乐清县图》，藏于中国台湾台北故宫博物院]

乐成八景　　　　　　　　　　　　　　　　　表10-4

景致题名	景致类型	景观要素	八景诗叙述内容
云门福地	寺观景致	澄清坊云门观	古帝南巡事已非，土阶茅屋尚依依。 夜深月底吹箫去，度得云门一曲归
盖竹洞天	山水景致	盖竹山杨八洞	蝙蝠翻云似白鸦，石林玉气乱晴霞。 山中鸡犬应相笑，溪上红桃几树花
双瀑飞泉	山水景致	丹霞山南 峭崖的鹤瀑	雨洗天根云洞幽，黑蛟飞雹舞长湫。 只应壮士思酣战，组练相衔夜不收
箫台明月	古迹景致	山上垒石为台 （周灵王太子晋弄箫奏 乐之箫台）、月亮	山月峥嵘露块环，石楼香冷白云间。 玉箫吹裂阶前竹，骑鹤仙人去不还

续表

景致题名	景致类型	景观要素	八景诗叙述内容
白鹤晨钟	寺观景致	丹霞山麓白鹤寺、早课的钟声	风约疏钟下窈冥，天南曙月飑飞星。 驼鸣闾阖器声起，老鹤巢深梦未醒
紫芝晚磬	寺观景致	附城紫芝观、晚堂经课的磬声	萧萧清磬出云迟，月死空林日气微。 重过紫芝山下路，坏桥灯火照人衣
东塔烟云	古塔景致	东塔山古塔、山峦萦绕的云烟	海月四更移塔去，天风万里擘松开。 烟销日出无人到，独自看云山上来
西岑松雪	山水景致	西塔山峰巅大苍松、雪	山上行人如冻蝇，西崖日出澹青荧。 太阴积雪草木缩，留得孤松长茯苓

［资料来源：作者根据资料整理］

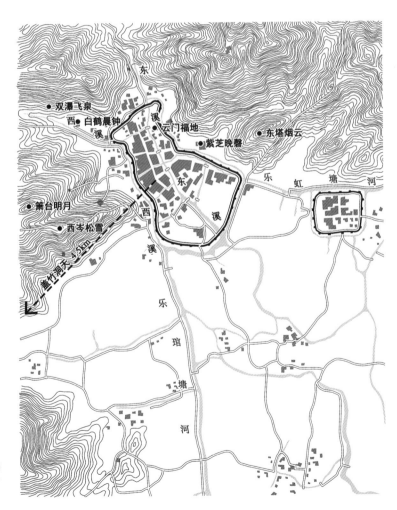

图10-29　乐成八景分布
［图片来源：作者自绘，底图改绘自钟翀.
温州古旧地图集[M]. 上海：上海书店出
版社，2014. 中的《乐清县城及其附近乡
村图》］

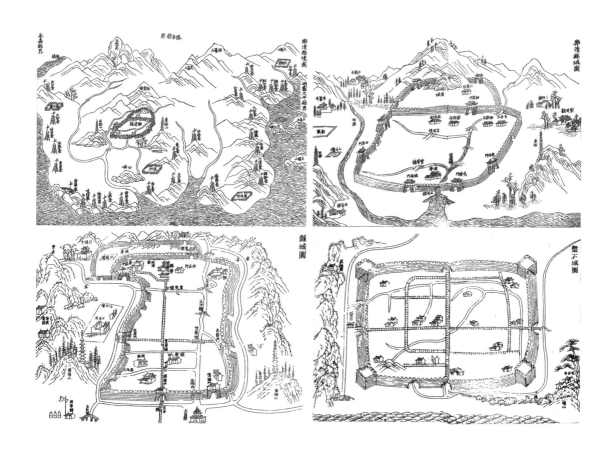

河（村镇景观），城墙（依东、北、西三面环绕诸山为城）与城门（6陆门7水门），城内主街（近"十"字形布局），城内水街（以南北向干河东溪为骨架，与西溪内外贯通的纵横水网），城外沿海一带的磐石卫城、蒲岐所城、旧后所城等。

东溪是城内南北贯通的重要溪河，是城内的主要景观意象。城中主干街巷沿溪布置，溪河两岸植有冬青垂柳，接近城郊时溪河两岸植有桃、李、梅、杏等果树，呈现出溪河潆带贯城南北、近城冬青垂柳成荫、近郊桃李梅杏争艳的景致：

图10-30　乐清主要舆图
[图片来源：作者整理自前文]

　　"东西两渠自县治前惠政桥下至南市心，渠上皆植冬青垂柳，往来之人如行翠幄间"[6]。

　　"乐清之城，南北各开五洞水门以导之。逾时即淤，久仍塞矣。是非时浚不为功，特苦经费无出。度负郭溪岸地合

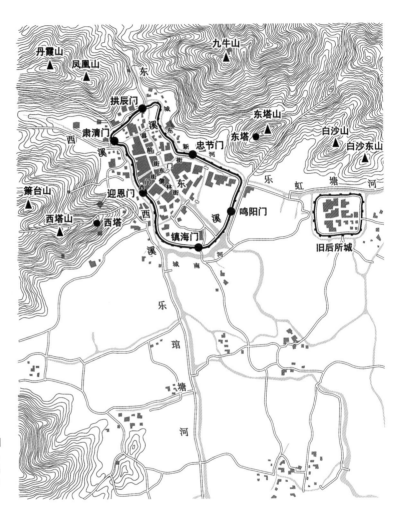

图10-31　乐清[民国二十二年（1933年）]
[图片来源：作者自绘，底图改绘自钟翀.
温州古旧地图集[M]. 上海：上海书店出
版社，2014. 中的《乐清县城及其附近乡
村图》]

廿六亩，募民之勤而乐业者五人为浚溪之夫，一夫授地五亩
有奇……方其水降，任其及时树艺，而以其余暇洮汰而益
深之……是五人者，食其溪岸种植之利，而去其溪流壅绝之
害……俾沿溪一带之岸悉植桃李梅杏诸树，数年之后，其根蟠
结，可以固岸，其实蕃衍，可以蠲果之入，补役夫之所不足。
而且芳华艳发，即望气者亦神往于春城之丽（清李琬《浚复东
溪记》）"[51]。

西塔山及西塔为城西外的主要景观意象（图10-32）。西塔山
是峙障城西的重要山峦，山高林茂、风景秀美。清代梁祉作有两

图10-32　乐清东西二塔
［图片来源：（清）康熙《温州府志·卷首·图·乐清界境之图》］

首《西山》："朝来山上游，暮入山中宿。山静无人声，鸟啼春树绿。""弹琴石壁下，清籁绕林樾。曲尽自秋声，空山冷明月"[52]描绘了西塔山林静清幽、春意盎然的自然山林景致，是文人雅士弹琴奏曲、静心雅性之佳境。山中涧流泉涌、松菊相映，还可登高远眺城东南外山海相接的壮美景致。清代翁效曾作有《九日登西山》："菊枝笑口两难逢，赢得登临兴未慵。压地痴云平似海，接天怒浪远如峰。枣糕清供山中茗，兰若秋声涧背松。有道惭予贫且贱，林泉未合老诗筇"[52]。山上建有西塔①，与城东东塔山上的东塔左右对峙、遥相呼应，呈二塔守城之势，是独具特色的地域景观。宋代毛士龙《西塔院记》载："东西岑形势均也，塔耸如头角，灯明如眼目……轮奂鶱飞，双峰插空，翠阜中峙，修竹笼烟"[53]。

萧台山毗连于西塔山山北，山中有沐萧泉诸景，皆为附城美景。宋代王十朋《萧台山》："蜡屐穿云去，山深喜路通。人家烟色里，古寺水声中。金溅星犹在，丹成灶已空。吹箫人不见，台下想

---

① 始建时为十三层。

仙风"[52]。明代皇甫汸《箫台山》："仙踪讵可攀，荒台尚堪访。箫弄清泉中，舄振紫岩上。波动若鸾沉，云飘似凫往。浮云本无垢，托心在尘想。花溪如有灵，应流盖山响"[52]。山中石道旁的沐箫泉亭背倚岩台、前临山崖，阶旁秀林成荫，为登高远眺佳处。明代黄一鹏《乐清尹王娄江招饮沐箫泉亭》："天际一亭开，云间双骑来。欲寻仙子宅，共上沐箫台。阶树光含雨，岩花笑近杯。山公俱酩酊，疑泛习池回"[21]。

东塔山及东塔为城东外的主要景观意象（图10-32）。东塔山是拱护城东的主要山峦，方志载其"峻嶒特起，望如卓笔，又名文峰"[54]。东塔山一带山水萦绕，花木繁盛，景色秀美。山上建有东塔与东塔院。东塔原建于九牛山（大尖山），宋时因被雷击毁而迁塔于东塔山（文峰），为六面七层楼阁式砖塔，有石径直达山巅，方志载其："宋熙宁间以大尖山石塔改建于此……淳熙间砌石径二千八百尺达山巅"[54]。以东塔为主景的"东塔烟云"是乐成八景之一，为城东的标志性景观。东塔旁建有东塔院，方志载其："东塔院为白鹤寺子院，时有僧并建塔院，设钟鼓"[53]。宋代毛士龙《东塔院记》载："寺观环县治者七，惟东岑形胜系焉"[53]。东塔与东塔院共同组成了城东重要的人文景观。邑间有童谣："青龙有角财富足，青龙有声并邑兴。"邑人根据周边山川走势，将东塔迁建于县之"青龙首"，建塔为"角"，设钟鼓为"声"，与西塔形成了"两山对拱，两塔对峙"[41]137-138的地域景观。正如《重建尊经阁记》所载："石马当面如翔云，绕背如列屏。溪水中经如带，左九牛，右箫台，两塔相对如文峰，大海澎湃围其前，如朝夕池信灵秀所钟，一方之胜也"[55]。

乐琯塘河—乐虹塘河是乐清城南横贯东西②的主要景观意象（图10-33）。塘河沿岸沟渠纵横、水网密集、圩田遍野、村镇散布，是乐清典型的村镇地域景观。元朝李孝光泛舟塘河之上，曾作一首《十里诗》："官河十里数家庄，石埠门前系野航，梅月逢庚江雨歇，稻花迎午水风凉。桥横自界村南北，堠断谁知里短长，倦矣野塘行瘦马，云山杳杳复苍苍。"宋代王十朋《同钱用明用章游白石岩》："行田经白石，不到仙山头……群峰真培塿，沧海为渠沟"[56]。宏观

② 东连虹桥，西连琯头。

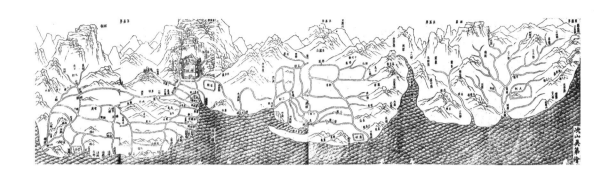

图10-33 乐琯塘河—乐虹塘河沿线的水网农田
〔图片来源:(清)道光《乐清县志·卷首·图·县境全图》〕

地描述了塘河沿岸滨海水网农田背靠诸山、面向大海、沃壤千里、沟渠交错的壮丽景致。宋代钱文婉《白石山》:"两道蟠溪锁碧山,飘然仙带绿回环。千岩林木沟渠下,万顷沧田指掌间"[56]。从登高望远的视角,展现了白石山下塘河水网平原良田万顷的恢宏景致。清代徐炯文《耘苗》:"夏月耘苗昼正长,叶如利剑水如汤。稻花开处争时日,未敢偷闲树下凉"[57]。描绘了夏日农忙时节,乡民于稻花开放时辛勤耘苗耕作的乡野农耕场景。此外,滨海村民多出海捕鱼为生。清代黄彭臣《蒲岐竹枝词》:"孤城四面绕桑田,鱼瓦鳞鳞万井烟。近海人家无别业,生涯只有钓鱼船。满江春水长鱼虾,鲜网归来日已斜。笑道今宵眠正好,扁舟曾已系芦花"[58]。清代江湜《翁垟杂诗》:"风袅灶烟曲,潮冲闸版斜。海天云似浪,卤地树无花"[58]。以翁垟、蒲岐为典型代表,刻画了塘河水系至滨海一带潮浪拍岸、村舍散布、炊烟袅袅、圩田四绕,村民出海渔获而归的质朴景致。

参考文献:

[1] (清)顺治《浙江温州府属地理舆图·温州府图说》.

[2] (明)弘治《温州府志·卷一·温州府·形胜》.

[3] (明)弘治《温州府志·卷三·山》.

[4] (明)弘治《温州府志·卷四·水》.

[5] 费孝通. 乡土中国[M]. 北京:北京大学出版社,2012:9-16.

[6] (明)弘治《温州府志·卷五·水利》.

[7] (明)弘治《温州府志·卷七·土产》.

[8] (明)弘治《温州府志·卷一·城池》.

[9] 吴良镛. 中国人居史[M]. 北京:中国建筑工业出版社,2014:447-448.

[10] (清)乾隆《温州府志·卷五·城池》.

[11] （明）弘治《温州府志·卷十九·词翰》.

[12] 王树声. 黄河晋陕沿岸历史城市人居环境营造研究[M]. 北京：中国建筑工业出版社，2009：117-119.

[13] 吴良镛. 吴良镛城市研究论文集[M]. 北京：中国建筑工业出版社，1996.

[14] 尹舜. 舆图解析[D]. 杭州：中国美术学院，2009：16-17.

[15] （清）顺治《浙江温州府属地理舆图·永嘉县图说》.

[16] （清）嘉庆《孤屿志·卷首·标题·孤屿十景标题》.

[17] 黄兴龙. 鹿城九山传记——积谷山[J]. 温州人，2010，（21）：56-57.

[18] （清）光绪《永嘉县志·卷三十四·艺文志十·诗内编·清》.

[19] （民国）民国《平阳县志·卷六十四·文徵内编二·记》.

[20] （清）光绪《永嘉县志·卷三十二·艺文志八·文内编·杂记》.

[21] （清）光绪《永嘉县志·卷三十四·艺文志十·诗内编·明》.

[22] （清）光绪《永嘉县志·卷二·舆地志二·叙水》.

[23] 姜善真. 温瑞塘河历代诗词选[M]. 北京：中国戏剧出版社，2011.

[24] （清）光绪《永嘉县志·卷七·学校志·书院》.

[25] （清）光绪《永嘉县志·卷二十四·古迹志四·金石下》.

[26] （清）康熙《永嘉县志·卷十二·艺文上·记》.

[27] （清）光绪《永嘉县志·卷三十一·艺文志七·文外编·杂记》.

[28] （明）弘治《温州府志·卷十九·词翰一·记》.

[29] （清）顺治《浙江温州府属地理舆图·瑞安县图说》.

[30] （清）金兆珍. 俞海校补并注. 集云山志[M]. 北京：中国文史出版社，2011.

[31] （清）嘉庆《瑞安县志·卷九·艺文·诗》.

[32] （民国）民国《仙岩山志·卷首·序·自序》.

[33] （民国）民国《仙岩山志·卷首·序·陈序》.

[34] （清）嘉庆《瑞安县志·卷一·舆地·山川·江湖河》.

[35] （清）嘉庆《瑞安县志·卷二·建

[36] （清）嘉庆《瑞安县志·卷十·杂志·古迹》.

[37] （清）顺治《浙江温州府属地理舆图·平阳县图说》.

[38] 鳌江塘川风光及塘川八咏[EB/OL]. （2011-08-29）[2017-3-1]. http://blog.sina.com.cn/s/blog_574dff1c0102duk2.html.

[39] （民国）民国《平阳县志·卷七·建置志三·水利上》.

[40] （民国）民国《平阳县志·卷十·学校志二·书院》.

[41] 王树声. 中国城市人居环境历史图典（浙江卷）[M]. 北京：科学出版社，2015.

[42] （民国）民国《平阳县志·卷九·学校志一·学宫》.

[43] （民国）民国《平阳县志·卷九·学校志一·学基》.

[44] （民国）民国《平阳县志·卷九十五·文徵外编十九·宋》.

[45] （民国）民国《平阳县志·卷九十七·文徵外编二十一·清一》.

[46] （民国）民国《金乡镇志·卷十二·艺文·记》.

[47] （民国）民国《金乡镇志·卷十二·艺文·诗》.

[48] （民国）民国《金乡镇志·卷一·舆地·山川》.

[49] （清）顺治《浙江温州府属地理舆图·乐清县图说》.

[50] （清）道光《乐清县志·卷十三·艺文下·诗内编·元》.

[51] （清）道光《乐清县志·卷三·规制·城池》.

[52] （清）道光《乐清县志·卷二·舆地下·叙山·县龙右支》.

[53] （清）道光《乐清县志·卷十六·杂志·寺观》.

[54] （清）道光《乐清县志·卷二·舆地下·叙山·县龙左支》.

[55] （民国）民国《乐清县志·卷十二·艺文》.

[56] （清）道光《乐清县志·卷十三·艺文下·诗内编·宋》.

[57] （清）道光《乐清县志·卷十三·艺文下·诗内编·国朝》.

[58] 乐清市水利水电局编. 乐清市水利志[M]. 南京：河海大学出版社，1998：247.

中篇小结

　　本篇从自然山水、水利建设、农业生产、城乡营建四个部分对温州滨海丘陵平原地区地域景观展开了分层解析。

　　自然山水层面，从叙山、叙水两部分加以解读，以明确地区的山形水势与自然本底特征。山形地势呈西高东低、山丘散布、平原相连的总体格局，群山合沓、峻嶒秀峙；水系网络呈自西向东、三江入海、水网密布的总体格局，纵横旁午、支分派合。二者山水交融，共同构成了秀甲东南的瓯岸山水。

　　水利建设层面，从海岸线变迁、水利设施系统与流域管理两方面加以展现，以大致梳理人与自然共同作用之下地区水系的人工管控过程。作为自然过程与人工干预持续性耦合叠加的结果，海岸线以人进海退为主要特征持续外推，这是人工水系构建与完善的大背景。基于此，以抵御海卤、贯通溪河、蓄泄淡水、保障生产等为目的，不断开展以海塘、塘河、陡门、水则、埭等水利设施的修建与组合为主要内容的水利设施系统建设，完成对降雨、上游来水与海潮来水的适应调节与综合管理，巧妙地将自然水系转化为蓄泄可控的人工河网，拒咸蓄淡，利兼水陆。

　　农业生产层面，从农田建设、作物种植两方面加以分析，以阐述平原人工水网基础上农业景观的形成基础、农田类型与主要特征。水利建设所形成的平原人工水网，对改造原本不利于农业生产的地区自然环境意义重大。基于该水网骨架，各类土地被因地制宜地开垦为圩田、沙田与涂田，其中圩田构成了农田开垦与建设的主体。筑堤围田过程使水系与田园相互交织，二者相辅相成、不断完善，平原水网农田肌理逐渐形成与发展。在此基础上，以水稻与柑橘为主要类型的作物种植构成了地区农业景观的主体，呈现出粳稻连片、柑橘成林的地域特征。农田建设与作物种植相叠加，斥卤围田、裕生民用，成为城乡营建的土地本底与物质基础，形成独具特色的地域景观。

　　城乡营建层面，从城邑营建、卫所营建与村镇营建三部分展开论述，以回顾丘陵水网平原之上各类城乡聚落的形成发展过程及其主要特征。城邑营建部分，遵循"度地—营城—理水—塑景"的递进式发展路径，深入解析温州四邑的动态营建过程。首先是度地，它是在体察与概括区域山水环境特征的基础上由堪舆主导的城址选择，可用"形胜"加以总结，进而得出四邑在区域条件、山水特征、环境优势、战略地位上具有不同的度地选址特征。其次是营城，可以概括为依山就势、因地制宜的城邑营建，是在顺应山水环境特征基础上营城策略、城池发展与山城相依以御敌三方面的综合体现。再次是理水，统筹考虑城邑的内外水系，顺应山水形势加以梳理、改造，形成内外贯通、蓄泄可控、便利民生的城邑水网。最后是塑景，主要包括佛寺园林、书院园林、私家园林、衙署园林、古塔等内容，多巧借自然山水之胜而进行山水为依、人文荟萃的景观塑造，重点经营、塑景成境，构成地域景观的关键节点。卫所营建部分，具有"控扼要害—守望相助—营城设防"的内在逻辑，可从建置选址、营城设防、化军为民三方面加以解读。在多因素的综合影响下，卫所建置选址多位于控扼江海而又有险可依的地理要害之处，表现出以点控线、以线控面的总体特征，包括平原型、江口型与关隘型三个类型。营城设防时以修筑卫城、所城的城池为主，并于城外山水要地配以水寨、营台、烽堠等防御工事。营城时既源于方正规整，又融于自然山水，表现为统一模数形制下的多样化表达。海防卫所随倭患的解除而逐渐完成了化军为民的过程。村镇营建部分，以实用质朴、由山向海、类型多样为主要特征，可从民居单体、村镇聚落两方面解析水网平原上的村镇聚落体系。民居单体建筑受地域自然与文化的综合影响，肇于实用、近乎自然，为木制架瓦房。村镇聚落与水利建设及圩田开垦紧密关联，大致经历了山麓平原—塘河水系平原—滨海海塘与陡门沿线平原这一由高向低、由内向外、由山向海的蔓延发展过程，可分为山麓聚落、堤塘聚落、陡闸聚落和溇港聚落等主要类型。此外，榕亭作为竖向标志物，是地区水网平原上村镇聚落的一个独特地域特征。根植于共同的山水基底，城邑、卫所与村镇在营建过程中山水相融、协同发展，形成了"城—卫—乡"统筹一体的山水人居聚落体系。

将自然山水、水利建设、农业生产、城乡营建四个分层解析内容叠加，以剖析温州滨海丘陵平原地区传统地域景观体系，包含总体格局与四邑地域景观两个尺度层级上的内容。总体格局层面，包括山峦为骨、水网成脉、农耕立本、城卫安民、人文成境五个方面。四邑地域景观层面，基于以城邑为核心统筹卫所与村镇的视角，分层叠加以图解分析、总结各邑地域景观体系，充分挖掘城乡"八景"，并运用舆图、测绘图与辞翰艺文等历史图文资料解读主要景观意象。

温州滨海丘陵平原地区地域景观的保护与发展

大规模工业化与城市化以来，温州滨海地区的城乡发展受政治、经济、社会、文化、科技等因素快速变化的综合影响，经历了外部扩张与内部变迁的过程，人居环境建设步入新的快速发展阶段。现代城乡发展较好地响应了新时期人居环境建设需要与人民快速增长的物质文化生活需求，部分延续了地区发展的方式与脉络，同时也对传统地域景观带来了不小的冲击。如何在顺应地域景观发展脉络的基础上结合时代发展要求并满足人民生活需要，妥善地保护与发展温州滨海丘陵平原地区地域景观，成为当下亟待解决的重要课题。

第十一章

以来的城乡发展

大规模工业化与城市化

第一节　外部扩张：不断加速的垦海围田

温州滨海地区的水网平原延续了以往历代人进海退的岸线外推进程。在水利科技迅猛发展、海塘修筑与垦海围田技术日益增强的驱动下，沿海淤涨造田、平原成陆、向海扩张的速度不断加快。

清末民初至新中国成立之前（1912—1949年），莘塍、双穗盐场、塘下、阁巷、宋埠等地陆续拦涂围堤、垦海造田，滨海滩涂持续淤涨，海滨岸线外延2～7km不等[1]。1949年新中国成立以来，经过40多年的围垦海涂工程建设，滨海岸线又累计外拓了5～10km（图11-1）。北起乐清湖雾，南至苍南云亭，海塘全长近333km，合计围垦海涂面积不少于10000hm²，开垦利用面积达8913hm²。其中，耕地2653hm²（占29.8%），园地1600hm²（占18.1%）[2]109。各类大中型海涂围垦工程35项，合计垦田6966.7hm²[3]180。

基于新时期下温州滨海地区的外部扩张过程，平原水网与农田肌理持续向外形成与生长，地域景观向海蔓延发展的历史脉络得以延续。温州滨海丘陵平原地区的面积持续增长，成为新一阶段地域景观形成与发展的重要驱动因素。

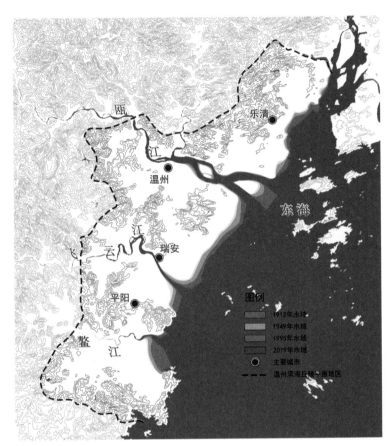

**图11-1　温州滨海丘陵平原
地区1912年以来海岸线变迁
与成陆过程示意图**

[图片来源：作者根据资料改
绘[2]107-114、[3]179-185]

第二节　内部变迁：土地利用方式转变下的人居环境变迁

在不断加速向外部扩张的同时，区域内部的土地利用方式也发
生了深刻的变化：其一，区域山水的"山—原—江—海"空间架构
保持稳定。其二，水网平原上的土地利用方式已显著变化，表现为
不断加速的水网农田与城乡聚落间图底关系的反转，这在主要城镇
的周边区域尤为明显。

结合2000年、2010年卫星遥感图像，进行区域土地利用类型
变迁的定量分析①。参考我国土地利用分类标准，将温州滨海丘陵
平原地区内主要用地类型分为人造地表、耕地、林地、草地、水

① 　数据源为全球30m地表覆
盖数据（GlobeLand30）
http://www.globeland30.org/
Chinese/GLC30Download/
index.aspx.

体、海涂地6种[4]（图11-2），经数据统计分析（表11-1）可得以下结论：

其一，10年间，温州滨海丘陵平原地区的总面积增长了50.48km²，增长率达1.41%，这主要源于沿岸持续垦海围田、向外扩张的人工干预过程。

其二，各用地类型中，人造地表与海涂地呈增长趋势，其余各项呈减少趋势。人造地表的面积增长最大，为103.4km²，增长率达9.17%，反映了地区快速的城镇化进程。在此过程中，耕地、林地、草地与水体被持续侵占，面积不断减少。被侵占最多的是耕地，在

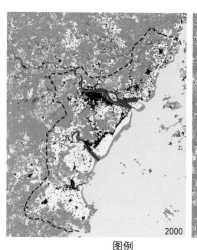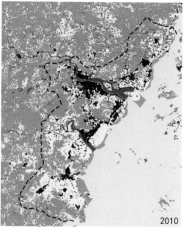

图11-2　2000、2010年温州滨海丘陵平原地区土地利用类型分析
［图片来源：作者根据资料改绘］

图例
■ 人造地表　□ 耕地　▨ 林地　■ 草地　■ 水体　▨ 海涂地

2000—2010年温州滨海丘陵平原地区土地利用变化分析　　　　　　　　　　表11-1

用地类型	2000年面积（km²）	2010年面积（km²）	面积变化（km²）	面积变化比例（%）
人造地表	1127.55	1230.95	103.4	9.17
耕地	1183.88	1148.82	−35.06	−2.96
林地	972.78	965.50	−7.28	−0.75
草地	92.80	64.88	−27.92	−30.09
水体	119.34	117.03	−2.31	−1.94
海涂地	74.53	94.18	19.65	26.37
总计	3570.88	3621.36	50.48	1.41

［资料来源：作者根据资料整理］

垦海为田的基础上，耕地面积仍减少35.06km²。其次是草地，面积锐减27.92km²，增长率达-30.09%，以各城镇近郊区域最为显著。再次是林地，面积减少7.28km²，表征了丘陵浅山区被持续开发为人造地表、耕地等用地类型的过程。最后是水体，面积减少2.31km²，反映了平原水网被侵占而日渐萎缩的趋势仍在延续。

若进一步聚焦于不同的人居环境具体类型，温州滨海地区的内部变迁主要包括城镇蔓延扩张、卫所消融分化、乡村连片发展三部分内容。在现代化与城市化的时代背景下，三者相互影响、联动发展，共同推动了地区内部的变革历程。

其一是城镇蔓延扩张，表现为人口数量骤增下的快速城市化进程。人口数量及其增长速率是影响人地互动关系下地域景观生成与变化的重要驱动力。清末民初以来，尤其是新中国成立之后，温州人口数量迅猛增长（图11-3），于61年之间由276万人骤增至912万人。这是战国末期至新中国成立之前（公元前222年—公元1949年）近2200年间从未出现过的人地关系紧张格局。

基于人口剧烈增长的时代背景，温州的城市化进程自新中国成立以来先后经历了稳步增长（1949—1962年）、波动调整（1963—1978年）、全面复苏（1978—1990年）与快速发展（1991年以来）四个发展阶段。温州滨海地区的城镇体系逐渐形成了以温州城区为核心，与乐清、永嘉、瑞安、平阳、苍南5个县级政区经济紧密联系、生产协作互补的城镇空间分布格局[5]（图11-4）。期间，各县市

图11-3　温州人口的快速增长
［图片来源：姜竺卿. 温州地理（人文地理分册·下）[M]. 上海：上海三联书店，2015］

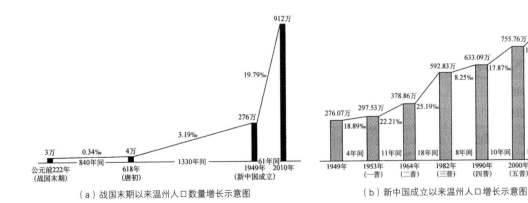

（a）战国末期以来温州人口数量增长示意图　　　　　（b）新中国成立以来温州人口增长示意图

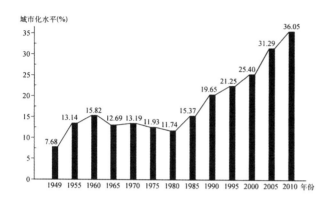

图11-4 新中国成立以来温州的城市化
进程
［图片来源：姜竺卿. 温州地理（人文地
理分册·下）[M]. 上海：上海三联书店，
2015］

温州市城市建成区的蔓延扩张数据汇总表

表11-2

年份	1949	1979	1986	1994	2000	2005	2006	2007	2008	2009	2010	2011
面积（km²）	6.3	9	27	38	108	146	153	164	170	175	185	195
增长（km²）	无	2.7	18	11	70	38	7	11	6	5	10	10

［资料来源：作者根据资料整理］

的建成区不断向外拓展。以温州市为例，其建成区面积由1949年的6.3km²平缓地增长至1979年的9km²，此后持续快速增长至2011年的195km²，扩张了近30倍（表11-2）。此外，瑞安、平阳、乐清等城镇的建成区也经历了类似的蔓延扩张过程，其建成区面积至2011年分别达到了21.56km²、8.73km²与19.30km²。

其二是卫所消融分化，表现为多因素综合影响下的差异性地方本土化过程。海防卫所城镇于清末民初时均已裁撤为普通寨城，内部的异地军户完成了化军成民的地方本土化过程。新中国成立以来，卫所城镇的发展更多地受宏观城镇规划体系布局、地区经济产业转型与其自身地理区位特征等因素的综合影响。基于此，各卫所分别向以下三个不同的方向发展（图11-5）：其一，融入城镇、连片发展；其二，独立成镇、缓慢扩张；其三，没落衰败、退化为村。

融入城镇、连片发展的卫所城镇有旧后、宁村与海安。旧后所城因西北紧邻乐清县城，在乐清城市建成区东南扩张的过程中，依托新城干道宁康东路这一交通基础设施融入了乐清东向城市发展轴

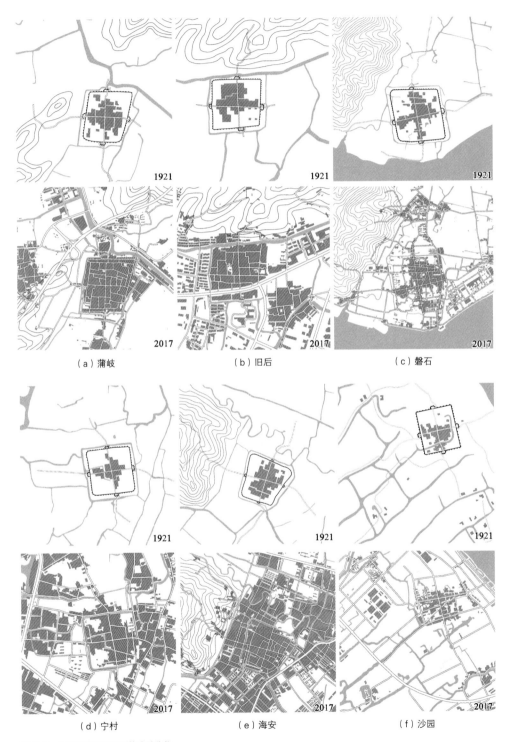

（a）蒲岐　　　　　　　　　（b）旧后　　　　　　　　　（c）磐石

（d）宁村　　　　　　　　　（e）海安　　　　　　　　　（f）沙园

图11-5　温州滨海地区卫所的消融分化
［图片来源：作者自绘］

带，与县城快速协同发展。宁村所城因东南紧依温州航空港，在空港工业物流区的发展带动下与地区村镇加速相融、连片发展。海安所城因其位于温州至瑞安的沿塘河城镇发展轴带上，随地区干道塘永线人民路的新建而与周边城镇加速融合，联动发展。

独立成镇、缓慢扩张的卫所城镇有蒲岐、金乡。蒲岐所城因距离西南向乐清县城与西北向虹桥镇均在10km之上，且远离乐虹塘河，受区域中心城镇的辐射发展与塘河沿线轴带发展的影响较弱。其依托卫所时期较为完善的基础设施系统，形成了以海洋捕捞加工业为主的独立城镇[6]，并向外缓慢发展扩张。金乡卫城因位于江南平原南陲，其三面环山、北连平原、远离江海的区位特征，在当代江海港口经济时代的背景下缺乏有力的城镇空间发展经济驱动力，发展方式以平稳外扩为主。

没落衰败、退化为村的卫所城镇有磐石、沙园。磐石卫城在营建之初，原本为温州滨海2卫5所中规模最大的卫所城镇，为控扼瓯江入海口以护卫府城的要地。但在新时期，因其远离东北向柳市、西南向温州市等地区核心市镇以及水上交通干线乐琯塘河，缺乏发展腹地等区位特征，逐渐没落而退化为普通村镇，空间发展停滞。沙园所城与磐石卫城的发展脉络类似，远离西北向瑞安、西南向平阳等地区核心市镇以及瑞平塘河，逐渐转变为沙园村，空间发展呈倒退衰败趋势。

其三是乡村连片发展，表现为农业文明向工业文明发展背景下村镇地区空间结构、生产生活方式的剧烈变革。清末民初至改革开放之前，温州滨海地区的乡村仍以延续此前缓慢发展的历史脉络为主。其连片发展趋势，大致肇始于20世纪80年代前后"温州模式"日益兴起的时期。此后，在经济利益的驱动下，不少原以从事农业生产为主的传统农民开始踊跃地向以家庭工业为代表的个体经济者转变[7]。与此同时，逐渐深入的地区城乡经济社会一体化过程深刻地影响着乡村基层的空间形态与管理体系，村内基于宗族血缘的基层管理体系逐步瓦解，农业文明时代衍生的生产生活方式正在经历着向城市工业文明时代城镇工商业转型的剧烈变革[8]。

地区经济结构深刻调整，农业种植业弱、民营轻工业强成为当下村镇普遍存在的经济社会发展现状。农田面积与粮食作物种植面积骤减，如2000—2012年期间，温州农田面积由3782.73km^{2}减少为2470.80km^2，缩小了34.68%；粮食作物种植面积由2291.20km^{2}减少为1565.93km^2，缩小了31.65%[9]。粮食产量持续下滑，以民营经济为主体的工业总产值不断攀升（图11-6）。

基于持续增长的工商业商贸物流需求与家庭式企业发展模式，市镇化的交通基础设施网络由城郊向乡村地区蔓延，成为组织村镇空间肌理的新发展骨架。标准化厂房在村镇内外不断兴建，原有水网农田肌理上的村镇工业化过程持续推进。民营经济蓬勃发展，乡民收入大幅增加。乡村的空间发展模式转向由工商业经济与商贸物流主导驱动，原本由水环境主导驱动的依托山麓平原、塘河水系平原、滨海海塘与陡门沿线平原等不同区域形成的山麓聚落、堤塘聚落、陡闸聚落和溇港聚落，在地区城乡经济社会一体化、民营经济高速发展、农业种植业持续衰弱的背景之下，呈现出日益连片化的协同发展趋势。

图11-6　民营轻工业强、农业种植业弱
[图片来源：姜竺卿. 温州地理（人文地理分册·上）[M]. 上海：上海三联书店，2015]

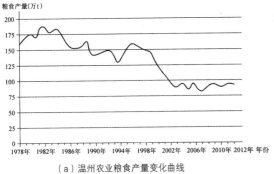

（a）温州农业粮食产量变化曲线

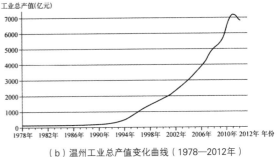

（b）温州工业总产值变化曲线（1978—2012年）

参考文献：

[1]　章志诚主编.《温州市志》编纂委员会编. 温州市志[M]. 北京：中华书局，1998：263.

[2]　温州市土地管理局编. 温州市土地志[M]. 北京：中华书局，2001.

[3]　《温州市水利志》编纂委员会编. 温州市水利志[M]. 北京：中华书局，1998.

[4]　韩炜杰. 台州平原地区传统人居环境研究[D]. 北京林业大学，2019：101.

[5]　姜竺卿. 温州地理（人文地理分册·下）[M]. 上海：上海三联书店，2015：104-109.

[6]　乐清县《蒲岐镇志》编委会编. 蒲岐镇志[M]. 乐清：乐清县蒲岐镇志编委会，1993：177-179.

[7]　胡兆量. 温州模式的特征与地理背景[J]. 经济地理，1987，（01）：19-24.

[8]　吴理财，杨桓. 城镇化时代城乡基层治理体系重建——温州模式及其意义[J]. 华中师范大学学报（人文社会科学版），2012，（06）：10-16.

[9]　姜竺卿. 温州地理（人文地理分册·上）[M]. 上海：上海三联书店，2015：310.

第十二章

当下地域景观之变局

基于温州滨海地区大规模工业化与城市化以来外部扩张与内部变迁的城乡发展过程，以农业文明为本的传统社会逐步向以工业文明为本的现代社会转型，当下地域景观正经历着前所未有之变局。与城乡经济社会发展相协调、与人民生产生活需要相适配的新人居环境建设持续开展，一方面给传统地域景观带来了剧烈冲击，另一方面也在某种程度上延续了原有城乡建设发展的基本脉络以塑造现代地域景观。

第一节　人与自然的小疏远与大回归

纵观清末民初之前地区城乡发展与地域景观的形成与发展脉络，自然山水作为顺应天地之道所生以承载一方邑人生产生活的重要自然本底，始终备受先民的珍视。长久以来，人应顺应自然并与之和谐共生是社会各阶层共同的观念与默契，这成为地区传统地域景观形成与发展的重要观念基础。在水利建设、农业生产与城乡营建的历史过程之中，邑人善待自然山水并以之作为生产生活物资的重要来源、调适改造的利用对象、城乡建设的自然本底、营城设防的天然屏障、文人点染的审美对象、化民成俗的附会原型，并始终将生产生活与城乡营建纳入自然山水这一整体地域环境之中予以综合考量，形成了内外一体、天人合一的传统地域景观。

清末民初以来，尤其是大规模工业化与城市化以来，科技与观念快速革新，人们对待自然山水的态度正在悄然改变，表现为人与自然的小疏远与大回归。

以传统地域景观的山水空间格局为参照，大规模工业化与城市化以来的小山水空间确实受到了一定的破坏，这是人与自然的小疏远。对于快速成长与扩张的城镇空间而言，其原有的小山水空间承接着城镇化背景下极大的空间转型压力，出现了不少新人居环境建设破坏或凌驾于局部自然山水的状况。正所谓"非山违人，而人在违山也"（清·孔尚任《山依亭记》）[1]。局部山水屡遭破坏，在一定程度上使得融入山水的传统地域景观日渐消失。山体不再是借以防御的天然屏障，反因其阻碍了城乡建设发展而多被夷平或破坏，以"斗城"温州九山之中的附城"斗柄"四山最为典型：黄土山与仁王山在城市蔓延扩张的进程中被彻底夷平以兴建商贸大厦与发电厂，覆釜（灵官）山被厂区建筑团团包围，巽吉山被三条城市道路围合孤立，昔日象征着"斗城"地域特征的九山体系业已残缺，这是整个滨海地区局部山体被破坏的缩影。

以填塞水系与水质污染为代表的局部水体破坏也相当严重。温州（永嘉）、瑞安、平阳、乐清四地原本内外贯通、综合交错、状若棋枰的城内水系，有不少水道均已在城市化的过程中被填作道路与建设用地，城市传统的"水城"地域特征不断丧失。局部水网的消亡使水系天然调蓄雨洪的能力有所减弱，城市内涝时有发生[2]。各大塘河水系也因大量工、农、饲养业废水与生活污水的直接排入而严重污染。以温瑞塘河水系为例，《2001年温瑞塘河鹿城段水质监测报告》对水系中37条主要河流的81个断面进行了监测与评价，水质全部为劣Ⅴ类[3]，塘河水质问题十分严峻。

就现代人居环境的山水空间格局而言，山峦为骨、水网成脉的总体格局特征仍在延续，并由小尺度向大尺度转变。山水为依仍是现代城乡人居环境空间营造的底层逻辑，这是人与自然的大回归。在空间管控的宏观层面，保护自然山水环境本底、延续人居环境的山水特征仍是当代温州城乡建设发展的主线："注重整体山水格局的保护，依托'西屏山、东临海，三江贯通、湿地纵横'的自然山水特征，保护好传统城镇及村庄生长与自然山水环境的关系，包括温州、瑞安历史城区与瓯江和飞云江以及温瑞塘河的关系，永嘉岩头镇、枫林镇等历史文化名镇名村及传统村落与楠溪江、雁荡山的关系，瑞安林垟镇、苍南金乡镇等与林垟湿地、苍南水乡湿地的关系，卫城、所城、城堡水寨等古代军事海防遗存与河海岸线的关系等。保护好地域文化形成发展所依赖的自然山水格局"[4]。

第二节　农退商进下的水网农田之变

农耕立本观念源于农业社会历史时期社会发展的长期积淀。基于此，邑人持续不断地开展了土地拓展、土壤改良、农田建设与农业生产等工作，丰五谷殖鱼鳖以资民用，并在此过程之中塑造了地区辽阔而独具地域特征的水网农田景观，成为城乡营建的本底肌理。在农本观念所指导的生产方式之下，淳朴的乡间村居生活方式随之形成。

大规模工业化与城市化以来，特别是民营经济骤然增长的"温州模式"诞生以来，人们的农本观念在崇商重利观念的冲击下日益淡化，引发了经济上农退商进的深刻变革，对水网农田产生了显著影响，表现为空间肌理的衰弱化与利用方式的多元化。一方面，具有地域特征的水网农田空间肌理持续衰弱、萎缩。不少乡民由耕种土地转向发展家庭式个体企业或进厂务工。土地的耕作需求降低，利用方式转化，加之缺乏疏浚管理等原因，纵横交错的塘河水网日益淤积或湮灭，不少依附于水网的圩田、沙田与涂田也遭到破坏。此外，良田沃壤因撂荒或是疏于耕作而退化的情况也多有发生。水网的淤积破坏与农田的减少退化使地区的农田面积与粮食作物种植面积均大幅减少，仅2000—2012年期间，上述两项内容的统计数据均下滑三成以上，农作物产量也不断下滑。另一方面，原本较为单一的水网农田利用方式也呈现出多元发展趋势。温州作为当代东南沿海重要的商贸城市和区域中心城市，在面向亚太影响全球的国际商贸平台，创新型先进制造业基地，大区域物流、信息流的重要集散地，东南沿海重要的港口与交通枢纽[4]等多重城市职能的驱动下，将水网农田视为其宜居宜业滨海城市建设的整体性水乡田园格局本底，促使传统农业向现代多元农业发展。

鳌江南岸江南平原水网农田的变迁正是整个滨海地区农退商进语境下水网农田之变的缩影。清末民初时，江南平原曾是平阳重要的水网农田腹地与重要粮仓，素有"江南熟，平阳足"之说。依托江南塘河为骨干的丰富水系网络，地区遍布圩田膏腴之地，以种植水稻为主。地域内的主要市镇为金乡卫城及塘河沿岸的钱库、芦浦与宜山等地，众多村落如繁星一般遍布于塘河水系的各个角落，形成了以圩田水网农田肌理编织而成的江南平原地域景观。此后，自1933年鳌江口古鳌头建镇以来，特别是20世纪90年代江海港口经济蓬勃发展之后，鳌江北岸的鳌江镇便与南岸的龙港镇协同发展，凭借便捷的港口区位优势不断向水网农田地区的腹地蔓延，并通过通达的江南塘河水网带动地区的工业化与城镇化发展。鳌江镇与龙港镇成为江南地区的核心城镇组团，宜山与钱库也在干道龙金大道修建的背景之下快速扩张。一方面，江南平原独具地域特征的水网农田肌理正在日益丧失，地区的水网河道不断缩减，农田面积快速减少，务农人数持续下降。另一方面，水网农田作为地区人居环境建设的水乡田园本底，其利用方式的多元化发展正不断凸显（图12-1）："宜居之城是其主要城市发展目标，要充分利用山、河、海、田、城等资源，构建具有田园特征的宜居宜业滨海水乡城市。就区域空间协调策略而言，要构建城市、乡村与自然环境有机相生的、与田园生态本底契合交织的水乡田园生态格局。在城镇开发边界控制方面，以基本农田、水域、生态用地等为基础划定城镇开发边界，控制城镇建设用地的扩张，保护城市生态环境和田园水乡格局。在农业发展导向上，加强基本农田管护，调整优化农业结构，

图12-1　江南平原鸟瞰图（1999年）
［图片来源：《瓯江志》编纂委员会编. 瓯江志[M]. 北京：中华书局，1999］

促进郊区都市农业发展，促进农业从单纯生产向农产品深加工、物流配送和批发交易纵深发展的转变，推动传统农业向精品农业、都市农业、生态农业、设施农业和休闲观光农业多元化发展"[5]。

第三节　城防解体下的城乡格局巨变

　　城池是邑人防御自卫的重要屏障。清末民初之前，四城邑与各处卫所顺应地区山峦连亘、水网遍布的自然山水环境以筑城设濠，构筑了融于自然、山城相依、雉堞星罗、形势险壮的区域城防体系。在此过程中，城墙与壕河成为城镇空间发展的外部边界，并随之成为地区重要的景观意象，是构成地域景观的重要组成部分。长期以来，城邑与卫所均主要在这一边界之内缓慢发展，并根据建设需要适时增筑扩张。城邑、卫所与界外星布于平原水网各处的村镇聚落共同构成了塘河为脉、城卫分置、村落散布的城乡空间格局。

　　清末民初以来，城墙作为防御屏障的功能需求日益减弱，伴随着大部分城邑与卫所城墙拆除的过程，基于军事防御需要的城防体系逐步解体。境内城邑、卫所的城墙拆除过程大致肇始于1927年，当时温州（永嘉）为修建中山公园，拆除了城东南部华盖山与积谷山之间的一小段城墙。此后的1938—1945年期间，温州（永嘉1927—1945年间）、瑞安（1938—1941年间）、平阳（1942—1944年间）、乐清（1938—1939年间）四地与大部分卫所的城墙均拆除殆尽，四邑仅存温州（永嘉）城东华盖山上的一段残垣与乐清城北丹

温州四地城市形态变迁与城市建成区的扩张　　　表12-1

城市	城市形态变迁	城市建成区的扩张		
		1949年（km²）	2011年（km²）	扩张倍数
温州[①]	团块状—沿江（瓯江）带状—多中心沿海带状[7]	6.3	195	30.95
瑞安	团块状—沿路（解放路）带状—沿河（温瑞塘河）带状—多中心沿江（飞云江）河（温瑞塘河）带状[8]	1.70	21.56	12.68
平阳	团块状—星状[9]	0.86	8.73	10.15
乐清	团块状—星状[10-11]	1.25	19.30	15.44

［资料来源：作者根据资料整理］　　　　　　　　　① 即原永嘉。

霞山上的旧城残迹[6]。

城邑与卫所城墙的拆除，使原本由军事防御功能而围合的空间发展边界随之消失。大规模工业化与城市化以来，城乡一体化加速推进，"温州模式"成为驱动经济繁荣发展的有力引擎，地区城乡格局发生了巨大的变化，其中以城市周边地区最为显著。快速的城镇化进程促使城镇、卫所与乡村的实体空间边界日益模糊，不断驱动着城、卫、乡之间的连片联动发展。城镇通达、便捷与高效的基础设施网络建设不断向外蔓延扩张，将原本郊区的村庄、河网、农田等转化为城市建成区，不断塑造着城、卫、乡连片蔓延、协同联动、深度融合的城乡空间新格局（表12-1）。

第四节　多元审美下的景观意象之变

在农业文明社会发展与积淀的历史过程中，逐渐形成了以自然山水为美、农耕丰足为美、人文成境为美等为核心的审美情趣。基于此，独具特色的传统地域景观随之形成，主要景观意象在景观塑造与文人点染的互动过程中不断发展与完善，成为地区最具代表性的地域特征。

以自然山水为美是审美情趣之源，地区山峦连亘、江河潆带的秀美山水，是先民定居之前就早已存在的自然美景，天造地设、鬼斧神工。自瓯越人定居之始，自然山水便已是重要的审美对象。从魏晋南北朝谢灵运赞美永嘉的山水诗开始[12]，四邑诸山、三江与各塘河水系便成为历代文士诗歌传唱的主体。山水因诗而灵，诗因山水而活。"有山皆图画，无水不文章"[13]。自然山水为美是一方邑人审美情趣的根本，秀美山川也随之成为主要景观意象。

以农耕丰足为美是邑人依附于农耕生活而衍生的审美情趣，"人与天调，然后天地之美生"[14]，农田建设与农业生产作为改造、调适与利用自然，饶百谷殖货具以资民用过程中最为重要的内容，塑造着区域尺度上的水网农田景观。地区的水网平原来之不易，邑人借由农田水利设施在耕耘农田与作物丰收的过程中与一方水土建立了深厚的情感，并依托密布的水网营建村镇以临水而居，形成以朴素、乡野等为特征的农耕丰足为美的审美情趣，融农业生产与村居生活为一体的传统景观意象随之形成。

以人文成境为美是各类景观塑造与文人点染不断互动、完善、升华、积淀而形成的审美情趣。地方官吏作为文人士大夫中的精英阶层，往往扮演着设计者、实践者、维护者、传承者等多重身份，主导一方城乡营建，在诸多景观塑造与意象形成的过程中发挥着重要的引导与把控作用。文人总结归纳、提炼升华的四邑城乡"八景"，既是一方地域景观特征的集中体现，也塑造着各地城乡建设融于自然山水而内外一体的风景意识。此外，文人笔下就各类城乡景致而创作的历代辞翰艺文，在发掘、概括与塑造地域景观意象的过程中融情入景、相得益彰。各类风景经人文点染、世代流传而深入人心，成为一方邑人地域认同感的根基与纽带。

大规模工业化与城市化以来，地区城乡格局与景观风貌发生了深刻变革，人们的审美情趣呈多元化发展趋势。一方面，以自然山水为美、农耕丰足为美、人文成境为美为主体的传统审美维度有所弱化：其一，人与自然的小疏远使城乡建设发展过程中对局部自然山水的破坏时有发生，在某种程度上映射了以自然山水为美的传统审美情趣有所淡化。其二，农退商进背景下水网农田空间肌理的衰弱化，表征了农耕立本观念的日渐式微，淳朴乡野的农业生产生活方式正被逐步取代，以农耕丰足为美的传统审美情趣正在丧失。其三，工业化大生产与城乡一体化的时代背景之下，城、卫、乡呈现出连片蔓延、协同联动、深度融合的城乡空间格局发展新趋势。城市内部的空间肌理与建筑尺度明显变大，林立高耸的商贸写字楼拔地而起，城市的天际线日新月异。人们似乎对国际都市化的高楼大厦与景观轴带更为热衷与偏好，以人文成境为美的传统审美情趣正被日益取代。另一方面，以新潮地标为美、以游乐休闲为美、以个性别致为美等为主的现代审美维度不断加强：其一，城镇快速发展过程中，各类新潮的、造型另类的现代性地标建筑单体或集群不断涌现，象征着地区蓬勃、兴盛的经济社会发展趋势，成为新颖、醒目的新人居环境标志物，以新潮地标为美在某种程度上成为当下居民增强地域辨识度与认同感的现代审美情趣。其二，以游乐休闲、综合消费主导的现代城市休闲生活方式，形成了城镇空间中极具人气的商贸综合体与主题乐园，以游乐休闲为美的现代审美情趣随之日益增长。其三，当代的城市文化与民众偏好呈多元化发展趋势，在城乡人居环境中塑造了一些另类的、个性化的、别致的文化聚集地，多元且富有活力，从侧面反映了当代以个性别致为美的现代审美情趣。

　　在传统审美情趣日益式微、现代审美情趣涌现增长、城乡景观风貌剧烈变革的背景下，原有城乡"八景"体系的维持愈加艰难，传统景观意象日趋消隐，现代景观意象不断形成。乐清的乐成八景中，已有四景风光不再："白鹤晨钟"中的白鹤寺毁于洪灾，"紫芝晚磬"中的紫芝观毁坏废弃而迁建他处，"云门福地"中的云门观已毁坏且至今未重建，"盖竹洞天"中的八洞十二岩仅存透天、遗日、龙舌三洞。作为温州主要传统景观意象之一的连山为城、山城相依的"斗城"天际线，在林立的摩天大楼及众多新建的中高层住宅楼盘之间日渐消隐。传统景观意象中作为重要景观标志物的各类古塔，也有不少被埋没在日益扩张发展的村镇之间，或是被交错的城市道路孤立于城市之中（图12-2）。乡村地区独具特色的水网圩田地域景观正在被快速扩张的城市日益蚕食，虽然部分圩田肌理在成为城郊

（a）破败的乐清北白象塔　　　　　（b）被居民小区包围的瑞安东塔　　　　　（c）被道路孤立的温州巽吉塔

图12-2　衰败没落的各类古塔
［图片来源：汤章虹. 温州古塔[M]. 北京：中国戏剧出版社，2009］

生态公园的过程之中得以部分保留，但圩田之上的生产景观与生活方式基本被抹除，变成了与城市公园景观差异不大的生态公园，水网平原之上的传统地域景观与主要景观意象正在不断消失。部分传统景观意象得以扩展与提升，成为功能多样、景致丰富的现代景观意象，江心屿是其典型代表。今日的江心屿在原有孤屿的基础上，西拓2.1km，北拓0.3km，东拓0.15km，面积由4hm^{2}扩展至74hm^2，包括孤屿、江心公园、江心西园三个组成部分，成为城北瓯江中融文化展示、休闲游憩、亲子互动、人文摄影、植物展览、科普教育等为一体的重要现代景观意象。

参考文献：

[1] 王树声. 中国城市人居环境历史图典（浙江卷）[M]. 北京：科学出版社，2015：XXI.

[2] 颜胜尧，全海峰，庄千进. 解决温州市城市东片平原洪涝灾害的措施探讨[J]. 浙江水利科技，2010，（01）：38-40.

[3] "温州市鹿城区水利志"编纂委员会编. 温州市鹿城区水利志[M]. 北京：中国水利水电出版社，2007：60-61.

[4] 温州市自然资源和规划局. 温州市城市总体规划（2003—2020年）（2017年修订）（批后公布）[EB/OL].（2018-06-04）[2020-05-18]. http://zrzyj.wenzhou.gov.cn/art/2018/6/4/art_1631974_30936684.html.

[5] 苍南县政府信息公开. 苍南县龙港镇城市总体规划（2011—2030）[EB/OL].（2019-06-28）[2020-05-19]. http://xxgk.cncn.gov.cn/art/2019/6/28/art_1440837_35142800.html.

[6] 姜竺卿. 温州地理（人文地理分册·上）[M]. 上海：上海三联书店，2015：213-219.

[7] 赵明. 温州市城市形态演变特点研究[D]. 杭州：浙江大学，2009：50-51.

[8] 丁康乐. "温州模式"背景下瑞安市城市空间结构演变研究[D]. 杭州：浙江大学，2006：38-50.

[9] 石宏超. 地方小城市历史信息的整合与活化研究——以温州平阳古城为例[J]. 中国名城，2014，（12）：42-46.

[10] 陈饶. 基于"宅基明晰"视角的乐清老城保护研究[A]. 中国城市规划学会. 城乡治理与规划改革——2014中国城市规划年会论文集（08城市文化）[C]. 北京：中国建筑工业出版社，2014：14.

[11] 谭春芳，林瑾瑜. 旧村改造与城乡一体化进程——以浙江省乐清市的城乡一体化为例[J]. 小城镇建设，2006，（04）：76-79.

[12] 吴冠文. 谢灵运诗歌研究[D]. 上海：复旦大学，2006.

[13] 吴良镛. 吴良镛城市研究论文集[M]. 北京：中国建筑工业出版社，1996.

[14] 《管子·五行》.

第十三章

温州滨海丘陵平原地区地域景观的保护与发展展望

地域景观的保护与发展问题，需要融汇多学科的研究成果以交叉协同、共同应对。本章尝试从保护为先、择要修复、解译调适、古今相承四个方面对温州滨海丘陵平原地区地域景观的保护与发展提出初步展望。

第一节　保护为先：珍视土地并审慎保护

温州滨海丘陵平原地区作为一个历史上自然条件曾相对恶劣的独立地理单元，其土地之上的水网肌理、平原沃壤与城乡风貌源于千百年来世代邑人不断兴修水利、开垦农田、辛勤耕作、精心化育、营建城乡、塑景成境的历史发展过程。对于这一片积淀了邑人世代心血与汗水的土地，我们理应对其崇敬、尊重、体会进而倍加珍视[1]。基于此，需要开展多角度的审慎保护：

其一，保护自然山水环境。自然山水是过去、现在与未来城乡发展与地域景观的自然本底，对其加以审慎保护是地域景观得以妥善维护与健康发展的根本条件。应适当把控人与自然"小疏远"下城乡建设破坏局部山水的不良趋势，坚持回归人与自然紧密相依、和谐共生的良性轨道中，在发展城乡人居环境、改善人民生活品质的同时兼顾对自然山水本底的保护，重塑新时期以自然山水为美的审美情趣。

其二，保护水网农田肌理。水网农田肌理凝结与积淀了一方邑人的世代辛勤建设与劳作成果，记录了地区平原开拓与城乡发展的艰辛历史，是区域尺度上温州滨海丘陵平原地区地域景观核心特征之所在。因此，保护水网农田肌理势在必行。针对农退商进背景下水网农田空间肌理衰弱的现实问题，塘河水网及其水质保护成为关键。此外，在城乡建设发展与当下风景园林营建的过程之中，应秉持更加尊重水网农田肌理及其上质朴乡野生产生活方式历史印记的态度，延续以农耕丰足为美的审美情趣。

其三，保护城乡景观特征。基于不同的形成发展历史与主要功能，城邑、卫所与村镇分别形成了各自显著的地域景观特征，具体表现在与自然山水环境的关系、外部边界、内部结构、景致、景观意象等诸多方面。在城、卫、乡连片蔓延、协同联动、深度融合的城乡一体化时代背景下，维护与延续其各自的地域景观特征对于地区地域景观的保护与发展具有重要意义。

第二节　择要修复：择景之要以恢复再生

对遭受人类活动不同程度破坏的各类土地加以修复再生并恢复其景观特质，是我们理应承担的时代责任[2]。在传统地域景观面临冲击的背景下，人们的审美情趣呈多元化发展，部分传统地域景观意象正日趋消隐。因此，择景之要以恢复再生尤为重要：

其一，传承与重塑城乡“八景”体系。传统城乡“八景”体系是历代文人对各地地域景观的凝练概括与传神总结，集中展现了其自然与人文相融且特征显著的地域景观体系。虽然当下城乡的尺度关系与视线体系已发生显著变化，“八景”题名中主景内容的现实状况也参差不齐，但在当下城乡风貌新格局的基础上传承与重塑新时期的“八景”体系，并赋予其历史传统与时代特征，对于地区地域景观的保护与发展仍然具有重要的现实意义。

其二，选择部分主要景观意象予以恢复再生。正所谓"盖山川之胜，造诸自天；而革故鼎新，非人莫与矣"[3]。对承载着地方记忆与地域特征的部分主要景观意象加以修复、重建而使之再生，对延续城乡文脉、重塑地域特色意义重大。城邑、卫所与村镇有其各自具有代表性的主要景观意象，在选取修复对象时，应以凸显与强化其地域景观特征为前提，使日渐消隐的城乡主要景观意象得以再现。其恢复再生过程也并非仅仅局限于原样重建，应当将其融入新的城乡空间格局之中予以考量，重在唤起人们的地域记忆与地方认同感。在此过程中，地域人文精神的核心得以延续，地方人民的场所记忆得以传承。

第三节　解译调适：源于传统而适用当下

在邑人艰辛开拓、精心营建、世代繁衍而生长于斯的过程之中，温州滨海丘陵平原地区广袤的土地之上积淀了大量与场地紧密交融而相互适应的珍贵经验与历史智慧，它们是塑造传统地域景观的内在机制，更是当下地区地域景观保护与发展的重要依据与参考。虽然今日的城乡发展状况及各项条件已与昔日大不相同，但朴素而乡土的地区生存智慧与营建经验仍有其重要的借鉴意义。通过源于传统而适用当下的解译调适过程，地域文脉与文化传统得以延续与发展：

其一，挖掘历史以扩充传统地域经验与智慧体系。大量宝贵的传统地域生存经验与智慧留存于府县方志、舆地图说等历史资料之中，古人简明扼要而传神达意的图文资料往往都蕴含着深刻的智慧结晶与经验总结。只有锲而不舍地开展古代资料的研究工作，才能发掘历史、深入研究、归纳总结，进而不断扩充地域经验智慧体系，为其解译调适提供丰富的思想源泉。

其二，适应当下城乡发展与人民需求。传统地域经验智慧根植于农业文明的历史背景，受限于当时经济社会背景、生产生活方式与科学技术条件等诸多因素，有其一定的局限性，并非完全适用于当下。因此，需要对其进行解译调适而加以灵活运用，以适应新时期地区城乡发展现状与人民生产生活的实际需求。以城市发展与山水环境之间的关系为例。连山为城与依山筑城是一定历史时期邑人借助自然山水之利以营城设防的重要经验智慧，形成了山城相依的城市空间格局。但今日城市已无借山水以满足军事防御功能的安全需求，城市规模不应也不可能仅局限于历史稳定时期的范围，应将今日的城市格局融入尺度更大、更为宏观的山水环境中去，以重新寻找城市与自然山水之间的依存关系。

第四节　古今相承：承古之脉与塑今之体

地域景观终究是动态发展着的人地互动结果的叠加与耦合，在顺应地区自然环境及其进程的基础上，既应留有历史特征显著的传统印记，也应反映当下风貌的时代特征，这是温州滨海丘陵平原地区地域景观一贯的形成发展脉络。人们都有追求更好生活与平等发展的权利，与当地人生产生活紧密相关的地域景观不应拘泥于其传统特征与形式，也不应定格于某个成熟稳定时期的历史片段，而应将承古之脉与塑今之体二者相结合，在地域景观的保护与发展过程中传承历史、塑造当下。

其一，顺应自然发展脉络。自然山水环境作为缓慢变化着的自然本底，有其独特的发展规律与历史脉络。温州滨海丘陵平原的形成发展与向外扩张，一方面源于世代邑人的水利工程建设与农业发展过程，另一方面与江河海洋的自然输沙淤涨过程也密不可分。在地域景观的保护与发展过程中，理应顺应与延续诸如此类反映地域特征的独特自然发展脉络，进而结合当下的技术与需要巧加利用。

其二，传承城乡发展脉络。城乡广袤的大地之上，积淀了丰富多样的地域景观，是承载着地区场所记忆与历史印记的重要载体。在城乡建设发展的过程中，这些土地不应被当作一张白纸而肆意破坏或随意改造。今日与未来的建设，应以传承地域的传统城乡发展脉络为基础，并以此为前提，塑造符合当下时代背景的地域景观，进而实现地区地域景观的妥善保护与健康发展。

参考文献：

[1]　吴良镛. 中国人居史[M]. 北京：中国建筑工业出版社，2014：440.

[2]　王向荣. 自然与文化视野下的中国国土景观多样性[J]. 中国园林，2016，（09）：33-42.

[3]　（清）光绪《青田县志·卷七·古迹》.

下篇小结

　　本篇先从大规模工业化与城市化以来温州滨海地区的城乡发展情况切入，详细解读并初步厘清了其城乡演变发展的主要内容：外部扩张方面，不断加速的垦海围田延续了水网平原的岸线外推历史进程，平原水网与农田肌理持续向外形成、生长，驱动着新阶段地域景观的形成与发展；内部变迁方面，区域"山—原—江—海"空间架构保持稳定，但水网农田与城乡聚落间的图底关系加速反转，城镇蔓延扩张、卫所消融分化、乡村连片发展，三者相互影响、联动发展，共同推动了地区内部剧烈而深刻的变革历程。

　　在此基础上，进一步归纳了现代社会转型背景之下地域景观之变局，并梳理了其四方面表象与成因：其一是人与自然的小疏远与大回归，表现为新人居环境建设破坏或凌驾于局部自然山水的小疏远，空间管控宏观层面保护自然山水环境本底、延续人居环境山水特征的大回归。其二是农退商进下的水网农田之变，表现为崇商重利观念影响下具有地域特征的水网农田空间肌理持续衰弱、萎缩，原本较为单一的水网农田利用方式向多元化发展。其三是城防解体下的城乡格局巨变，依托军事防御功能而形成的空间发展边界日渐消失，城镇化、城乡一体化进程与"温州模式"经济的繁荣发展深

　　刻改变着原本塘河为脉、城卫分置、村落散布的城乡空间格局，不断塑造着城、卫、乡连片蔓延、协同联动、深度融合的城乡空间新格局。其四是多元审美下的景观意象之变，传统审美维度与现代审美维度此消彼长，城乡景观风貌剧烈变革，原有城乡"八景"体系难以维系，传统景观意象日趋消隐，现代景观意象不断形成。

　　基于此，从四个方面初步探索了温州滨海丘陵平原地区地域景观的保护与发展展望：保护为先，珍视土地并审慎保护；择要修复，择景之要以恢复再生；解译调适，源于传统而适用当下；古今相承，承古之脉与塑今之体。

结语

　　中国大地的每一片土地之上，都留存有经长期人地互动积淀而孕育出的各具特色的地域景观。正是基于不同地理单元与社会文化交融作用之下地域景观的差异性，才共同组成了我国景观类型丰富多样的国土景观。因此，地域景观的保护与发展不仅关乎各地区自身地域特色的保持、历史文脉的延续与区域认同感的维系，更是我国保持国土层面景观多样性特征的重要基础。尤其是在当今城乡面貌剧烈变革的时代背景之下，其重要性与紧迫性不言而喻。正如吴良镛先生在论及中国人居环境的转型与复兴这一话题时所强调的：

　　　　"从历史角度看，中国古代人居是文明的产物，创造了辉煌的历史成就。近代以来，面对世界现代化、全球化不断向纵深发展的大趋势，中国人居建设面临新的机遇与挑战。如何在文化继承、融合与创新中发展，走出一个崭新的未来？研究中国古代人居史，其根本目的就是通过正本清源，条分缕析，探索中国人居发展的历史规律，进而针对当前问题，结合当今形势，将文明中的过去与现状相联系，通古今之变，谋复兴之道"[1]。

因此，开展地域景观的普查性研究是中国人居史研究大语境之下的重要一环，对重寻东方文明的文化自觉、挖掘传统智慧以资鉴当代、协同多元学科以发展科学都裨益良多。

本书在导论中已勾勒了全书的主要脉络：将温州滨海丘陵平原地区地域景观视作浙闽沿海地区的典型样本，从人居发展历史、景观分层解析、传统景观体系、保护与发展展望等多方面展开系统性研究，以期为地区地域景观的发掘、梳理、总结、保护、传承与发展作出一定的贡献，也为其他地区地域景观的研究工作抛砖引玉。以下将从自然禀赋、人居环境发展历程、地域景观形成机制、代表性景观体系、保护与发展策略五方面对温州滨海丘陵平原地区地域景观加以总结。

第一节　地域独立、特征显著的自然环境基础

自然禀赋方面，自然环境基础是地域景观形成与发展的本底。

温州滨海丘陵平原地区作为我国沿海边陲之地，与浙江省内周边地区以山水相隔、联系较弱，是一个三面环山、一面向海的独立地理单元。区内大部分区域地质形成较晚，地形地貌以西高东低为总体特征，呈平原相连、山丘散布的基本格局。水系以瓯江、飞云江和鳌江为骨干，形成了滨海平原纵横密布的六大塘河水网。温润的亚热带季风气候，形成了夏热冬暖、降水丰沛的气候条件。平原土壤源于冲积—海积过程，形成了类型多样而盐碱度高的土壤条件。

温州滨海丘陵平原地区的自然环境基础具有地理单元相对封闭，西高东低、丘陵散布，水网丰富、程短流急，气候湿润、降水丰沛，成陆较晚、土壤盐碱等地域特征。地区地域独立、特征显著的自然环境基础，奠定了其地域景观形成与发展的自然山水基底。

第二节　曲折发展、逐步成熟的人居发展历程

人居发展历程方面，地域景观归根结底是人地互动的动态叠加结果。

温州滨海丘陵平原地区地域景观受自然本底、政治格局、军事防御、文化传播、生产生活、经济发展等各因素的综合影响，大致经历了秦汉及以前的源起与孕育阶段、魏晋南北朝的萌芽与奠基阶段、隋唐五代的融合与发展阶段、宋元时期的转型与创新阶段、明清时期的曲折与成熟阶段的动态发展过程。各历史时期，起主要驱动作用的影响因素都在地域景观上留下了鲜明的历史烙印：如秦汉及以前瓯越先民遗留的东瓯古迹，魏晋南北朝衣冠南渡带动的土地开发、隋唐五代稳定发展引发的佛教传播、两宋经济文化繁荣驱动的城乡营建、明朝抵御倭寇袭扰设立的海防卫所、清朝全面繁荣发展奠定的成熟体系等。

温州滨海丘陵平原地区地域景观以其自然环境基础为依托，顺应地域文化传统，满足百姓的生产生活需求，经历了曲折发展、逐步成熟的人居发展历程。

第三节　逐层叠加、耦合发展的景观形成机制

景观形成方面，地域景观是一个复杂的时空连续体，可视作自然山水、水利建设、农业生产与城乡营建四个层面相互影响而耦合叠加的动态结果，每一层面都为下一层面的形成与发展构建了基础。

将温州滨海丘陵平原地区地域景观拆解为上述四个层面，结合地方志、舆图、军事测绘图、老照片等历史资料加以分层解析。

自然山水层面，通过叙山与叙水两方面的研究，明确了地区自然山水"钜海以山水，雄秀甲东南"的总体特征，具体表现为山体群山合沓、峻嶒秀峙，水体纵横旁午、支分派合，山水交融相生、相得益彰等方面。

水利建设层面，通过海岸线变迁、水利设施系统与流域管理两方面的梳理，概述了人与自然共同作用之下地区水系的人工管控过程。在人进海退、岸线持续外推的背景下，持续开展了以海塘、塘河、陡门、水则、埭等水利设施的修建与组合为主要内容的水利设施系统建设，实现了自然水系向蓄泄可控的人工河网的转化，进

而对降雨、上游来水与海潮来水进行适应调节与综合管理，达成拒咸蓄淡、利兼水陆的总目标。地区水利建设在承接自然山水以支撑农业生产、城乡营建上具有重要作用，具体表现为促进水网发展、改善平原土壤、促进农业生产、便利百姓民生、提供安全防卫、保障城乡发展等诸多方面。

农业生产层面，综合农田建设、作物种植两方面研究，分析平原人工水网基础上农业景观的形成基础、农田类型与主要特征。平原人工水网对地区自然环境的改良至关重要，在"水为农本、农为政本"观念的主导下，农田建设与水利工程、塘河水网紧密关联，以圩田为主的地区水网农田肌理随之形成。基于此，以水稻与柑橘为主要类型的作物种植构成了地区农业景观的主体，呈现出粳稻连片、柑橘成林的地域特征。农田建设与作物种植相叠加，斥卤围田、裕生民用，基于自然山水、水利建设而为地区城乡营建提供了水网圩田本底及物质生活来源。

城乡营建层面，分别解读了城邑营建、卫所营建与村镇营建三部分内容，回顾各类城乡聚落的形成发展过程并总结其主要特征。通过度地、营城、理水、塑景四方面的城邑营建，控扼要害、守望相助、营城设防三方面的卫所营建，实用质朴、由山向海、类型多样三方面的村镇营建这三类城乡营建内容的研究，梳理了基于自然山水、水利建设与农业生产三个层面之上的城邑、卫所与村镇各自的形成发展过程。根植于共同的山水基底，城邑、卫所与村镇在营建过程中山水相融、协同发展，形成了"城—卫—乡"统筹一体的山水人居聚落体系。

温州滨海丘陵平原地区地域景观遵循逐层叠加、耦合发展的景观形成机制，在自然山水、水利建设、农业生产与城乡营建四个层面的互动叠加作用之下，形成独具特色的地域景观。

第四节　基于自然、融于文化的地域景观体系

景观体系方面，地域景观体系是自然山水、水利建设、农业生

产与城乡营建耦合叠加的结果外现，融自然与文化为一体，包含总体格局与地区地域景观两方面。

基于地域独立、特征显著的自然环境基础，经由曲折发展、逐步成熟的人居发展历程，遵循逐层叠加、耦合发展的景观形成机制，温州滨海丘陵平原地区于大规模工业化与城市化以前形成了农业文明背景下相对稳定与成熟的传统地域景观体系，主要包含总体格局与四邑地域景观两部分内容。总体格局表现为山峦为骨、水网成脉、农耕立本、城卫安民、人文成境五个方面，是区域宏观视角下传统地域景观体系的主要特征。然后在辨明城邑、卫所与村镇地域景观特征异同的基础上，基于以城邑为核心统筹卫所与村镇的视角，分层叠加以图解分析、总结各邑地域景观体系，充分挖掘城乡"八景"，并运用舆图、测绘图与辞翰艺文等历史图文资料详细解读主要景观意象，明确各地区显著的地域景观特征。

温州滨海丘陵平原地区具有基于自然、融于文化的地域景观体系。通过多层面的梳理解读，为大规模工业化与城市化之后地域景观的保护与发展研究奠定了重要基础、提供了历史借鉴。

第五节　保护修复、调适相承的保护发展展望

保护与发展方面，地域景观是不断发展着的动态景观，应基于传统地域景观体的归纳总结，结合时代背景的发展要求，以对地域景观的保护与发展提出展望。

大规模工业化与城市化以来，温州滨海地区受政治、经济、社会、文化、科技等因素的综合影响，经历了垦海围田不断加速的外部扩张与城镇蔓延扩张、卫所消融分化、乡村连片发展的内部变迁过程。地域景观经历了人与自然的小疏远与大回归、农退商进下的水网农田之变、城防解体下的城乡格局巨变、多元审美下的景观意象之变的四方面之变局。

最后，从保护为先、珍视土地并审慎保护，择要修复、择景之要以恢复再生，解译调适、源于传统而适用当下，古今相承、承古

之脉与塑今之体四个方面对温州滨海丘陵平原地区地域景观的保护
与发展提出展望。

参考文献：

[1]   吴良镛. 中国人居史[M]. 北京：中国建筑工业出版社，2014：521.

参考文献

（一）基本史料

1 方志、专志、水利书、农书

（先秦）《管子》
（西周）《周易》
（战国）《荀子》
（汉）班固《汉书》
（宋）李心传. 建炎以来系年要录［M］.
　　北京：中华书局，1988.
（宋）欧阳修，宋祁撰. 新唐书·地
　　理志［M］. 北京：中华书局，
　　1975.
（宋）祝穆.《方舆胜览》
（明）弘治《温州府志》
（明）嘉靖《温州府志》
（明）隆庆《乐清县志》
（明）万历《温州府志》
（明）王瓒，（明）蔡芳编纂. 胡珠生
　　校注. 弘治温州府志［M］. 上
　　海：上海社会科学院出版社，
　　2006.
（明）永乐《温州府乐清县志》
（清）道光《乐清县志》
（清）光绪《青田县志》
（清）光绪《永嘉县志》
（清）光绪《乐清县志》

（清）光绪《永嘉县志》
（清）嘉庆《孤屿志》
（清）嘉庆《瑞安县志》
（清）金兆珍. 俞海校补并注. 集云
　　山志［M］. 北京：中国文史出
　　版社，2011.
（清）康熙《永嘉县志》
（清）乾隆《敕修两浙海塘通志》
（清）乾隆《平阳县志》
（清）乾隆《温州府志》
（清）顺治《浙江温州府属地理舆图》
（清）同治《温州府志》
（清）王殿金，（清）黄徵乂总修. 宋
　　维远点校. 瑞安县志［M］. 北
　　京：中华书局，2010.
（清）吴任臣撰. 徐敏霞，周莹点校.
　　十国春秋［M］. 北京：中华书
　　局，2010.
（清）张宝琳修，（清）王棻，戴咸弼
　　总纂. 永嘉县志编纂委员会
　　编. 永嘉县志［M］. 北京：中
　　华书局，2010.
（民国）民国《金乡镇志》
（民国）民国《乐清县志》
（民国）民国《平阳县志》
（民国）民国《仙岩山志》

（民国）瑞安县志稿［M］．香港：蝠池书院出版有限公司，2006.

《鳌江志》编纂委员会编．鳌江志［M］．北京：中华书局，1999.

《苍南农业志》编纂组编．苍南农业志［M］．北京：中华书局，2006.

陈邦焕主编．浙江省《瑞安市水利志》编纂委员会编．瑞安市水利志［M］．北京：中华书局，2000.

陈国胜主编．温州市龙湾区林局编．龙湾农业志［M］．北京：方志出版社，2011.

乐清市水利水电局编．乐清市水利志［M］．南京：河海大学出版社，1998.

乐清县《蒲岐镇志》编委会编．蒲岐镇志［M］．乐清：乐清县《蒲岐镇志》编委会，1993.

林玉姐主编．乐清市农业局编．乐清市农业志［M］．北京：中华书局，2005.

林振法主编．《苍南县水利志》编纂委员会编．苍南县水利志［M］．北京：中华书局，1999.

《鹿城区地方志》编纂委员会．温州市鹿城区志上册［M］．北京：中华书局，2010.

马升永主编．乐清市地方志编纂委员会编．乐清县志［M］．北京：中华书局出版社，2000.

《平阳县水利志》编纂委员会编．平阳县水利志［M］．北京：中华书局，2001.

宋维远主编．瑞安市地方志编纂委员会编．瑞安市志［M］．北京：中华书局，2003.

《温州市鹿城区水利志》编纂委员会编．温州市鹿城区水利志［M］．北京：中国水利水电出版社，2007.

《温州市水利志》编纂委员会编．温州市水利志［M］．北京：中华书局，1998.

温州市土地管理局编．温州市土地志［M］．北京：中华书局，2001.

吴松涛主编．《瓯江志》编纂委员会编．瓯江志［M］．北京：水利电力出版社，1995.

徐顺旗主编．永嘉县地方志编纂委员会编．永嘉县志［M］．北京：方志出版社，2003.

章志诚主编．《温州市志》编纂委员会编．温州市志［M］．北京：中华书局，1998.

《浙江分县简志》编纂组编纂．浙江分县简志［M］．杭州：浙江人民出版社，1984.

浙江省《飞云江志》编纂委员会编．飞云江志［M］．北京：中华书局，2000.

《浙江省人口志》编纂委员会编．浙江省人口志［M］．北京：中华书局，2008.

《浙江省水利志》编纂委员会编．浙江省水利志［M］．北京：中华书局，1998.

郑立于主编．《平阳县志》编纂委员会编纂．平阳县志［M］．上海：汉语大词典出版社，1993.

2 文集、笔记、小说等其他资料

（西汉）董仲舒《春秋繁露》

（唐）李白著．瞿蜕园，朱金城校注．李白集校注［M］．上海：上海古籍出版社，1980.

（宋）韩彦直撰．彭世奖校注．橘录校注［M］．北京：中国农业出版社，2010.

（宋）吴泳．《鹤林集》

（宋）叶适．水心先生文集［A］．叶适集［C］．北京：中华书局，1981.

（二）近人研究成果

1 中文

［美］理查德·哈特向著．叶光庭译．地理学的性质——当前地理学思想述评［M］．北京：商务印书馆，1996：226-236.

［英］伊恩·D·怀特著．王思思译．16世纪以来的景观与历史［M］．北京：中国建筑工业出版社，2011：1-5.

安峰．明代海禁政策研究［D］．济南：山东大学，2008.

曹沛奎，董永发. 浙南淤泥质海岸冲淤变化和泥沙运动［J］. 地理研究，1984, 3（03）: 53-64.

陈传. 温州种植柑桔的历史考证［J］. 浙江柑桔，1990,（03）: 4-5.

陈丽霞. 温州人地关系研究：960—1840［D］. 杭州：浙江大学，2005.

陈桥驿. 浙江古代粮食种植业的发展［J］. 中国农史，1981,（00）: 39-47+103.

陈饶. 基于"宅基明晰"视角的乐清老城保护研究［C］. 中国城市规划学会. 城乡治理与规划改革——2014中国城市规划年会论文集（08城市文化）.中国城市规划学会：中国城市规划学会，2014: 191-204.

陈士洪. 明代温州府作家研究［D］. 上海：上海师范大学，2013.

陈耀辉. 寻访温州古塔［J］. 温州人，2010,（09）: 58-61.

陈志华，李玉祥著. 乡土中国：楠溪江中游古村落［M］. 北京：生活·读书·新知三联书店，2005.

程庆国. 关于温州建设"山水城市·家园城市·网络城市"的思考［J］. 现代城市研究，2001,（01）: 35-37.

单国方. 温州古城水系和治水探微［J］. 中国水利，2014,（11）: 62-64.

党宝海. 元代城墙的拆毁与重建——马可波罗来华的一个新证据［A］. 元史论丛·第八辑［M］. 南昌：江西教育出版社，2001.

丁俊清，肖健雄著. 温州乡土建筑［M］. 上海：同济大学出版社，2000.

丁俊清，杨新平著. 浙江民居［M］. 北京：中国建筑工业出版社，2009.

丁康乐. "温州模式"背景下瑞安市城市空间结构演变研究［D］. 杭州：浙江大学，2006.

董鉴泓. 中国城市建设史［M］. 北京：中国建筑工业出版社，2004.

方创琳. 中国人地关系研究的新进展与展望［J］. 地理学报，2004,（S1）: 21-32.

方长山. 温州碑刻著录研究的回顾与反思［J］. 温州文物，2015,（01）: 1-27.

费孝通. 乡土中国［M］. 北京：北京大学出版社，2012.

符宁平，闾彦，刘柏良. 浙江八大水系［M］. 杭州：浙江大学出版社，2009.

高永兴. 江心孤屿双塔溯源［J］. 浙江建筑，2004,（01）: 8-9.

耿欣，李雄，章俊华. 从中国"八景"看中国园林的文化意识［J］. 中国园林，2009,（05）: 34-39.

耿子洁. 和辻哲郎"风土论"与"伦理学"内在关系探析［J］. 日本问题研究，2017,（01）: 10-15.

宫凌海. 明清东南沿海卫所信仰空间的形成与演化——以浙东乐清地区为例［J］. 浙江师范大学学报（社会科学版），2016,（05）: 42-49.

郭巍，侯晓蕾. 宁绍平原圩田景观解析［J］. 风景园林，2018, 25（09）: 21-26.

郭巍，侯晓蕾. 筑塘、围垦和定居——萧绍圩区圩田景观分析［J］. 中国园林，2016, 32（07）: 41-48.

韩炜杰. 台州平原地区传统人居环境研究［D］. 北京林业大学，2019.

何林福. 论中国地方八景的起源、发展和旅游文化开发［J］. 地理学与国土研究，1994,（02）: 56-60.

侯仁之. 历史地理学的视野［M］. 北京：生活·读书·新知三联书店，2009.

侯晓蕾，郭巍. 场所与乡愁——风景园林视野中的乡土景观研究方法探析［J］. 城市发展研究，2015, 22（4）: 80-85.

侯晓蕾，郭巍. 圩田景观研究：形态、功能及影响探讨［J］. 风景园林，2015,（06）: 123-128.

胡念望. 关于温州创建国家园林城市的几点想法［N］. 中国旅游报，2011-11-16（023）.

胡兆量. 温州模式的特征与地理背景 [J]. 经济地理, 1987, (01): 19-24.

胡珠生. 王羲之曾任永嘉郡守考 [J]. 临沂师专学报, 1998, 20 (1): 32-35.

黄怀信等撰, 李学勤审定. 《逸周书会校集释·卷七·王会解第五十九》[M]. 上海: 上海古籍出版社, 1994.

黄培量. 东瓯名园——温州如园历史及布局浅析 [J]. 古建园林技术, 2011, (02): 39-44.

黄琴诗, 朱喜钢, 陈楚文. 传统聚落景观基因编码与派生模型研究——以楠溪江风景名胜区为例 [J]. 中国园林, 2016, 32 (10): 89-93.

黄兴龙. 鹿城九山传记——积谷山 [J]. 温州人, 2010, (21): 56-57.

黄兆清. 温州近岸沉积物的来源 [J]. 应用海洋学学报, 1984, (2): 43-49.

姜善真. 温瑞塘河历代诗词选 [M]. 北京: 中国戏剧出版社, 2011.

姜竺卿. 温州地理 (人文地理分册·上) [M]. 上海: 上海三联书店, 2015.

姜竺卿. 温州地理 (人文地理分册·下) [M]. 上海: 上海三联书店, 2015.

姜竺卿. 温州地理 (自然地理分册) [M]. 上海: 上海三联书店, 2015.

蒋雨婷, 郑曦. 基于《富春山居图》图像学分析的富春江流域乡土景观探究 [J]. 中国园林, 2015, (09): 115-119.

康武刚. 宋代浙南温州滨海平原埭的修筑活动 [J]. 农业考古, 2016, (04): 135-139.

李秋香, 罗德胤, 陈志华, 楼庆西著. 浙江民居 [M]. 北京: 清华大学出版社, 2010.

李树华. 景观十年、风景百年、风土千年——从景观、风景与风土的关系探讨我国园林发展的大方

向 [J]. 中国园林, 2004, (12): 32-35.

李帅, 刘旭, 郭巍. 明代浙江沿海地区卫所布局与形态特征研究 [J]. 风景园林, 2018, 25 (11): 73-77.

李雪铭, 田深圳. 中国人居环境的地理尺度研究 [J]. 地理科学, 2015, (12): 1495-1501.

李雪铭, 夏春光, 张英佳. 近10年来我国地理学视角的人居环境研究 [J]. 城市发展研究, 2014, (02): 6-13.

林昌丈. 明清东南沿海卫所军户的地方化——以温州金乡卫为中心 [J]. 中国历史地理论丛, 2009, (04): 115-125.

林家骊, 杨东春. 杨蟠生平与诗歌考论 [J]. 文学遗产, 2006, (06): 131-134.

林箐, 任蓉. 楠溪江流域传统聚落景观研究 [J]. 中国园林, 2011, 27 (11): 5-13.

林箐, 王向荣. 地域特征与景观形式 [J]. 中国园林, 2005, (06): 16-24.

刘滨谊, 吴珂, 温全平. 人类聚居环境学理论为指导的城郊景观生态整治规划探析——以滹沱河石家庄市区段生态整治规划为例 [J]. 中国园林, 2003, (02): 31-34+82.

刘景纯, 何乃恩. 汤和"沿海筑城"问题考补 [J]. 中国历史地理论丛, 2015, 30 (2): 139-147.

刘沛林. 家园的景观与基因 [M]. 北京: 商务印书馆, 2014.

刘通, 王向荣. 以农业景观为主体的太湖流域水网平原区域景观研究 [J]. 风景园林, 2015, (08): 23-28.

刘通, 吴丹子. 风景园林学视角下的乡土景观研究——以太湖流域水网平原为例 [J]. 中国园林, 2014, (12): 40-43.

鲁学军, 周成虎, 龚建华. 论地理空间形象思维——空间意象的发展 [J]. 地理学报, 1999, (05):

401-408.

罗一南. 明代海防蒲壮所城军事聚落的整体性保护研究 [D]. 杭州：浙江大学，2011.

马丛丛. 妙果寺志 [D]. 上海：上海师范大学，2014.

马仁锋，张文忠，余建辉，等. 中国地理学界人居环境研究回顾与展望 [J]. 地理科学，2014，（12）：1470-1479.

马晓冬. 江苏省乡村聚落的形态分异及地域类型 [J]. 地理学报，2012，67（4）.

孟兆祯. 把建设中国特色城市落实到山水城市 [J]. 中国园林，2016，32（12）：42-43.

闵宗殿. 明清时期中国南方稻田多熟种植的发展 [J]. 中国农史，2003，（03）：10-14.

钱穆. 中国历史研究法 [M]. 北京：三联书店，2001.

钱云，庄子莹. 乡土景观研究视野与方法及风景园林学实践 [J]. 中国园林，2014，（12）：31-35.

秦欢. 元代温台沿海平原水利建设与区域社会发展研究 [D]. 金华：浙江师范大学，2016.

秦琴. 温州平原圩田景观研究——以飞云-万全圩区景观规划设计为例 [D]. 北京：北京林业大学，2020.

瞿炜. 籀园梦寻 [J]. 温州瞭望，2007，（03）：69-73.

沈克成. 复建玉介园 [N]. 温州日报，2006-02-14（009）.

施菲菲，陈耀辉，郑鹏. 纱帽河，流动着美丽 [J]. 温州瞭望，2006，（09）：66-69.

施菲菲，陈耀辉. 古雅依稀上横街 [J]. 温州瞭望，2005，（09）：62-65.

施剑. 明代浙江海防建置研究——以沿海卫所为中心 [D]. 杭州：浙江大学，2011.

施剑. 试论明代浙江沿海卫所之布局 [J]. 军事历史，2012，（05）：23-28.

施正克. 广场路一带历史变迁 [N].

温州日报，2005-07-23（005）.

石宏超. 地方小城市历史信息的整合与活化研究——以温州平阳古城为例 [J]. 中国名城，2014，（12）：42-46.

孙晓丹. 历史时期温州城市的形成与发展 [D]. 杭州：浙江大学，2006.

谭春芳，林瑾瑜. 旧村改造与城乡一体化进程——以浙江省乐清市的城乡一体化为例 [J]. 小城镇建设，2006，（04）：76-79.

汤章虹，林城银. 温州古塔探秘 [J]. 城建档案，2008，（11）：36-38.

汤章虹. 温州古塔 [M]. 北京：中国戏剧出版社，2009.

童宗煌，林飞. 温州城市水空间的演变与发展 [J]. 规划师，2004，20（8）：86-89.

汪前进. 地图在中国古籍中的分布及其社会功能 [J]. 中国科技史料，1998，（03）：4-23.

王达. 双季稻的历史发展 [J]. 中国农史，1982（01）：45-54.

王树声. 黄河晋陕沿岸历史城市人居环境营造研究 [M]. 北京：中国建筑工业出版社，2009.

王树声. 中国城市人居环境历史图典（浙江卷）[M]. 北京：科学出版社，2015.

王向荣，林箐. 国土景观视野下的中国传统山—水—田—城体系 [J]. 风景园林，2018，25（09）：10-20.

王向荣. 地域之上的景观 [N]. 中国建设报，2006-02-07（007）.

王向荣. 自然与文化视野下的中国国土景观多样性 [J]. 中国园林，2016，（09）：33-42

王晓岚. 温州市历史文化遗产保护对策研究 [D]. 上海：同济大学，2005.

王云才，石忆邵，陈田. 传统地域文化景观研究进展与展望 [J]. 同济大学学报（社会科学版），2009，（01）：18-24+51.

王云才. 传统地域文化景观之图式语言及其传承 [J]. 中国园林，

2009，（10）：73-76.

王云才. 风景园林的地方性——解读
　　传统地域文化景观［J］. 建筑学
　　报，2009，（12）：94-96.

温州市政协文史资料委员会编. 温瑞
　　塘河文化史料专辑［Z］. 温州：
　　温州市政协文史资料委员会，
　　2005.

温州文献丛书整理出版委员会编. 温
　　州历代碑刻二集（下）［M］. 上
　　海：上海社会科学院出版社，
　　2006.

吴冠文. 谢灵运诗歌研究［D］. 上
　　海：复旦大学，2006.

吴理财，杨桓. 城镇化时代城乡基层
　　治理体系重建——温州模式及
　　其意义［J］. 华中师范大学学报
　　（人文社会科学版），2012，（06）：
　　10-16.

吴良镛. 广义建筑学［M］. 北京：
　　清华大学出版社，1989.

吴良镛. 建筑·城市·人居环境［M］.
　　石家庄：河北教育出版社，2003.

吴良镛. 人居环境科学导论［M］. 北
　　京：中国建筑工业出版社，2001.

吴良镛. 吴良镛城市研究论文集
　　［M］. 北京：中国建筑工业出版
　　社，1996.

吴良镛. 中国人居史［M］. 北京：
　　中国建筑工业出版社，2014.

吴庆洲. 斗城与水城——古温州城
　　选址规划探微［J］. 城市规划，
　　2005，29（02）：66-69.

吴庆洲. 中国古城防洪研究［M］.
　　北京：中国建筑工业出版社，
　　2009.

吴庆洲. 中国景观集称文化［J］. 华
　　中建筑，1994，（02）：23-25.

吴水田，游细斌. 地域文化景观的
　　起源、传播与演变研究——以
　　赣南八景为例［J］. 热带地理，
　　2009，（02）：188-193.

吴松弟. 宋元以后温州山麓平原的生
　　存环境与地域观念［J］. 历史地
　　理，2016（01）：62-75.

吴松弟. 塘河岁月长 千年流到今［N］.
　　温州日报，2006-03-21（009）.

吴松弟. 温州沿海平原的成陆过程和
　　主要海塘、塘河的形成［J］. 中
　　国历史地理论丛，2007，22（02）：
　　5-13.

吴松弟. 浙江温州地区沿海平原的成
　　陆过程［J］. 地理科学，1988，
　　8（02）：173-180.

奚雪松，秦建明，俞孔坚. 历史舆图
　　与现代空间信息技术在大运河遗
　　产判别中的运用——以大运河明
　　清清口枢纽为例［J］. 地域研究
　　与开发，2010，（05）：123-131.

相国. 千年老巷墨池坊［N］. 温州日
　　报，2011-09-01（014）.

徐定水. 玉介园·瓯隐园·墨池公
　　园［N］. 温州日报，2006-02-07
　　（009）.

徐日椿. 从周宅花园走出来的佳丽
　　［J］. 温州人，2015，（19）：90-92.

颜胜尧，全海峰，庄千进. 解决温
　　州市城市东片平原洪涝灾害的
　　措施探讨［J］. 浙江水利科技，
　　2010，（01）：38-40.

杨洁. 清末民初传教士眼中的温州民
　　间信仰［D］. 温州：温州大学，
　　2013.

杨克明，陈武. 历史园林复建方法探
　　索——以墨池公园规划为例［J］.
　　规划师，2008，（03）：42-45.

杨伟锋. 温州市城市化和城市规划
　　的思考与对策［J］. 现代城市研
　　究，2001，（1）：26-32.

杨鑫. 地域性景观设计理论研究［D］.
　　北京：北京林业大学，2009.

叶大兵. 温州史话［M］. 杭州：浙
　　江人民出版社，1982.

叶大兵. 温州竹枝词［M］. 北京：
　　中华书局，2008.

殷小霞，曾京京. 历史时期温州柑
　　种植兴衰考述［J］. 古今农业，
　　2011，（04）：38-46.

殷小霞. 明清时期浙江柑橘业研
　　究［D］. 南京：南京农业大学，
　　2012.

尹舜. 舆图解析［D］. 杭州：中国美
　　术学院，2009.

尹泽凯，张玉坤，谭立峰. 中国古代

城市规划"模数制"探析——以明代海防卫所聚落为例［J］. 城市规划学刊, 2014, (04): 111-117.

俞光编. 温州古代经济史料汇编［M］. 上海: 上海社科院出版社, 2005.

岳邦瑞, 郎小龙, 张婷婷, 等. 我国乡土景观研究的发展历程、学科领域及其评述［J］. 中国生态农业学报, 2012, (12): 1563-1570.

张金奎. 明末屯军自耕农化浅析［A］. 中国社会科学院历史研究所明史研究室专题资料汇编. 明史研究论丛(第六辑)［C］. 合肥: 黄山书社, 2004: 459-485.

张科. 浙江古塔景观艺术研究［D］. 杭州: 浙江农林大学, 2014.

张廷银. 地方志中"八景"的文化意义及史料价值［J］. 文献, 2003, (04): 36-47.

张文忠, 谌丽, 杨翌朝. 人居环境演变研究进展［J］. 地理科学进展, 2013, (05): 710-721.

张宪文. 略论清初浙江沿海的迁界［J］. 浙江学刊, 1992, (01): 117-121.

张宪文. 清代温州东山、中山书院史事考录［J］. 温州师专学报(社会科学版), 1985, (01): 77-88+92.

张叶春. 浙江瓯江口地区平原形成过程［J］. 西北师范大学学报(自然科学版), 1990, (04): 70-75.

张驭寰. 中国城池史［M］. 天津: 百花文艺出版社, 2003.

张在元. 风土城市与风土建筑［J］. 建筑学报, 1996, (10): 32-34.

章士嵘. 认知科学导论［M］. 北京: 人民出版社, 1992: 18-143.

赵明. 温州市城市形态演变特点研究［D］. 杭州: 浙江大学, 2009.

赵鸣, 张洁. 试论我国古代的衙署园林［J］. 中国园林, 2003, (04): 73-76.

郑加忠, 高益登. 乐清的道教中心——紫芝观［J］. 中国道教, 1989, (03): 56.

郑晓东. 温州山水城市空间初探［J］. 现代城市研究, 2001, (01): 29-32.

智真主编. 温州市佛教协会编. 温州佛寺［M］. 北京: 中国文联出版社, 2005.

中国建筑设计研究院建筑历史研究所编. 浙江民居［M］. 北京: 中国建筑工业出版社, 2007.

钟翀. 温州城的早期筑城史及其原初形态初探［J］. 都市文化研究, 2015, (01): 162-176.

周思源.《周易》与明代沿海卫所城堡建设［J］. 东南文化, 1993, (04): 165-170.

周玉苹. 从温州竹枝词看清末民初温州的民俗［D］. 温州: 温州大学, 2013.

朱建宁. 展现地域自然景观特征的风景园林文化［J］. 中国园林, 2011, (11): 1-4.

朱翔鹏, 单国方, 陈培真. "永嘉水则"探索与研究［J］. 中国水利, 2012 (05): 63-64.

2 外文

Hofmeister B. The study of urban form in Germany[J].Urban Morphology, 2004, 8(1): 3-12.

Kevin Lynch. Good City Form[M]. Cambridge: The MIT Press, 1984.

Kevin Lynch. Site Planning[M]. Cambridge: The MIT Press, 1984.

Kevin Lynch. The Image of the City[M]. Cambridge: The MIT Press, 1960.

Marzot N. The study of urban form in Italy[J].Urban Morphology, 2002, 6(2): 59-73.

Whittlesey D..Sequent Occupance[J]. Annals of Association of American Geographers,1929,19:162-165.

后记

　　从事国土景观研究的设想开始于世纪之交。那时，我们有机会完成杭州"西湖西进"规划，以恢复西湖西边消失了的水域并再现西湖曾经的山水格局。随后的几年中，我们又陆续完成了绍兴镜湖、萧山湘湖、济南大明湖等湖泊的规划。对这些历史悠久的风景湖泊的规划、设计或恢复让我对中国古代的陂塘水利系统有了更深和更全面的理解。作为农耕民族，中国人数千年来不断地依据自然条件兴修水利，用农作物替代原有的天然植被，持续塑造着地表景观。陂塘水利系统只是我们祖先梳理土地、发展农业、建设家园的一种类型，除此之外，还有灌渠、圩田、梯田等一系列土地利用方式。中国人为了生产和生活对土地施加的影响和改造形成了中国特有的国土景观。

　　国土景观反映了中国人适应自然、改造自然的历史，以及与自然长期依存的关系。中国国土景观的形成、发展和演变以及背后蕴含的思想值得我们深入研究，因为只有研究了这部历史，我们才能更好地了解中国人的环境营建思想，认识我们的国土景观，也才能为现在和未来的中国建立起一个具有弹性和可持续性的生态环境支撑系统，来协调人工与自然之间的平衡，维护土地与城市的安全，同时将这一系统转变为具有人文精神的诗意的风景。过去的经验证明，任何有悖于自然规律的地表塑造都难以成功，也无法持续。今天和未来我们对地表空间的塑造，更应当与自然同行，以实现人们享用土地与生态环境稳定之间的持续和谐与平衡，并构筑中国国土的人文自然生态系统。

国土景观是一个国家领土范围不同区域的景观的综合。近些年，我们的研究团队持续发表有关区域景观研究的文章，指导学生完成了百余篇聚焦中国不同区域景观的硕士和博士学位论文，同时也在进行区域景观体系相关的规划设计实践。我们希望通过对不同区域的景观的研究，深入探讨这些区域的景观的变迁过程、演变机制、山水体系及风景结构，总结出其景观营建的思想。希望随着研究的不断深入及范围的不断扩展，最终我们能够完成对中国国土景观的整体性研究。

本书是"中国国土景观研究书系"中最早出版的几本之一，书的主体内容来自任维博士2017年完成的学位论文《温州滨海丘陵平原地区地域景观研究》。2004年，我曾带领团队完成了温州温瑞塘河帆游段规划设计，当时就有研究温州地域风景的设想。"山水斗城"温州地处东南沿海的浙闽地区，是公认的传统人居环境建设典范，其精华荟萃于东部的滨海丘陵平原地区。历史上看，温州山多田少，江海汇集，旱涝与风潮并存，生存环境并不理想。但千百年来先民独具东方智慧的人居环境营建却成功地将温州建设成为山川秀美、水网成脉、沃野平衍、百姓安居与人文兴盛的优秀山水城市，是广袤的华夏大地上丰富多样的国土景观形成过程的缩影。本书以传统人居环境地域景观为着眼点，在厘清温州传统人居环境营建发展脉络的基础上，分自然山水、水利建设、农业生产与城乡营建四个层面完成了温州滨海丘陵平原地区传统地域景观的分层解析，归纳了总体格局与四邑地域景观两个尺度上的地区传统地域景观体系，进而以当代适用性为考量总结了温州滨海丘陵平原地区传统人居经验与智慧，探讨了该地区地域景观保护与发展的策略。

感谢北京林业大学园林学院林箐教授在任维博士论文选题及写

作过程中的指导以及对这本书的建议与审阅。感谢郭巍教授为之付出了大量的精力与时间及对本书的指导，感谢中国建筑工业出版社杜洁主任、李玲洁编辑在成书过程中给予的建设性意见与专业帮助；感谢福州大学张雪葳老师的帮助，感谢帮助过我们的所有同事和学生。

2022年1月

作者简介

任维，福建农林大学风景园林与艺术学院风景园林系副主任、副教授、硕士生导师，福建省高层次人才C类人才，海峡美丽乡村人居环境研究中心副主任，中国风景园林学会国土景观专业委员会青年委员，《中国城市林业》青年编委。主持教育部人文社会科学研究青年基金项目、福建省社会科学规划青年项目、福建省本科高校教育教学改革研究项目等课题8项。迄今在《中国园林》《风景园林》《声学技术》《浙江农业学报》等期刊以第一作者或通讯作者发表论文21篇。受邀在IFLA国际风景园林师年会等国内外会议做学术报告2次。负责撰写本书的前言至参考文献。2011年获北京林业大学风景园林专业工学学士学位，2017年获北京林业大学园林学院风景园林学工学博士学位（硕博连读）。

王向荣，北京林业大学园林学院教授、博士生导师。中国科学技术协会特聘风景园林规划与设计学首席科学传播专家，第四、五届中国风景园林学会副理事长，中国风景园林学会国土景观专业委员会主任委员，教育工作委员会副主任委员兼秘书长，文化景观专业委员会副主任委员，第五届中国城市规划学会常务理事，住房和城乡建设部科技委园林绿化专业委员会委员，自然资源部国土景观创新团队首席专家，国家林业和草原局风景园林工程技术研究中心主任，国家林业和草原局城乡园林景观建设重点实验室主任，中国城镇化促进会城镇建设发展专业委员会专家委员，《中国园林》主编，《风景园林》创刊主编，北京多义景观规划设计事务所主持设计师。1983年获同济大学建筑系学士学位，1986年获北京林业大学园林系硕士学位，1995年获德国卡塞尔大学城市与景观规划系博士学位。